U0395339

"十三五"职业教育国家规划教材

炭素生产机械设备

（第 2 版）

主　编　李瑛娟　宋群玲
副主编　李明晓　张金梁

东北大学出版社

ⓒ 李瑛娟　宋群玲　**2022**

图书在版编目（CIP）数据

炭素生产机械设备 / 李瑛娟，宋群玲主编. — 2 版
. — 沈阳：东北大学出版社，2022.11
ISBN 978 - 7 - 5517 - 3182 - 9

Ⅰ. ①炭… Ⅱ. ①李… ②宋… Ⅲ. ①炭素材料－生
产设备－教材 Ⅳ. ①TM242. 05

中国版本图书馆 CIP 数据核字（2022）第 218406 号

内容简介

炭石墨制品需要经过原料煅烧、粉碎、筛分、运输、配料、混捏、成型、浸渍、焙烧、石墨化、机械加工等工艺操作制成。炭石墨制品生产过程中的机械设备（除窑炉）包括：起重运输机械，破碎、磨粉、筛分设备，除尘环保设备，给料和称量设备，沥青熔化器，预热、混捏、成型机械，浸渍设备，炭素制品机械加工设备。本教材分别介绍了上述设备类型、结构、工作原理、规格、特性、简单计算、使用和维护、故障处理方法等，讲述了炭石墨制品生产过程中的设备安全与管理知识，并通过项目任务化设置了相应的实践技能训练环节。

出 版 者：东北大学出版社
　　　　　地址：沈阳市和平区文化路三号巷 11 号
　　　　　邮编：110819
　　　　　电话：024 - 83683655（总编室）　83687331（营销部）
　　　　　传真：024 - 83687332（总编室）　83680180（营销部）
　　　　　网址：http：//www. neupress. com
　　　　　E-mail：neuph@ neupress. com
印 刷 者：沈阳市第二市政建设工程公司印刷厂
发 行 者：东北大学出版社
幅面尺寸：185 mm×260 mm
印 　张：20. 5
字 　数：473 千字
出版时间：2017 年 9 月第 1 版
　　　　　2022 年 11 月第 2 版
印刷时间：2022 年 11 月第 1 次印刷
责任编辑：郭爱民
责任校对：叶 子
封面设计：潘正一
责任出版：唐敏志

ISBN 978 - 7 - 5517 - 3182 - 9　　　　　　　　　　定 价：58. 00 元

前　言

现代化、自动化生产离不开各种机械设备。机械是机器与机构的总称，是帮助人们降低工作难度和强度的工具装置。随着冶金、机电工业的发展，炭素产业也得以迅速发展，特别是电炉炼钢采用的电极被大量地使用，铝电解技术的发展使铝用炭素的数量也在逐年增加。1896 年，美国人艾奇逊发明了石墨化炉，生产出人造石墨化电极。炭素材料生产的基本工艺路线是：煅烧——粉碎（筛分）——配料——混合混捏——成型——焙烧——石墨化——机械加工。在炭素材料生产中，原料的贮存、粉碎、筛分、运输、配料、成型、焙烧与石墨化装出炉、机械加工等工艺操作都会产生粉尘；沥青的熔化、混捏、浸渍、煅烧、焙烧等操作易产生沥青烟气。所以，每一个生产系统都离不开起重运输设备、环保设备以及一些给料设备等。在这一生产流程中，要采用各种机械设备。本教材介绍了炭石墨制品整个生产过程中的机械设备，分别讲述了它们的类型、结构、工作原理、规格、特性、安装方法、使用和维护、故障处理方法等内容。

本教材的模块一介绍了起重运输机械的工作原理、结构特点及故障处理；模块二和模块三介绍了破碎、磨粉、筛分机械设备的类型、工作原理、结构特点及故障处理方法；模块四介绍了给料和称量设备类型及工作原理；模块五介绍了除尘环保设备类型、工作原理、特点及使用注意事项；模块六和模块七介绍了沥青熔化、预热、混捏、冷却设备的类型、工作原理、特点及相关计算；模块八介绍了炭素制品成型设备的类型、工作原理、特点及适用范围；模块九介绍了浸渍设备类型、特点和相关工艺流程；模块十介绍了炭素制品机械加工设备；模块十一介绍了炭素厂设备使用安全与管理。本教材在第 1 版基础上，对内容以项目任务化进行了修订。根据炭素生产岗位需求，以任务单的形式增加了实操技能训练环节、炭素生产机械设备案例，增加了炭素厂现场安全生产与管理内容，更新了必要的新技术内容，强化了理论和实践的结合。为了加强对抽象设备的理解，增加了富媒体内容。修订版明确了每个模块的学习目标，利于学习者抓住重难点进行学习。修订版增加了课后进阶阅读内容，使学习者获得更加丰富的知识。本教材由李瑛娟、宋群玲担任主编。其中，模块六、模块九内容由宋群玲编写，模块二、模块四内容由李明晓编写，模块五的项目一至项目四内容由张金梁编写，模块一、模块三、模块七、模块八、模块十、模块十一内容由李瑛娟编写，最后由李瑛娟整理统稿。在编写过程中，得到了云南源鑫炭素有限公司朱汝群技能大师和成都炭素有限公司技术研发部赵世贵部长的热情支持和提出许多宝贵意见，同时得到了许多企业技术人员的大力支持。编写时参考了很多同行的图书和资料，在此表示衷心的感谢。

学习《炭素生产机械设备》，可帮助初学者初步树立工程观念，养成良好的工程工作习惯，以便将来能够更好地分析和处理炭素生产过程中的技术问题。对待炭素生产过程中的任何问题，都必须秉持四种观念：理论上的正确性、技术上的可行性、操作上的安全性、经济上的合理性。其中，经济性是核心，发展经济要靠科学的管理和不断创新的科学技术；安全是实现生产的重要保证；而强大的经济实力是发展科学技术不可缺少的前提条件。因此，这四种观念本身就是一个相互联系和相互促进的统一体。

通过学习，设备管理人员要熟悉设备操作、使用、检查、维护和保养等工作；设备使用人员要结合上岗前的技术培训，掌握设备的结构、性能、操作和保养规定等，达到"三懂"（懂结构、懂原理、懂性能）、"四会"（会使用、会检查、会维护、会排除故障）的要求。

本教材为大中专院校相关专业的教学用书；同时，适用于从事炭素教学、科研、设计和生产等的相关工作人员。目前，该课程有智慧职教和雨课堂相关线上教学资源，已使用线上线下结合教学多年，提供一些机械设备的动画和企业生产视频资料，供学生理解掌握，从多维课堂中实现培养高素质技术技能人才的目标。

本教材提供的视频资料，以二维码的形式印刷在教材中有关章节。读者用手机扫描二维码，即可观看机械设备动画和企业生产视频资料。

由于编者水平所限，本教材中如有不当之处，敬请读者批评指正。

编　者

2022 年 3 月

目　　录

模 块 一
起重运输机械

【学习目标】

(1) 掌握抓斗桥式起重机的结构及工作原理, 双锁抓斗的工作过程。掌握炭块堆垛天车和焙烧多功能天车的结构及工作过程; 掌握带式输送机、斗式提升机、螺旋输送机、悬挂链式输送机的类型、结构及特点。

(2) 能够看到设备实物指认设备结构, 并说出具体结构及作用。能够熟悉起重运输机械的点检要点、要求及安全操作规程。熟悉起重运输机械的故障类型及处理方法, 能够对设备进行简单的维护。

(3) 养成安全规范意识, 具有团队协作能力和精益求精的工匠精神。

凡用于提升、降落、搬运或短距离内输送物料的机械设备, 统称为起重运输机械。在炭石墨材料生产过程中, 可用于将大量的固体物料 (包括原材料、煤沥青、半成品、成品等) 在厂内车间之间以及车间内部运移。

起重运输机械一般可分为起重机械和运输机械两大类。起重机械用于提升和运移物料, 如门式链斗卸车机、桥式起重机、多功能天车、堆垛天车和电动葫芦等。运输机械主要用于短距离输送物料, 如桥式混匀斗轮取料机、斗式提升机、带式输送机、螺旋输送机、振动输送机及刮板输送机等。

本模块主要介绍常用的各种起重运输机械的结构、工作原理及故障处理方法。

项目一 卸取料机

任务一 门式链斗卸车机认知

以链斗为取料和承载件, 以机上输送机输送并卸料的一种铁路敞车连续卸车机械, 因其是跨越在铁路敞车两边的轨道上作业, 也称作 "门式链斗卸车机"。

门式链斗卸车机主要由门架机构 (门腿, 下横梁, 上顶梁, 前、后系梁, 梯子, 平台等)、大车运行机构、斗式提升机构、卷扬起升机构、带式输送机、操作室和电气设备等组成。如图 1-1-1 所示。

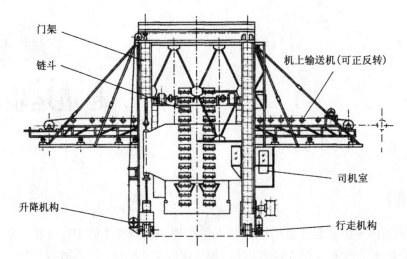

（a）单跨式链斗卸车机

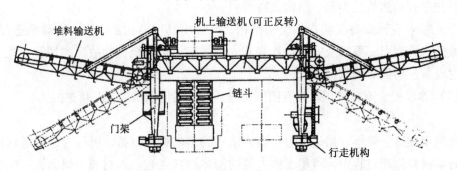

（b）双跨式链斗卸车机

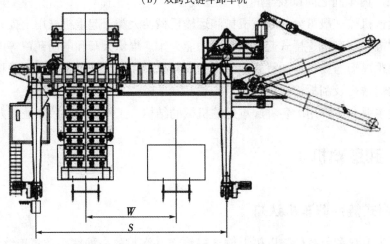

卸料能力 /(t·h^{-1})	轨距 S /m	两列火车间距 W /m	回转角度 /(°)	变幅角度 /(°)	起升高度 /mm	行走速度 /(m·min^{-1})	电源
300	10.5	5	90	±20	2500	2.5~16	380V~50Hz

（c）门式链斗卸车机常用结构参数

图 1-1-1 门式链斗卸车机

斗式提升机构由链轮、链条、链斗和传动装置组成。提升机的上部有电动机、减速机驱动链轮，带动链条和链斗作环形运转，在垂直方向舀物料，向胶带输送机倾出。提升机安装在活动架上，由卷扬机构根据作业的需要控制升降。卸料种类有煤炭、焦炭、水泥熟料、精矿、富矿、矿石等。

门式链斗卸车机

按料斗排数可分为双排料斗和四排料斗；按机上输送机运行方式可分为单向式和可逆式；按跨越的车厢列数可分为单跨式和双跨（或多跨）式。

链斗卸车机大车行走机构沿轨道行走至待卸车厢的一端，链斗升降机构将链斗下降到车厢内的物料面，链斗将物料挖取并提升到一定高度，链斗翻转并将物料卸入机上输送机，机上输送机将物料输送到车厢侧旁堆料，大车行走机构驱动整机水平移动，以实现车厢内物料的分层取料。

石油焦用火车运入厂区后，由门式链斗卸车机将火车车厢内的石油焦卸到几米外的料斗里。门式链斗卸车机同时应具有拉（推）动几节满载车皮的能力。

门式链斗卸车机可横跨在车皮上，以链斗和胶带输送机向外传送物料的方式卸车。它的优点是不用打开车门、工效高，经济效益好；能将物料卸出轨道数米以外，有利于连续卸料；行走速度和输送量都比较稳定，便于与其他机械联合作业，一次完成堆垛任务。链斗卸车机适用于松散、粒度较小的物料。单机卸车效率通常为300～400 t/h，每小时可接卸5～6节敞车。除链斗卸车机行走的轨道基础外，无须建其他基础土建工程，工程简单，土建投资较小，使用方便，可沿列车线多机同时作业，在我国早期卸车港口应用较为广泛。但其对黏度高、水分大的物料适应性较差，堆料宽度受限于机上输送机的长度，需要人工清仓作业，作业时粉尘控制较为困难。

任务二　桥式混匀斗轮取料机认知

取料机是在原料匀化过程中，把原料从原料匀化料场的料堆中以某种取料方式连续地取出，并给到料场的出料带式输送机上的设备。为了保证较好的原料匀化效果，要求取料机取料时垂直于料层切取，切取料堆的每层厚度基本相等；在取料过程中，要保持料堆截面平整，避免出现塌料现象。炭素厂最常用的是桥式混匀斗轮取料机。

桥式斗轮取料机有单斗轮、双斗轮和多斗轮三种结构。它的桥架横跨料堆，沿料堆纵向在轨道上按一定程序运行。桥架上装有斗轮和松料耙，斗轮沿料堆横向往返移动，物料通过回转的斗轮料斗将原料从料堆的底部铲起，然后卸至通过斗轮中心的受料带式输送机上，将原料运出。桥式斗轮取料机适用于人字形、菱形、水平层料堆。

桥式双斗轮混匀取料机主要由桥架、斗轮机构、带式输送机、驱动台车、料耙、连杆、操作室和电控系统等组成，如图1-1-2所示。桥式斗轮取料机的型号表示如图1-1-3所示。

桥式斗轮取料机在斗轮的前方有固定在小车上的料耙，小车运行时，带动料耙沿料堆端面运动，使上面的散料下滑，以便斗轮取料。料耙还能使由堆料机按不同物料分层堆放的物料在下滑时混匀，因此往往又称为桥式斗轮混匀取料机。

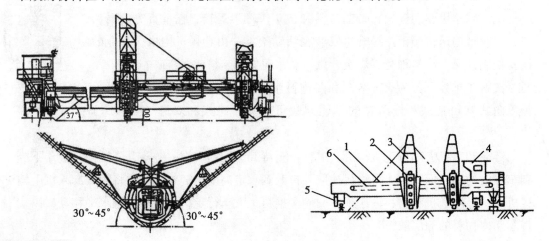

桥式双斗
轮混匀取料机

图1-1-2 桥式双斗轮混匀取料机

1—桥架；2—斗轮机构；3—料耙；4—司机室；5—台车；6—出料带式输送机

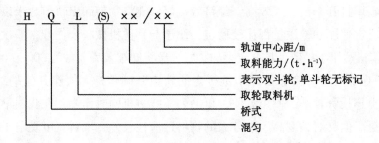

图1-1-3 桥式斗轮取料机型号表示

目前，各炭素厂购入的炭素生产原料性能各异，在生产前一般需要采用桥式斗轮混匀取料机进行混匀处理，便于生产过程指标和工艺的控制。其中，桥式双斗轮双向取料机用于铝用预焙阳极厂的生石焦均化工序。上道工序的胶带输送机将各种不同来源的生石油焦按层堆存于均化工序的料仓内，然后通过桥式双斗轮取料机将已混匀堆好的物料按垂直于料层方向进行双向横断面切取，并将所取物料送至下道工序的胶带输送机，使进入下道工序的生石油焦的各项指标保持相对稳定。

桥式混匀斗轮取料机是一种连续、高效的散状物料装卸输送机械，应用于钢铁冶金、港口码头、建材水泥、矿山、化工等行业大型现代化原料储运场，实现煤炭、矿石、化工原料等散状物料的堆取、转运、装卸的连续作业，适用于长条形料场，其技术参数见表1-1-1。

表1-1-1 桥式斗轮取料机技术参数

型号	HQL 250/26	HQL 750/30	HQL 600/32	HQL 800/35	HQLS 2000/37	HQLS 1000/37	HQLS 1800/48	HQLS 2500/50
生产能力 /(t·h^{-1})	250	750	600	800	2000	1500	1800	2500
适用原料	煤、石灰石、铁、黏土及其他散状物料							
行走轨距 /m	26	30	32	35	37	37	48	50
调车速度 /(m·min^{-1})	16.5	20	16.5	16.5	20	20	20	20
最大轮压 /kN	160	160	180	280	270	270	270	330
控制方式	计算机自动控制、手动控制							

项目二 桥式起重机使用与维护

桥式起重机又叫普通天车，可用来搬运成件和散装物品。根据起升部件不同，可分为抓斗式、电磁铁盘式和吊钩式（又称行车）。抓斗式用来运输散装物料；电磁铁盘式和行车用来搬运成件物品。在炭素生产中，常用中小型的抓斗桥式起重机。

桥式起重机本身不占用地面的有效使用面积，使生成车间或仓库获得充分的利用；灵活性大，可在移动空间的任意点之间转移物料；起重机的提升高度取决于建筑物的高度，一般不受机械本身的限制。桥式起重机被广泛地用于联合贮库内物料的搬运工作。

任务一 抓斗桥式起重机结构及工作原理解析

如图1-2-1所示，抓斗桥式起重机主要由桥架及其运行机构、小车及卷扬机构和抓斗机构组成。卷扬小车沿着敷设于桥架上的轨道运行，抓斗由卷扬机构操纵其启闭及垂直升降。

如图1-2-2所示，当提升卷筒和闭合卷筒开始启动时，抓斗开始工作，双索抓斗由两组不同作用的钢索来完成升降和启闭（或装卸）操作。S_1，S_2分别绕于a_1，a_2上。

双索抓斗的操作过程如下：（1）开启抓斗的降落。图1-2-2（a）中S_2承载着抓斗的重量，S_1保持放松状态，a_1，a_2两卷筒顺时针转动，使抓斗保持张开的形状向下降落至料堆。（2）闭合及抓料。图1-2-2（b）中a_1作逆时针旋转，拉紧S_1，使抓斗的横梁向上，a_2不动，抓斗开始合拢装料，至刀口完全闭合。（3）起重。图1-2-2（c）中两卷筒a_1，a_2同时作逆时针（起重方向）旋转，S_1和S_2共同承受抓斗和物料的重量。（4）卸料。见图1-2-2（d），当抓斗上升至一定高度时，移动起重机到卸料地点后开始卸料。a_2不动，a_1顺时针旋转，S_2承载抓斗和物料的重量，抓斗随S_1的放松而缓慢张开卸料。如此循环往复，完成物料的运移过程。

不同的物料应选用不同的抓斗抓取。一般平底抓斗适宜抓取重而大块的物料，弧形

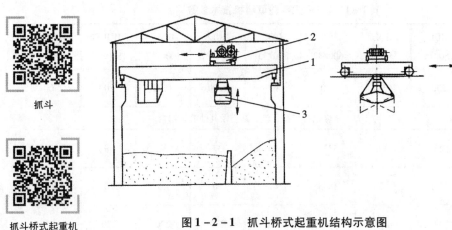

图1-2-1 抓斗桥式起重机结构示意图

1—桥架及其运行机构；2—卷扬小车；3—抓斗

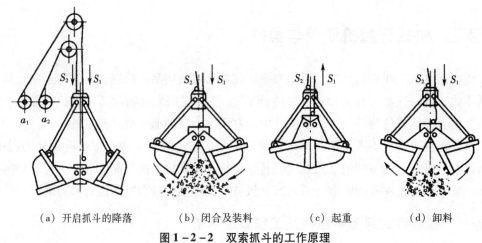

（a）开启抓斗的降落 （b）闭合及装料 （c）起重 （d）卸料

图1-2-2 双索抓斗的工作原理

a_1—闭合卷筒；S_1—闭合索；a_2—卸料卷筒；S_2—卸料索

抓斗用来抓取易流动的物料。依抓取物料的种类差异，抓斗的钳口有光滑直线形或齿形。抓斗上的复滑轮为闭合滑轮组，其倍率的大小依抓取物料的种类而异，抓取煤块及焦炭的抓斗的倍率一般为4~6。

目前已出现了无人驾驶的智能桥式起重机类型。智能无人桥式起重机通过智能吊具和配套的图像识别装置、激光检测装置共同完成无人吊装作业，具有以下功能：

（1）三维坐标定位。集成吊具具有三维坐标定位装置，通过分别监控行车、整个起重机和提升机的坐标位置来精确定位。

（2）自动操作。将物料运输到指定的停车区后，图像识别和激光检测设备将自动识别该区域中是否有任何物料，并校准位置坐标。确认后，与图像识别和激光检测设备匹配的计算机系统自动将物料和位置坐标信息传送到无人吊具，并自动确认堆垛位置，实现自动操作。

智能无人桥式起重机是在普通桥式起重机的基础上，通过三维坐标定位、无线数据传输、计算机系统及大量先进的传感器，结合图像处理和激光检测技术来实现无人起重机的操作。

【例 1 - 2 - 1】抓斗桥式起重机安全操作规程。

对于不同企业的不同作业需求，抓斗桥式起重机安全操作规程会有一定的差异，但安全规范操作要点一定要牢记。

抓斗桥式起重机安全操作规程：

（1）抓斗起重机必须由专人操作。操作人员必须穿戴好劳保用品，熟悉各操纵按钮的位置和作用，熟练掌握操作技术。操作人员必须在指定地点上下车，进入岗位后，应先打铃、后送电。

（2）每次操作之前，操作人员必须首先在低位试验起重制动。待确认制动良好后，方可进行工作。

（3）操作人员操作起重机时，必须集中精力、服从指挥，按照操作工艺工作，严禁交谈逗笑。

（4）抓斗起开时，不得起升过高，严禁将起升限位作为起升停止使用，未经生产部门同意，严禁非维修人员私自试验起升限位。抓料时，抓斗必须做垂直方向运行，不得用抓斗来拖拉料，严禁斜拉歪吊。行车在做水平移动时，抓斗必须提高到离开可能遇到的障碍物 0.5 m 以上，以防止撞坏抓斗或发生其他事故。

（5）起重机小车运行接近目的地时，应点动低速行进，严禁小车高速冲撞梁端撞头。

（6）进行升降操作时，应尽量避免钢丝绳处于松弛状态。工作中，应时刻注意制动器是否处于良好状态。发现异常时，应按正确的步骤进行应急处理。

（7）严禁攀登运行中的行车，严禁从行车桥架上翻越。在运行中，任何人发出停车信号都必须停车。在运行中严禁修理一切机电设备。

（8）行车检修或停止使用时，小车必须停靠在主梁一端。每次工作完毕，操作人员应将抓斗微张开，停放在池外低位离地 10 cm 处，冲洗干净，并对各转动部位加注润滑油。要随时关注钢丝绳的磨损情况。

（9）两台行车同时作业时，两两之间应保持 4 m 的距离。在行车接近时，必须发出信号，以免撞车。

（10）工作完毕，要切断起重机主电源，同时将按钮开关挂到指定位置，并做好起吊记录。

任务二　抓斗桥式起重机的选型

起重机的参数表征着起重机的性能，主要参数包括起重量、跨度、起升高度、速度、外形尺寸及质量（轮压）等。

抓斗桥式起重机的起重量有 5，10，15，20 t 四种。跨度有 10.5，13.5，16.5，…，31.5 m 等八种，其中每种跨度按 3 m 递增。抓斗的容积有 1.0，1.5，2.0，2.5，4.0，

4.5，5.0，6.0，9.0，12.0 m³等。根据抓取物料容积密度的不同，抓斗可分为三种类型：物料容积密度为 0.5 ~ 1.0 t/m³ 的轻型抓斗、物料容积密度为 1.1 ~ 2.0 t/m³ 的中型抓斗、物料容积密度为 2.1 ~ 3.0 t/m³ 的重型抓斗。

每小时中纯工作时间的总和与工作及休息时间之和的比值，为起重机相对工作时间。即

$$JC = \frac{\sum t}{60} \times 100\% \qquad (1-2-1)$$

式中，$\sum t$——每小时内纯工作时间之和，min。

根据相对工作时间和每小时开动次数决定起重机的工作制度，可划分为轻级、中级和重级工作制度。起重机的工作制度表征着起重机的性能，见表 1-2-1。

表 1-2-1 桥式起重机的工作制度及特点

工作制度	相对工作时间 JC	每小时开动次数	特点
轻级	15%	<30	24 h 内使用时间很少，最大荷载工作时间不大于定额的一半以上，速度低。如用于工厂在修理和安装设备时
中级	25%	30 ~ 60	载荷量不定，中等速度及中等开动次数。如用于石墨化车间、轮窑焙烧车间
重级	>40%	>60	具有较长的相对工作时间，载荷量大，速度大，开动次数多。如炭素厂原料仓库所用的抓斗桥式起重机

任务三 桥式起重机日常维护和检查

桥式起重机要做好日常维护工作和日常点检，保证设备高效运行。

使用抓斗桥式起重机时，应注意以下问题：

（1）每班工作之前，必须检查抓斗开闭机构、颚板闭合紧密性，并检查颚板的固定情况、撑杆的铰接情况及抓斗各点润滑状态。

（2）检查抓斗开闭绳导向轮状况和抓斗悬挂索具的紧固及连接情况。

（3）空车试运转，检查抓斗闭合机构工作的正确性和可靠性。

（4）不允许用抓斗抓取整块物件，不允许用抓斗吊运接卸喂料设备和铁路车辆。

（5）抓斗卸料时，离料斗高度不得大于 200 mm。

（6）提升抓斗时，闭合绳和起升绳速度相等，钢丝绳受力均匀。

（7）抓斗起升时的上极限位置是，抓斗顶部离上限位开关不小于 1 m；下降时，抓斗底部离料斗和车厢的距离不小于 0.1 m。

表 1-2-2 抓斗桥式起重机日常点检内容

检查项目		检查内容及标准	检查周期
运行轨道（工字钢）	踏面	踏面表面无异物，周边卫生干净	2次/月
	踏面磨损情况	踏面磨损量不大于原尺寸的10%，宽度磨损量不大于原尺寸的5%	2次/月
	倾斜度	无倾斜，有明显倾斜时测量倾斜度不超过1/1000 mm	2次/月
	轨道接头	高低差及侧向错位小于1 mm，接头之间间隙不大于2 mm	2次/月
	压板、螺栓	螺栓紧固，不磨天车本体，压板无松动	2次/月
吊钩装置	外观	表面不得有裂纹、螺纹部分、危险断面及颈部不得有塑性变形，缺陷不得补焊	1次/日
	危险断面磨损量	不得超过原尺寸的5%	1次/日
	开口度	不得超过原尺寸的10%	1次/日
	扭转变形	不得超过10%	1次/日
滑轮	滑轮	轮槽不均匀磨损小于3 mm，轮槽壁厚磨损量小于原壁厚的20%，轮槽底部磨损量小于钢丝绳直径的25%，不得有其他损坏钢丝绳的缺陷	1次/日
钢丝绳	绳端固定状况	钢丝绳各尾端固定应牢固可靠，不得有异常	1次/日
	外观	不得有扭结、灼伤及明显的松散、腐蚀、断股等缺陷，绳上应有润滑油脂	1次/日
	报废标准	按企业标准规定执行	1次/日
导绳器	外观	无损坏	1次/日
卷筒	外观	表面无裂纹，磨损量不超过壁厚的20%	1次/日
	踏面	按踏面直径测量磨损量应小于原尺寸的5%，踏面直径差应小于公称直径的1%	1次/日
	外观	不得有裂纹、损伤	1次/日
	轮缘	轮缘厚度的磨损量不得超过原厚度的50%，轮缘与轨道侧向总间隙应小于车轮踏面宽度的50%	1次/日
制动器	灵敏度	刹车效果好	1次/日
	液压缸	无泄漏	1次/日
起升高度限位器	灵敏度	当上升或下降到极限位置时，自动切断动力源	1次/月
运行行程限位器	灵敏度	达到极限位置时，自动切断前进方向动力源	1次/月
声光报警器	外观及使用	外观完好，禁止起吊超过额定载荷的物体	1次/日
防撞仪	灵敏度	在5 m范围内遇障碍物自动切断前进方向动力源	1次/月
大小轮缓冲垫	外观	无磨损	1次/日

任务四　桥式起重机故障处理

桥式起重机常见故障的产生原因及处理方法见表1-2-3。

表1-2-3　桥式起重机常见故障及处理方法

零件	故障	原因及后果	处理方法
锻制吊钩	出现疲劳裂纹	超期使用、超载、材料缺陷可能导致吊钩断裂	年检查1~2次，出现疲劳裂纹时更换
滑轮	(1) 轮槽磨损不均。 (2) 滑轮倾斜、松动，滑轮裂纹。 (3) 滑轮轴磨损达公称直径的5%	(1) 材质不均。 (2) 安装不符合要求，绳、轮接触不均匀。 (3) 轴上定位件松动或钢丝绳跳槽；滑轮轴磨损后在运行时可能断裂	轮槽磨损达原厚度的20%或径向磨损达绳径的25%时应该报废
制动器	(1) 制动器在上闸位置中不能支持住货物。 (2) 制动轮发热，闸瓦发出焦味，制动垫片很快磨损	(1) 电磁铁的铁芯没有足够的行程或制动轮上有油。 (2) 制动轮磨损；闸带在松弛状态没有均匀地从制动轮上离开	更换
减速器	(1) 有周期性的颤振的音响，从动轮特别显著。 (2) 剧烈的金属锉擦声	(1) 齿轮节距误差过大。 (2) 齿侧间隙超过标准，传动齿轮间的侧隙过小	更换齿轮或轴承重新拆卸清洗再重新安装
卷筒	卷筒疲劳裂纹、磨损	卷筒损坏、破裂	更换
起重机大车运行机构	桥架歪斜运行、啃轨	(1) 两主动车轮直径误差过大。 (2) 主动车轮不是全部与轨道接触。 (3) 主动轮轴线不正。 (4) 金属结构变形。 (5) 轨道安装质量差。 (6) 轨道有油污或冰霜	(1) 测量、加工或更换车轮。 (2) 把满负荷小车开到大车落后的一端，如果大车走正，说明这端主动轮未与轨道全部接触，轮压小，可加大此端主动轮直径。 (3) 检查和消除轴线偏斜现象。 (4) 矫正。 (5) 调整轨道，使轨道符合安装技术条件。 (6) 消除油污和冰霜

表 1 - 2 - 3（续）

零件	故障	原因及后果	处理方法
小车运行机构	打滑	（1）轨道有油污等。 （2）轮压不均。 （3）同一截面内两轨道标高差过大。 （4）启、制动过于猛烈	（1）消除。 （2）调整轮压。 （3）调整轨道至符合技术条件。 （4）改善电动机启动方法，选用绕线式电动机
	小车三条腿运行	（1）车轮直径偏差过大。 （2）安装不合理。 （3）小车架变形	（1）按图纸要求进行加工。 （2）按技术条件重新调整安装。 （3）车架矫正
	启动时车身扭壁	（1）小车轮压不均或主动轮有一只悬空。 （2）啃轨	（1）调整并消除小车三条腿现象。 （2）解除啃轨

项目三 天车

在炭素制品生产过程中，运用最多的天车有炭块堆垛天车和多功能天车两种。

任务一 炭块堆垛天车认知

炭块堆垛天车是炭素厂或大型预焙阳极电解铝厂炭块仓库内的关键设备，主要负责储存转运大量的生阳极和焙烧阳极炭块，对排列好的每组炭块进行堆放和运输，并进行废块取出和合格块插入及车间内的零星吊运工作。是从编组输送机上取下排列整齐的阳极炭块，在仓库中整齐堆放和将堆放的阳极块取出，并放到输送机上运送的设备。

由图 1 - 3 - 1 可知，堆垛天车由大车行走系统、阳极升降系统和电动葫芦系统等组成。电动葫芦主要完成对一组纵向排列的炭块进行废块取出和合格块插入，还可完成车间零星物料的吊运作业。

在大车桥架上悬挂一装有若干气动夹具的夹持器，一次可将若干块排列整齐的阳极炭块夹住并移动放下。夹持器的升降靠桥架上的主卷扬机构来实现，夹具的开放由机组自带的空气压缩机供气。夹持器设置两个吊点，升降时，要求两支卷筒同步工作。为防止升降或在机组运行时夹持器摆动，设有导向装置，使其工作时夹持器升降平稳，对位准确，夹持器随机组纵向运动，满足仓库内阳极炭块的堆放和运出。此外，阳极炭块堆垛机组还有另外一种结构形式，它的特点是将圆柱形导向装置去掉，而采用钢结构折叠式机构，其钢架分成上下两段，中间采用铰接，上段的上面与机组桥架相铰接，下段的下面与阳极夹持器横梁相铰接，同样用钢丝绳提升，落下。这样的结构形式可以将电缆卷筒、空气管卷筒省掉，从而简化了设备的结构，减少了维修量，同时提高了设备使用能力，降低了厂房的下弦尺寸，降低了造价。

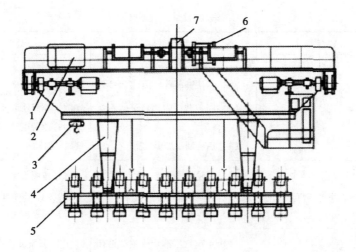

（a）10个夹具炭块堆垛天车

1—桥架；2—气动装置；3—电动葫芦；4—导向装置；
5—炭块夹持器；6—空气管卷筒；7—主卷扬机构

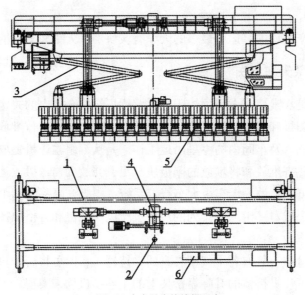

（b）21个夹具炭块堆垛天车

1—桥架；2—润滑系统；3—导向装置；4—卷扬机构；5—夹具；6—电控系统

图 1 - 3 - 1　炭块堆垛天车结构示意图

（1）桥架。包括主梁、端梁、走台栏杆、传动机构及导电架等。主梁为钢板焊接的工字形双梁结构，端梁为钢板焊接的箱形结构，主梁与端梁的连接采用紧固螺栓。在两个端梁的一端装有大车传动机构，由电动机、制动器、减速器及车轮组等组成。电动机为交流绕线型，电阻调速。电器支承在导电架上，靠自重压在滑线上导电。

（2）主卷扬机构。用于夹持器的升降。由电动机驱动减速器，并直联左右两支卷筒、各缠绕钢丝绳带动夹持器升降。为保证安全，主卷扬机构设两处电气保护装置：一处为驱动电动机尾轴上的超速保护；另一处为限位开关的限位保护。在机构上采用双制动器。为确保卷扬机构工作正常，桥架上设有钢丝绳防松装置。

（3）阳极炭块夹持器。由夹持器横梁、炭块夹子、气缸、连杆、夹臂、夹板、缓冲器等组成。夹子排列在横梁上。夹子的夹紧和松开由气缸控制，气缸带动连杆并压缩弹簧使夹臂转动，带动活动夹臂，靠弹簧将阳极炭块夹紧和松开，其特点是，当夹紧时，由缓冲器放能，以保持夹子的夹持力，不受气源压力波动的影响。同时为防止气源突然中断，压力消失，使夹子松开，在夹子上设有自锁装置。夹持力是防止炭块在运输和堆放过程中自动脱落的主要参数。

（4）空气管卷筒。阳极炭块夹持器开闭靠气缸操纵，夹持器升降空气导管必须跟随升降。空气导管较粗，行程较长，为使空气导管伸缩自如正常，在桥架上设有空气管卷筒。压缩空气从卷筒回转接头导入，通过中空轴进入缠绕在卷筒上的软管，导至下部的夹具横梁上。夹持器下降时，胶管拉长，带动卷筒旋转，蓄能弹簧扭紧。夹持器上升时，蓄能弹簧释放能量，带动卷筒反向旋转，将软管绕在卷筒上。

（5）气动装置。安装在机组桥架上，由空气压缩机、储气罐及各种气动换向阀和管件组成。向各用气点供气。

（6）电动葫芦桥架一侧主梁底部设一工字钢梁，其上安装一台2 t电动葫芦，可吊运单块阳极炭块或其他重物。

（7）导向装置。采用圆柱形结构。固定部分固定于桥架底部，活动部分固定于夹持器横梁上。配置上下两道滑动轴承、运行平稳、导向精确。

炭块堆垛天车的运作流程为：将成型工序生产的生阳极运送到焙烧工序，在清理厂房对废块进行单吊，对检验合格后的炭块进行重排以及堆垛，再将焙烧结束的合格熟阳极块运送到组装工序的生产流程，并随时进行堆垛厂房的零星吊运工作等。炭块堆垛是炭素各车间工艺流程顺利进行的枢纽设备，它的使用为工作带来了巨大的方便，在施工期间，节省了大量的时间和人力，提高了工作的效率以及工作质量。由此可见，堆垛天车在炭素工艺流程中所起的作用是不可低估的。

炭块堆垛天车
运作流程

目前，已生产出带小车式可横向移动夹持的新型堆垛天车，可根据编组机的设置不同，分为纵向输送和横向输送两种，纵向输送是由10～11个夹具组成的夹具装置，一次夹持10～11块炭块，完成对10～11块一组纵向排列的炭块进行堆放和运输；横向输送是由21个夹具组成的夹具装置，一次夹持21块炭块，完成对21块一组横向排列的炭块进行堆放和运输。

阳极炭块堆垛天车是阳极块仓库比较理想的专用设备。该设备实现了机械化作业，提高了劳动生产率，最大限度地利用了仓库的使用空间，减轻了工人劳动强度，并减小了阳极块搬运中的破损。

炭块堆垛天车的突出特点是：（1）采用纵向堆垛时，不易倾翻，安全性好，可堆垛至8层，能在相同仓库面积下，有效增加库容；（2）堆垛天车一次装夹多个炭块，工作效率高；（3）夹具方式多样，可采用自重独立夹持式、气动式或自锁式等，适应不同作业需求；（4）易于维护、修理和更换；（5）采用可编程控制程序 PLC 来进行控制，但是对炭块输送机输送整列炭块的整齐度要求高，输送过程中，应避免或尽量减少跑偏和错位现象。

【例 1 - 3 - 1】炭块堆垛天车操作规程。

堆垛天车完成成型工序送来的生炭块卸载、焙烧炉熟块卸载以及负责向组装工序供给炭块的作业。

天车操作员必须经专业培训和考核取得特种设备作业人员资格证后，方可从事天车操作。运行之前的检查如下：

（1）行走梁系统，确认天车电源是否断开，检查天车轨道有无障碍物。

（2）行走车轮，轴承的检查和加油，行走减速机的油量是否在规定的液面内。

（3）卷上装置系统，卷上减速机的油量，钢绳的张紧装置、卷筒轴承、平衡绳轮、导向主柱轴承的给油状况。

（4）辅助起重机系统，检查轨道有无异物电缆、软管的滑动是否良好，安装各部螺栓有无松动，钢丝绳及吊钩有无损伤。

（5）天车电源接通，电源指示灯亮，电压表、电流表的指示灯是否正常，各控制手柄的状态是否正常。

（6）进行卷上、卷下的制动器是否良好，上限位开关是否良好。

（7）辅助卷扬装置起重机上、下限制动器，上限位开关是否良好。

（8）辅助卷扬装置、横行两头限位动作情况行走装置制动器的动作是否良好。如发现有异处，使用之前，应进行修理。

堆垛天车操作注意事项：

（1）阳极夹具只用于夹持炭块的搬运；

（2）运转向上，吊物离开运转位置；

（3）有指挥时，根据指挥进行操作；

（4）夹具和辅助起重机不得同时使用；

（5）作业中发现异常时，迅速停止作业。

炭块的装载和卸载操作：

（1）夹具对着炭块慢慢卷下，夹具握住炭块，炭块夹具检测限位动作，停止卷下。

（2）进行夹具关闭，确认限位动作在关闭的状态（指示灯亮）。

（3）进行低速上升，离地和装载炭块上面约 300 mm 位置停止。

（4）进行行走，运行到决定位置停止。

（5）下降到运输机上约 300 mm 位置停止。

（6）进行确认调整，使炭块对准运输机的中心位置。

（7）慢慢上升静置在运输机上装载，打开夹具，确认夹具灯熄。

（8）慢慢上升夹具，在离开炭块上面约 300 mm 位置，可以快速上升，上升到上限停止。

（9）按运输机起动按钮，运输机运转。

作业中的注意事项：

（1）夹持炭块时，必须确认夹紧指示灯。

（2）夹持未到上限时，不允许行走。

天车作业完毕后，将天车停到指定位置，控制手柄回零位。

炭块堆垛天车工岗位职责：

（1）负责炭块的装炉及出炉和填充料的添加和吸出；

（2）负责天车的点检维护润滑保养，保证生产正常运行；

（3）负责完成上级安排的零星工作。

炭块堆垛天车工操作标准：

（1）负责炭块的装炉及炉和填充料的添加和吸出，并做好天车的维护润滑及卫生工作，保证生产正常运行。

（2）开车之前，使各种控制手柄处于"0"位，并发出开车信号。

（3）停车操作时，不准利用限位开关作为停车手段。

（4）当天车发生故障需要修理时，天车工必须将吊运的物体降至地面才可修理。

（5）本班工作完毕后，要把车从高速挡切换到低速挡移动到停车位置，吊具、副钩提升上限，按程序切断电源和气源，并将天车清扫干净。

（6）天车工必须定期检查天车各运转部位、起动系统、行走轮、减速机、轴承、卷筒、钢丝绳等处的润滑情况，保证各处润滑良好。

（7）天车工必须定期检查天车易损部位和零件，各安全开关、限开关和发讯开关是否完好。如发现磨损、裂纹、破损超过要求，应立即通知有关人员进行处理或更换，严禁带"病"运行。

（8）无紧急情况时，严禁紧急制动和开动夹有炭块的天车。

（9）天车的运行速度不大于 $63.2 \ m/min$。

（10）主起升机构起重量为 10 t，起升速度不大于 $6.3 \ m/min$，起升高度 3.45 m，要求落地平稳、准确。

（11）副钩起重量为 3 t，起升高度为 9 m，起升速度不大于 $8 \ m/min$，运行速度不大于 $20 \ m/min$。

（12）其他操作按普通天车的操作规定进行。

炭块堆垛天车的日常检查及维护：

（1）本班工作完毕后，司机要对天车进行全面检查。

（2）利用空压机的压缩空气对天车进行全面的清扫。

（3）设备表面的污垢要擦洗干净。

（4）减速机、空压机，以及机械转动漏油部位在进行处理前，应将漏油擦拭干净。

（5）检查各机构的电机温度、制动器的松紧及各部位螺丝是否松动。

（6）检查夹具抓钉磨损情况及夹具钢丝绳磨损情况。

（7）检查各部位机械转动情况。

（8）检查减速机、空压机是否缺油。

（9）检查各气动系统的密封情况。

（10）其他操作按普通天车的操作规定进行。

炭块堆垛天车常见故障见表1-3-1。

表1-3-1 堆垛天车常见故障

常见故障	故障原因	处理方法
压缩空气管道、接头和气缸漏气	（1）橡胶软管老化。 （2）密封损坏。 （3）空压机压力调节过高	（1）根据经验，胶管和气缸密封件使用寿命为1年，制订计划，定期更换。 （2）加强生产过程巡查，发现压力超过0.8 MPa及时调节。 （3）关闭空压机，卸除系统压力后维修
气缸不动作	（1）空压机未启动。 （2）电磁换向阀阀芯卡死或损坏。 （3）电磁铁未得电	（1）按操作规程启动空压机。 （2）关闭空压机，卸除系统压力后拆卸清洗电磁阀或更换。 （3）检查或更换电气线路及电磁铁
大车行走异常	大车不能行走	首先观察大车行走条件是否满足。然后检查大车行走变频器是否带电，如不带电，检查主接触器KMO是否吸合；如果带电，检查变频器是否发生故障。主接触器KMO不吸合，检查司机室零位、PLC柜急停、司机室急停和钥匙开关。大车只能左行或只能右行，检查左行或右行终端限位
阳极升降异常	阳极无法升降	首先检查阳极升降条件是否满足，然后检查阳极升降变频器是否正常，如变频器不带电，检查阳极升降变频器回路是否正常；如变频器带电，操作面板无显示，判断变频器是否发生故障。如果变频器正常，检查夹具是否关到位或者开到位
夹具无法打开或关闭	夹具开闭回路或到位检测限位异常	检查夹具开闭回路是否正常，检查到位检测限位是否正常，夹具关到位和开到位是否正常
监控画面无显示	视频连接线故障	检查视频分割器视频连接线是否连接正常

任务二　焙烧多功能天车认知

1. 焙烧多功能天车主要用途

立装阳极用焙烧多功能天车的作业效率高、动作安全可靠、环保性能好，因而被广泛采用。目前新型阳极焙烧控制技术主要采用敞开式立装阳极焙烧炉。

焙烧多功能天车主要用于完成以下作业：（1）焙烧炉与编、解组站之间的阳极炭块的运送，并利用其阳极夹具进行阳极炭块的装出炉作业（将生炭块从编组站夹运并装入焙烧炉内完成装炉作业，将熟炭块从焙烧炉内夹出并运至解组站完成出炉作业）；（2）装炉时，利用其卸料管把料箱内的填充料填入焙烧炉的炉坑内，完成布料作业；（3）出炉时，利用其吸料管从焙烧炉坑内吸取高温填充料到料仓，并将细小粉尘收集、分离到除尘仓中，进行粉尘分级作业；（4）利用其补充吸料管进行烟道内的清扫工作；（5）吸料完成后，把过滤除尘仓中的粉尘清空到主除尘仓中，并定期清空主除尘仓，完成粉尘的定期排除作业；（6）因排除粉尘及焙烧时的损失，需要往料箱内添加新的填充料；（7）利用其起重电动葫芦进行燃烧器装置（包括排烟架、测温测压架、燃烧架、零压架、鼓风架、冷却架及炉墙清理机或炉墙矫直机等）的搬运工作；（8）利用其起重电葫芦进行焙烧炉维修保养时的吊运工作。

焙烧多功能天车
作业

2. 焙烧多功能天车结构及操作

焙烧多功能天车就是集装出炉、风力吸送填充料和除尘系统为一体的多功能机器设备。主要用于焙烧车间与石墨化车间用作装出炉。

焙烧多功能天车的结构一般可分为桥架机构、起重机构、吸卸料系统、双联夹具和操纵室，包括大车、小车、吸卸料管、料仓、除尘系统、夹具和操作室，如图1-3-2所示。吸卸料系统包括大料仓、旋风除尘器、空气冷却器、布袋除尘器、吸料装置、卸料装置、真空泵及消声器等。

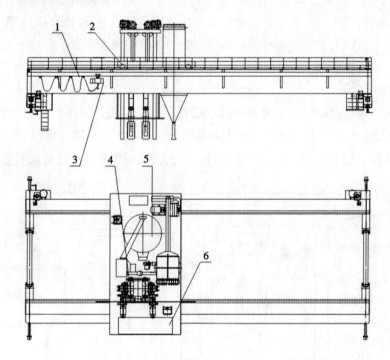

图1-3-2　焙烧多功能天车平面布置示意图

1—大车；2—小车；3—起升系统；4—双联夹具系统；5—吸卸料系统；6—电控系统

焙烧多功能天车

（1）桥架机构。

大车为双梁桥架结构，大车即为桥架，大车主要用于天车在车间内的纵向移动，大车的传动装置为双边单独驱动（2/8驱动），8轮支承的结构，可使机组轮压较低，从而降低建筑结构的造价，降低大车运行阻力，降低运行功率；提高车轮和轨道的使用寿命；相同条件下，可降低轨道安装精度。可采用直联式的斜齿轮"三合一"减速机（减速机、制动器、电动机一体），其结构紧凑、体积小、重量轻、承载能力大、传动平稳、噪声小、寿命长、性能可靠。大车供电侧端梁的两端各装有一组水平轮，在另一端梁的端部每端安装有防脱轨卡板。

大车由两个单梁车用铰联杆连接而成，两台变频调速电机对称分布在两端梁上，可使大车运行速度平稳可调。边挂不同吨级的电动葫芦可完成车间内的其他吊运工作。电葫芦是一台运行在大梁外侧轨道上的单轨吊车，使电葫芦起吊物品时获得较大的作业空间，满足焙烧作业对吊运的需要。电控系统保证各部件正常发挥作用。

（2）起重系统。

起重系统由横向运行小车与卷扬机构组成，小车在主梁的顶面敷设的轨道上做横向运行，卷扬机作垂直上下运行。小车是焙烧多功能天车的核心，基本所有的作业工具及整个操作控制均配置在其上，小车架由 3 根工字形结构的横梁和两侧带有传动装置的端梁车、平台以及栏杆构成。端梁为整体式箱形结构。在端梁车的每一端均装有聚氨酯泡沫塑料缓冲器，并设有千斤顶顶位供拆装小车车轮时使用。主小车传动装置采用变频调速，4 轮支撑，双边驱动，即 2/4 驱动，选用"三合一"减速机轴装式安装，并有悬吊式缓冲装置。结构紧凑，传动平稳，噪声小。高速挡满足了小车快捷到达工作位置的需要，低速挡可以实现天车的准确对位和安全作业。车轮采用无轮缘垂直轮加水平轮导向形式，加设防脱轨装置。

（3）吸卸料系统。

粉粒料的装填与吸取分离系统由料斗、吸料罩、引风机、分离器及除尘系统组成。如图 1 - 3 - 3 所示，吸卸料系统是完成多功能天车吸卸填充料、除尘降温和卸灰的工作系统。一般其吸料能力为 55 ~ 70 m³/h，填料能力为 70 ~ 80 m³/h，处理物料最高温度为 450 ℃左右。

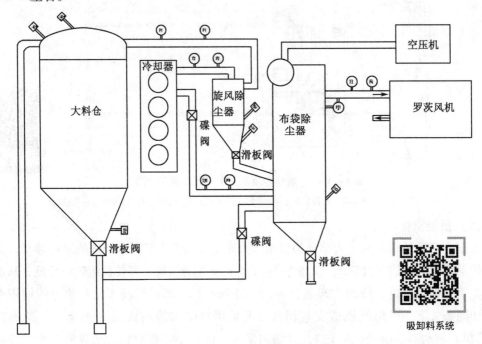

吸卸料系统

图 1 - 3 - 3　吸卸料系统工作原理图

大料仓接收来自吸料管的填充料。料仓上设置 2~3 个料位计，用以控制料仓内填充料料面。吸料管从大料仓上部接入，其与大料仓上部的进料口用可挠动的耐高温波纹管连接；卸料管用弹簧装置接在料仓下部的排料管上。料仓下部设置一个仓壁振打器，以防料仓内填充料堵塞。可采用新型高效吸料嘴，结构上尽量保证吸料嘴在料堆里真空吸附物料时不会被所吸物料堵塞，提高吸料效率。

旋风除尘器对气流中大颗粒粉尘进行分离。旋风除尘器下端排灰，通过带有自动启闭阀门的管道接到布袋除尘器灰仓中。卸灰时，通过粉尘仓排料口下端的伸缩排料管将粉尘排放到车间的集尘仓内。

空气冷却器上端接旋风除尘器，下端接布袋除尘器。由 4 台轴流风机及若干钢管组成。工作时，高温气流从管内通过，轴流风机把大流量的冷风强吹管间，通过热交换使管内气流降温，使得进入布袋除尘器和真空泵的温度降低至允许值，保护布袋除尘器和真空泵，提高它们的使用寿命。它的结构由上、中、下箱体和轴流风机组成，工作时，高温（260~320 ℃）含尘气体进入上气箱后，进入排列整齐的冷却管，再经 180° 翻转进入二级冷却管后，轴流风机把大量冷风强吹管间，冷却到管外表面，被冷却后的含尘气体经上气箱出气口，进入布袋除尘器继续二次净化。通过轴流风机，经热交换使管内气流被冷却，温度降至 90 ℃ 以下。

布袋除尘器采用脉冲式控制，机械反吹清灰方式，滤袋材质采用针刺过滤毡，耐温达 220 ℃，短时耐温达 240 ℃。由 PLC 联锁控制的系统过载、过热保护，可保证布袋除尘器、罗茨真空泵在系统出现过真空、过高温时，得到有效保护而不致损坏。

该系统设置有吸料管、填料管的防碰撞保护措施，能在发生误操作或其他意外而导致吸料管或填料管与其他物品发生碰撞时，用电子传感器对吸料管、填料管提升进行过载保护，保证不会出现移动管在提升过程中动静管间卡管而继续提升，在提升过载时，不会对管子或提升装置造成损坏。

在填充料作业时，设置对产生的飞扬粉尘进行收集净化处理的装置，尽可能减少作业时粉尘的飞扬。选用了高效的旋风除尘器和布袋除尘器，保证系统粉尘排放浓度符合国家标准要求。

真空泵的进、出口均配置了消声器，而且整个真空泵机组置于密闭的隔声罩内，以保证系统运行时产生的噪声值在操纵室测量为 90 dB 以下。在罗茨风机的进、出口配置消声器，并置于密闭的隔声罩内。

吸料操作：罗茨风机启动后，吸料管卷扬启动。吸料管下降至填充料面，靠吸卸料系统产生的负压使填充料吸入料管，伸缩吸料管从大料仓顶部进入仓中。带料混合气体进入料仓后，流速突然下降，低于物料的沉降速度，物料便沉积下来，落到料仓底部。含尘气体经旋风分离器将物料与空气分离，分离后的气体经袋式除尘器除尘、除尘系统降温及过滤后，通过罗茨风机排出。

卸料操作：启动卸料管卷扬，卸料管下降。将卸料嘴移动至需要操作的平面处，打开大料仓闸板阀，物料靠自重落下，并堆积在卸料管内。缓慢移动大车，拖动卸料嘴，将填充料平整地铺垫在操作面上。卸料完成后，关闭大料仓闸板阀。如物料出现堵塞或不顺畅，则启动振打器，振打仓壁，使物料排出。卸料时产生的灰尘经布袋除尘器过滤后，由罗茨风机排出。

除尘降温过程：吸料时，高温空气和粉尘从料仓顶部的气流出口进入旋风除尘器，进行一次除尘。大颗粒粉尘进入旋风除尘器灰仓，旋风除尘器灰仓与布袋除尘器灰仓相连。旋风除尘器灰仓届满时，启闭灰仓阀门，使灰降落到布袋除尘器灰仓。经旋风除尘器除尘后的气流进入空气冷却器冷却至温度低于 90 ℃，再进入布袋除尘器进行二次除尘净化。布袋收集下来的细灰尘沉积到下部粉尘仓中，二次净化气体经罗茨风机和消声器排放到车间空气中。布袋除尘靠空压机的反吹风作用，采用脉冲清灰方式除尘。

控制操作过程：大料仓接收来自吸料管的填充料，其上设置料位计，用以控制料仓内填充料料面。旋风除尘器、布袋除尘器的底部各设置一个料位计。料位计采用射频导纳控制料位，由电子线路和探测棒组成，当物料触及探测棒时，经过一系列的电路转换，发出电信号给操作者，执行相应的控制程序。

罗茨风机进口管路上设置带电节点的温度计（不大于 90 ℃）、带电节点压力表（约 −35 kPa），若超过限定值，则发出电信号到控制室内，操作员停止吸料作业，对罗茨风机起保护作用。在布袋除尘器与罗茨风机管路上有智能压差变送器，根据压力变化，制订自动脉冲清灰程序。在布袋除尘器前、空气冷却器后的管路上安装有带电节点的温度计，温度值（90 ℃）发出电信号自动控制，超过温度设定值，停止吸料作业，对布袋除尘器、罗茨风机起保护作用。

布袋除尘器清灰分为手动和自动两种。在罗茨风机启动前，先启动反吹风空压机，对布袋进行清灰。在吸料过程中会自动清灰，如布袋被灰尘堵塞，应关闭罗茨风机，进行手动清灰。当停止吸料时，鼓风机停止运转后，自动启动清灰方式，进行自动清灰。

卸灰过程：在旋风和布袋除尘器下方设置粉尘仓，旋风除尘器灰仓与布袋除尘器灰仓相连，旋风除尘器灰仓满后，料位计发出信号，启动启闭阀门，灰降落到布袋除尘器灰仓，当布袋除尘器下方粉尘仓收集到一定高度，料位计发出信号，将天车开到指定位置，打开闸板阀，排放粉尘。

罗茨真空泵结构简图如图 1−3−4 所示，主要由机体和两个装有两叶摆线叶型的转子组成，一对同步齿轮作用使两转子成反方向等速旋转，借助于叶轮旋转，推动机体容积内气体，达到鼓风目的。即使罗茨真空泵真空抽气系统在较高真空度下，也能获得大抽速、低能耗的优良性能。可采用逆流喷射技术，将外界冷却空气引入真空泵内部，使真空泵在不需要其他冷却措施的情况下，能处理进气温度不高于 90 ℃ 的气体。一般电机为 980 r/min，132 kW。真空泵流量为 138 m^3/min，真空度 35 kPa。

真空泵转子轴向位置在转子轴端定位轴承外，调整垫片、真空泵叶轮位置，用改变齿轮圈和齿轮毂定位来调整叶轮的间隙（包括单面间隙、叶轮与机壳间隙、叶轮与左右墙板间总间隙）。罗茨真空泵的排气口在上部，进气口在下部两侧（任选一侧）。

（4）双联夹具。

夹具是多功能天车实施对阳极进行夹持装炉、出炉及运送的工作机构。阳极夹具通过动滑轮连于夹具提升装置上。如夹具为机械式自动夹具，通过巧妙的机构，仅需自身

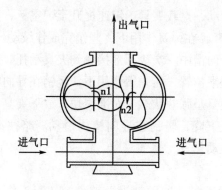

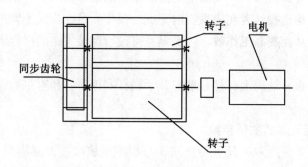

图 1 - 3 - 4　罗茨真空泵结构简图

的重量和被夹阳极的重量共同作用即可将阳极夹紧。这样的夹紧形式完全不需另配夹紧动力源，而由机组本身承担从炉坑到阳极编组站或解组站之间的往返运送，实现高效生产，而且机械式夹紧特别安全可靠。

夹具升降导向轮为可调式，保证导向轮与轨道间隙在最小范围，增强夹具运行稳定性。夹具夹紧力的安全系数一般大于 1.5，以保证夹具夹持阳极稳定可靠。两夹具设置防止不平行的装置，保证两夹具的平行。采用 PLC 的联锁控制来保证夹具在未将阳极放置于固定的平面上时处于自锁状态，夹具不能被打开，以防止操纵人员误动作等而发生事故。设置有夹具偏摆限位保护措施，在出现误操作或其他意外时，夹具与其他物品相碰撞也不会造成相碰撞物的损坏。用电子传感器进行过载保护，在阳极因层间发生粘连或夹具提升出现卡阻而导致提升装置过载时，对提升装置或相关构件进行保护。夹具体上的连杆与中间拉杆相连，滑轮部件与中间拉杆相连，上部有电滑推杆的卡板控制夹具的夹紧和松开。

夹块过程：对准炭块放下夹具，炭块处于两夹板中间，夹具体继续下降，夹具体上两底脚接触炭块顶面后，夹具体停止下降，夹具发信限位发出信号，电滑推杆启动后退，中间拉杆处于自由状态，靠自重两夹板闭合。慢速提升，夹具靠自重夹紧炭块，即靠夹具自身重量和阳极重量共同作用，即可夹紧，不需要夹紧动力源。

卸块过程：与夹块过程相反，夹具在夹紧状态下运行，下降至指定位置（或焙烧炉室中）时，夹具发信限位发出信号，电滑推杆启动前进，中间拉杆头部处于被卡住状态，夹具松开，卷扬电机启动，空载夹具，慢速提升至炉室上，可快（或慢）速行走。

由于内凸轮相互错开45°，在弹簧作用下，竖销完成连续动作。夹具夹持炭块下降，竖销与导向槽平行，进入导向槽中。炭块顶部接触到夹具承托装置平面后，炭块停止下降，而夹具销继续下降至极限位置，在弹簧作用下，竖销在导向槽内滑动，夹具将炭块松开。收夹具略往上提，夹具呈张开状态。对准炭块，放下夹具，夹具体承托装置接触炭块顶面后，夹具本体停止下降，竖销在导向槽内滑动。略往上提，竖销与导向槽平行，夹紧炭块，再重复上述动作。

（5）操纵室。

操纵室位于主小车的最下端，四周都设置玻璃窗，距工作面最近。吸料管、填料管、卸灰管和阳极夹具均布置于其周围。操纵室内的操纵台为转椅式联动控制台。多功能天车的所有动作均由操作者在操纵室内完成。操作人员在操纵不同的机构时，能获得最佳的操作视野，从而提高工作效率。操纵室可设空调装置，给操纵者提供干净、舒适的工作环境。

在小车所有平台、通道上，都分别安装了栏杆和梯子，所有平台的地板均由防滑的花纹钢板制成。

3. 焙烧多功能天车的主要参数

焙烧多功能天车采用双夹具夹持炭块，可根据炭块尺寸差异满足一次夹运2×6个阳极块或一次夹运2×7个阳极块；双夹具既可同时工作，也可独立工作。双夹具夹起阳极块提升至上限时，阳极块底部及多功能天车底面离焙烧炉顶面2.5 m，辅助吊钩起吊能力10 t，起升高度16 m，行走速度20 m/min。抽吸填充料的温度：正常时不高于350 ℃，最高450 ℃。多功能天车的放灰管应能将收尘粉卸到车间的接灰口，其主要技术参数详见表1-3-2。

表1-3-2　焙烧多功能天车主要技术参数

多功能天车		阳极夹具		填充料装出炉装置	
项目	参数	项目	参数	项目	参数
工作制度	A7	起重量	2×10 t	吸料能力	70 m³/h
多功能天车跨度	33.5 m	起升速度	2~10 m/min 变频调速	卸料能力	80 m³/h
多功能天车最大宽度	≤14 m	提升高度	8.5 m	料仓有效容积	45 m³
大车运行速度	3~60 m/min 变频调速	最大开度	4880 mm（装宽度为780 mm产品）	出炉填充料温度	正常时不高于350 ℃ MAX：不大于450 ℃
小车运行速度	3~30 m/min 变频调速	最小开度	4620 mm（装宽度为665 mm产品）	出炉后填充料温度	不大于50℃
大车轨道面至起重机最高点	≤8350 mm	夹具最大外部尺寸	5120 mm	吸、卸料管升降速度	4~8 m/min 变频调速

表 1 - 3 - 2（续）

多功能天车		阳极夹具		填充料装出炉装置	
大车轨道面至缓冲器中心高	745 mm	两夹具中心距离	1303 mm	吸、卸料管升降行程	9500 mm/8500 mm
大车轨道中心至起重机最外端	≤420 mm	两夹具极限位置至大车轨道中心	一边 4800 mm，一边 5200 mm	吸料管极限位置至大车轨道中心	左、右均不大于 4800 mm
多功能天车总重	220 t	辅助吊钩		吸、卸料管提升至最高处时距炉顶面净空高度	2500 mm
多功能天车垂直轮压	500 kN	起重量	10 t		
多功能天车水平轮压	140 kN	起升速度	0.77 m/min		
大车轨道型号	QU120	起升高度	16 m		
电源	AC 380 V（±10%）50 Hz（±0.5 Hz）	运行速度	20 m/min		
多功能天车电动机总功率	≤350 kW	电动葫芦	左极限：3000 mm 右极限：3000 mm		

【例 1 - 3 - 2】焙烧多功能天车岗位安全操作规程。

（1）天车工要经过特种专业学习和培训，考试合格后，做到持证上岗。

（2）应从专用梯子上下驾驶室，严禁从地面设施和堆物上进出驾驶室。

（3）开车之前，必须认真检查各种机械电气设备是否正常，卡具、吊具、钢丝绳是否完好，传动部位是否有足够润滑油，限位仪表是否灵敏。经确认无误空载试车 2 分钟没有隐患后，方可正式运行。

（4）车启动后开始运行，必须按铃鸣警，确认道路、轨道上没有人员和异物后，方可移动。起步速度要慢，以防发生意外事故。

（5）严禁在天车运行时进行加油、擦扫和检修。

（6）进行装出阳极和吊运物料时，天车必须严格听从地面的专人指挥，手势要统一、明显、准确，正确地配合地面人员共同作业。

（7）升降必须平稳，在小车行至末端终点时，应保证速度缓慢，尽量不用终点开关，严禁突然开反车和开快车吊运重物，以防止设备震动和吊物摇晃摆动。

（8）两台天车之间应保持 2 m 以上的间距，严禁两台天车在近距离内相向而行。当有超重物件等需两台天车共同作业时，必须有相应的安全措施，由指定负责人统一指挥作业。

（9）在接受固定指挥信号和专人指挥时，不准同时进行两个运行动作。

（10）夹运炭块或吊运燃烧架及其他物件时，应先将夹物、吊物垂直提升至离工作面 0.5 m 暂停，等确认夹紧挂牢后，方可起步移动。移动中，夹物或吊物应高于地面或工作设备及堆物 0.5 m 以上,并随时鸣铃,不准吊物从人头上越过。

(11) 吊运作业中,严禁打开夹具和副钩,随时观察电压、气压变化情况。当有意外的突然停电、停气时,应立即停车。在查明原因之前,严禁拨动各种开关旋钮,发生故障应立即报告。

(12) 凡是传动部件、吊具、夹具、抱闸等失灵时,一律不准进行吊运作业。

(13) 天车停止作业需停靠时,应由高速挡变到低速挡,再移动到停车位置,把吊具、副钩提升到上限,按程序切断电源和气源,并打扫卫生。

(14) 严禁在天车上存放危险物品,也不允许在驾驶室、天车梁上及通道堆放物品。

(15) 其他操作应参照普通天车安全规程。

4. 焙烧多功能天车故障处理

焙烧多功能天车的故障及处理方法见表 1-3-3。

表 1-3-3　焙烧多功能天车的故障及处理方法

常见故障	处理方法
夹具夹紧、松开位置不准	调好限位开关后,加防松垫固定好,防止松动
吸料能力不足	检查管道是否漏风,罗茨风机工作是否正常,程序是否正确
卸料管卡阻、卸料移动风管卡阻	修卸料管、风管,或更换新管,尽量避免卸料嘴工作时的磕碰,减小钢管的变形
除尘效果不好	检查冷却器是否工作正常,检查布袋是否损坏
夹具偏斜	调整夹具的拉杆及平衡弹簧
夹具偏摆过大	调整导向轮,或更换导向轮
吸料管偏摆过大	调整平衡弹簧,或更换平衡弹簧
卸料管与料仓电动闸板阀连接处漏灰	更换连接处的橡胶密封
闸板阀漏灰	调整闸板阀的限位开关
天车运行出现异常声音	两侧轨道水平极高及轨距超差,造成水平轨与轨道侧隙不均,夹轨器碰轨道,需调整轨道。"三合一"减速机起步不同步,制动间隙不一致,应根据磨损情况及时调整
吸料管升降钢丝绳子断	超载限位及上限位是否好用,维修或更换;检查吸料管是否有卡死现象及严重变形,维修或更换;钢丝绳磨损,更换
欠压超压及报警	布袋堵塞或损坏,清理或更换布袋;喷吹系统故障,检查维修
料满仓或放料不足	检查上下限料位计是否正常工作,维修或更换
夹具误动作,掉块电动推杆失灵	检查控制限位是否工作正常,限位松动或移位,维修或更换限位;电动推杆失灵,维修或更换;夹钉损坏,更换;炭块是否符合要求
夹具摇摆过大,提出块偏移	轨道立柱摆动大,检查斜支撑拉杆螺栓是否松动,把紧把牢,受力均匀;导向轨间隙过大,调整或更换

表1-3-3（续）

常见故障	处理方法
布袋损坏	布袋材质，更换布袋；旋风除尘器闸板阀，调整；冷却器工作情况；反吹风装置工作是否正常；布袋除尘器脉冲阀嘴是否偏斜；物料湿度是否合适；电控程序是否有疏漏；系统是否局部漏风；卸料时，灰尘温度是否过高

项目四　带式输送机使用与维护

任务一　带式输送机的结构及特点分析

带式输送机是一种用来输送粒状、块状等散装物料，还用于料仓排料、称量等工作，适应能力强、应用比较广泛的连续输送机械。带式输送机主要可分为固定式和移动式两种。两种形式均可水平安装或倾斜安装，如图1-4-1所示。

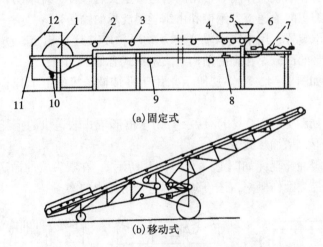

(a)固定式

(b)移动式

带式输送机

图1-4-1　带式输送机

1—传动滚筒；2—输送带；3—上托辊；4—缓冲托辊；5—给料器；6—尾部改向滚筒；
7—张紧机构；8—空段清扫器；9—下托辊；10—弹簧清扫器；11—机架；12—头罩

带式输送机的主要零部件包括输送带、托辊、传动张紧装置、安全装置和清理装置等。带式输送机主要由两个端点滚筒及紧套其上的闭合输送带组成。带动输送带转动的滚筒，称为驱动滚筒（传动滚筒）；另一个仅用于改变输送带运动方向的滚筒，称为改向滚筒。驱动滚筒由电动机通过减速器驱动，输送带依靠驱动滚筒与输送带之间的摩擦力拖动。驱动滚筒一般都装在卸料端，以增加牵引力，有利于拖动。物料从喂料端喂入，落在转动的输送带上，依靠输送带摩擦带动运送到卸料端卸出。

固定带式输送机布置有5种方式，如图1-4-2所示。L_1为输送带长度。移动式输送机用于位置不固定的场所短距离运输物料，可进行堆垛、装卸式运输，既可单台使用，也可多台互相搭接成输送线，使用时灵活方便。

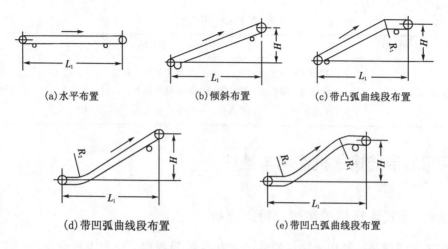

(a)水平布置   (b)倾斜布置   (c)带凸弧曲线段布置

(d)带凹弧曲线段布置   (e)带凹凸弧曲线段布置

图1-4-2　固定带式输送机的布置方式

输送带起牵引和承载的作用。常用的输送带主要有5种：纤维纺织品输送带、橡胶输送带、金属丝编织的输送带、钢带和由钢丝绳支承的输送带等。

托辊作为支承装置，用来支承输送带及物料，使其运行稳定，防止带条下垂和摆动，是引导输送带的部分。托辊的结构与支承形式有如下几种：

平行托辊［如图1-4-3（a）所示］用于平带输送机的上下托辊或槽形带式输送机的下托辊。

槽形托辊［如图1-4-3（b）所示］用于槽形带式输送机的上托辊，它使输送带的载物带形成槽形，增加装载量。

橡胶覆面的缓冲托辊［如图1-4-3（c）所示］，在喂料段的输送带下面装设缓冲托辊，减少输送带被砸伤概率，还可减少输送带与托辊的磨损。

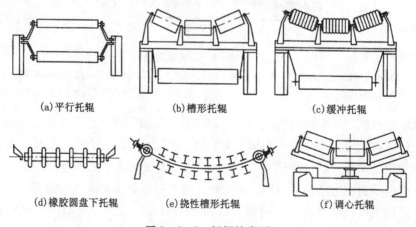

(a)平行托辊   (b)槽形托辊   (c)缓冲托辊

(d)橡胶圆盘下托辊   (e)挠性槽形托辊   (f)调心托辊

图1-4-3　托辊的类型

橡胶圆盘下托辊［如图1-4-3（d）所示］，与黏有物料的输送带外表面接触，黏附的物料往往使下托辊与输送带产生摩擦，在空回边的载荷不大，用圆盘形托辊足够支承，这种托辊避开了许多刺入胶带的物料，并有利于使黏附的物料层剥落。

挠性槽形托辊〔如图1-4-3（e）所示〕，适用于重载的和载荷不均匀或输送能力经常需改变的输送机上。其结构是由几个硬橡胶圆盘在软轴上旋转，软轴悬挂在输送机两旁的机架上。当输送带空运转时，托辊几乎处于水平位置；承载后，根据载荷情况，托辊自然形成适当的槽形。

调心托辊〔如图1-4-3（f）所示〕的作用是避免输送带跑偏，其支持架有垂直的转轴，当输送带跑向左边或碰到左边的导向辊轴时，支持架不平衡而绕垂直轴偏转，托辊圆周速度的横向分速度使输送带往右边移动，起到自动找中心的作用。

胶带输送机传动原理的特点：

（1）胶带输送机的牵引力是通过传动滚筒与胶带之间的摩擦力来传递的，因此必须将胶带用拉紧装置拉紧，使胶带在传动滚筒分离处具有一定的初张力。

（2）胶带与货物一起在托辊上运行。胶带既是牵引机构，又是承载机构，货物与胶带之间无相对运动，消除了运行中胶带与货物的摩擦阻力。由于托辊内装有滚动轴承，胶带与托辊之间是滚动摩擦，因此运行阻力大大减小，从而减少了功率消耗，增大了运输距离。对于一台胶带输送机来说，其牵引力传递能力的大小，取决于胶带的张力、胶带在传动滚筒上的围包角以及胶带与传动滚筒之间的摩擦系数。

带式输送机的优点是：物料输送品种多、输送能力强，结构简单，工作可靠，功率消耗较小，能长距离输送，在采用多点驱动时，长度几乎不受限制，用于越野输送时，可远达几十公里，维护方便等。由于带式输送机单位自重的生产率很高，动力消耗少，所以每吨物料的运费往往低于其他常用的输送方式。带式输送机的缺点是：（1）敞开式易发生粉尘飞扬，最好采用封闭式；（2）不适用于输送黏湿物料，对输送带造成黏附；（3）硬质块料易砸伤输送带；（4）输送带对酸碱及高温的耐受程度低。

在炭素厂，一般在带式输送机上设有电磁除铁器，以除去混入生焦或固体沥青中的铁屑。

在炭素厂，通常都需要转交散碎物料，可以采用不同的方法避免物料散落、粉尘飞扬和带的磨损问题。如图1-4-4所示，采用曲线形滑槽可以改变物料、速度的方向，减少输送带的磨损及动力消耗。引导式与溅落式相比可减少粉尘飞扬，落差较大时，采用向下过渡的输送带；当交接混合料时，采用栅板过渡，使粉料垫底，防止大块料砸伤下面的输送带，交接处应装有防尘罩和挡帘，必要时装设吸尘器；当转动方向互成角度时，对于磨损性不强的细粉物料可用漏斗导管导向。如图1-4-5所示的过渡输送带，可用于硬质块料的输送，减轻下面主运输带的损伤。短的过渡运输带即使损坏，也较易更换，费用少，有时也可用振动加料器来过渡。

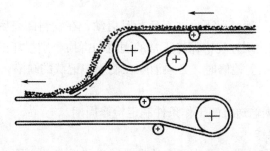

图1-4-4　曲线形滑槽过渡（同向转动时）

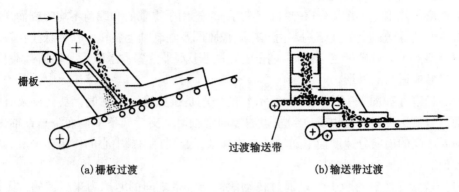

(a) 栅板过渡 　　　　　　　　　　　　　　　(b) 输送带过渡

图 1 - 4 - 5　大块物料输送

任务二　带式输送机维护与操作

1. 带式输送机维护

带式输送机维护主要有以下几个方面：

（1）带式输送机在工作过程中应由固定人员看管。看管人员必须具有一般技术常识，对本输送机的性能比较熟悉。

（2）企业应制定输送机"设备维护、检修、安全操作规程"，以便看管人员遵守。看管人员必须有交接班制度。

（3）向带式输送机给料时，应均匀。不得给料过多，以免使进料漏斗被物料塞满而溢出。

（4）带式输送机工作时，非看管人员不得靠近机器，任何人员不得触摸任何旋转部件。发生故障时，应立即停止运转，消除故障。如有不容易立即消除但对工作无过大影响的缺陷，应作记载，待检修时消除。

（5）看管输送机时，应经常观察各部件运行情况，检查各处连接螺栓，若发现松动，应及时拧紧；但在输送机运转时，绝对禁止对输送机的运转部件进行清扫和修理。

（6）尾部装配的螺旋拉紧装置应调整适宜，保持输送带具有正常工作的拉力。看管人员应经常观察输送带的工作情况。对于局部损坏的零部件，应视其破损程度（是否对生产造成影响）决定是否立即更换或待检修时更换新的。对于拆下的输送带，应视其磨损程度而另作他用。

（7）看管带式输送机时，应观察其工作状态、清扫、润滑以及检查调整螺旋拉紧装置等。

（8）带式输送机一般情况下应在无负荷时启动，在物料卸完后停车。

（9）输送机除在使用过程中保持正常的润滑和拆换个别损坏的零部件外，每工作 6个月必须全面检修一次。检修时，必须消除在使用中记载的缺陷，拆换损废零部件及更换润滑油等。

（10）企业可根据输送机的工作条件制定检修周期。

2. 带式输送机操作

在带式输送机运行之前，首先要确认带式输送机设备、人员、被输送物品均处于安全完好的状态；其次检查各运动部位正常无异物，检查所有电气线路是否正常，正常时才能将带式输送机投入运行；最后要检查供电电压与设备额定电压的差别不超过±5%。

运行操作：

（1）合上总电源开关，检查设备电源是否正常送入且电源指示灯是否亮。正常后，进行下一步操作。

（2）合上各回路的电源开关，检查是否正常。正常状态下，设备不动作，皮带输送机运行指示灯不亮，变频器等设备的电源指示灯亮，变频器的显示面板显示正常（无故障代码显示）。

（3）按照工艺流程依次启动各电气设备。上一台电气设备启动正常后（电机或其他设备已达到正常速度、正常状态），再启动下一台电气设备。

在带式输送机运行中，首先，应遵守关于被输送物品的规定，不超过带式输送机的设计能力。其次，各类人员不得触及带式输送机的运动部分，非专业人员不得随意接触电气元件、控制按钮等。最后，不能对变频器后级断路，如确定维修需要，则必须在停止变频运行的情况下才能进行，否则可能损坏变频器。

带式输送机运行完毕，按下停止按钮，待系统全部停止后，方能切断总电源。

任务三 胶带输送机故障处理

胶带输送机常见故障及处理方法参见表1-4-1。

表1-4-1 胶带输送机常见故障及处理方法

故障名称	产生原因	处理方法
胶带打滑	（1）驱动滚筒和胶带间摩擦系数小和包角过小； （2）过紧装置拉力过大； （3）承载量大于设计能力	（1）提高摩擦系数，加大包角； （2）校对调整拉紧力； （3）减轻承载量，使之不超过设计量
胶带在滚筒上打滑	（1）输送带张力不够； （2）滚筒上有油污和冰雪； （3）滚筒粗糙度不够	（1）增加输送带拉紧力； （2）擦拭和调整刮板； （3）设法增加滚筒摩擦力
胶带跑偏	（1）滚筒位置偏斜； （2）输送带接头缝不垂直于中心线； （3）托辊与机架纵向中心线不垂直； （4）装料位置不对输送中心	（1）调理滚筒方位； （2）重新接头； （3）调整托辊斜度； （4）调整装料位置
胶带某一部分突然跑偏	（1）胶带有部分弯曲； （2）接头中心位置未对准	（1）严重时更换弯曲段； （2）更新接头
空载时跑偏	胶带成槽性不好	更换成槽性好的胶带或用自调托辊

表 1 - 4 - 1（续）

故障名称	产生原因	处理方法
胶带边部磨损过大	（1）托辊和滚筒黏附物太多； （2）托辊或导向滚筒调整不好； （3）托架不平； （4）自动调整托辊和导辊不良； （5）块状物料进入胶带与托架之间； （6）卸料器不正	（1）安装有效的清扫器； （2）重新调整； （3）重新调整； （4）调整或更换； （5）清扫干净； （6）检修、调整卸料器
胶带损坏快	（1）挡板磨损，返程带有硬料卡在机尾辊上； （2）输送带跑偏，被托架磨损撕裂； （3）接头破损，造成大面积的损坏	（1）调整刮板角度； （2）及时纠正跑偏； （3）及时修正接头
上层胶纵向割裂	溜槽装得不好	重新调整装配
上层胶非正常磨损	（1）溜槽放料时，物料速度与胶带速度不一致； （2）回程托辊不转动； （3）溜槽堵塞	（1）调整溜槽、改变物料的下滑速度； （2）清洗、更换托辊； （3）改进溜槽
带边磨损成筋条状	挡料板不正	调整挡料板
下层胶非正常磨损	（1）胶带打滑； （2）杂物侵入回程段； （3）物料水分大、摩擦系数下降； （4）托辊不旋转	（1）检查拉紧装置； （2）清扫并检查承载段； （3）降低物料水分； （4）清洗调整托辊
胶带有皱褶	滚筒打滑	改进胶带刻纹或加大摩擦系数
托辊轴承异声	（1）轴承使用时间过长； （2）润滑不良	（1）检查更换轴承； （2）清洗后加润滑油
皮带行走慢或不动	（1）皮带上料太多，超负载； （2）主动轴上的减速机三角皮带松了； （3）皮带松弛或拉紧螺栓松动	（1）减少皮带运输机的给料量； （2）更换三角皮带； （3）调整拉紧螺栓或更换皮带

项目五　斗式提升机使用与维护

任务一　斗式提升机的结构及特点分析

斗式提升机是在带式输送机基础上发展起来的用于垂直提升散状物料的连续输送机。

斗式提升机结构图如图 1 - 5 - 1 所示，斗式提升机由牵引构件（胶带或链条 1）、连接于牵引构件上的料斗 2、驱动滚筒或链轮 3、张紧轮 4 和封闭外罩 6 等组成。

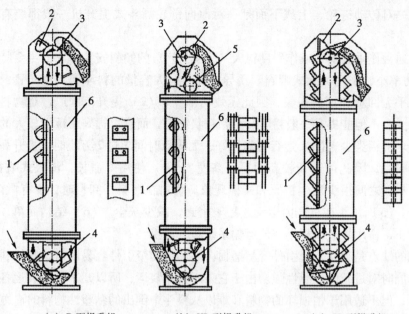

　　(a) D 型提升机　　　　　(b) HL 型提升机　　　　　(c) PL 型提升机

图 1 - 5 - 1　斗式提升机结构图

1—胶带或链条；2—料斗；3—驱动滚筒或链轮；4—张紧轮；5—星轮；6—外罩

斗式提升机

　　输送的物料由下部进料口喂入后，被连续向上运动的料斗舀取、提升，由机头出料口卸出。一般在进料口还设有调节物料量的闸阀。

　　斗式提升机按装载特性可分为掏取式和流入式；按卸载特性分为快速离心式、离心 - 重力式与慢速重力式；按牵引构件型式分为胶带式、环形链式和板链式，最常用的是环链，结构和制造比较简单，与料斗的连接也很牢固。

　　我国目前生产的斗式提升机主要有：D 型、HL 型、PL 型、ZL 型等。

　　D 型斗式提升机是一种胶带牵引、离心卸料斗式提升机。适用于输送粉状、粒状及小块状的无磨琢性或半磨琢性且温度不超过 60 ℃ 的物料。如超过 60 ℃，必须采用耐热胶带。

　　HL 型斗式提升机是一种环链牵引、离心卸料斗式提升机。适用于输送粉状、粒状及小块状的无磨琢性及半磨琢性的物料，如煤、水泥、生料、矿渣、石灰石等。

　　PL 型斗式提升机是一种板链牵引、慢速重力卸料的连续斗式提升机，适用于输送温度 250 ℃ 以下的块状、密度大、磨琢性的物料，如块煤、石灰石、熟料、焦炭等。

　　ZL 型斗式提升机是一种铰链牵引、慢速重力卸料的连续斗式提升机。适用于输送温度 250 ℃ 以下、水分 10% 以下、粒度 100 mm 以下、密度较大的磨琢性块状物料，如煤、石灰石、熟料等。

　　斗式提升机是一种利用胶带或链条做牵引件来带动料斗，以起到提升运动作用的机构。料斗把物料从下面的储仓中舀起，随着输送带或链提升到顶部，绕过顶轮后，向下翻转，将物料倾入接受槽内。带传动的斗式提升机的传动带一般采用橡胶带，装在上或下面的传动滚筒和上下面的改向滚筒上。链传动的斗式提升机一般装有两条平行的传动链，上或下面有一对传动链轮，上或下面是一对改向链轮。斗式提升机一般都装有机壳，以防止粉尘飞扬。

斗式提升机通常作垂直安装或作斜度很大（多为70°）的倾斜安装。它的主要特点是：（1）驱动功率小，采用流入式喂料、诱导式卸料、大容量的料斗密集型布置，在物料提升时，几乎无回料和挖料现象，因此无效功率少。（2）提升范围广，对物料的种类、特性要求少，不但能提升一般粉状、小颗粒状物料，而且可提升磨琢性较大的物料，密封性好，环境污染少。（3）运行可靠性好，无故障时间超过2万小时。提升高度高，提升机运行平稳，因此可达到较高的提升高度。（4）使用寿命长，流入式喂料，无须用斗挖料，材料之间很少发生挤压和碰撞现象。物料在喂料、卸料时，少有撒落，减少了机械磨损。（5）料斗在机壳内运动，易于密封，减少灰尘。（6）结构简单，横截面的外形尺寸小，占用生产面积小，使运输系统布置紧凑。

斗式提升机的缺点是料斗及牵引件容易磨损，环形链的牵引件容易断链，在卸料口处的粉尘较大，同时对过载的敏感性强。由于它采用料斗装运，所以几乎可以装运各种固体或液体物料，但不适用于怕损坏的物料和难以从料斗中倒出的黏塑性物料的输送。

斗式提升机一般用来垂直或倾斜输送经过破碎的块状物料和粉状物料。斗式提升机因受到本身重力的限制，提升高度一般不超过30 m。超过30 m时，以二段提升为好。

任务二　斗式提升机装卸料解析

1. 斗式提升机进料方式

斗式提升机进料方式有掏取式和流入式两种（如图1-5-2所示）。

掏取式［如图1-5-2（a）所示］，物料加到提升机底部，被运转的料斗直接掏取而提升。即运行的料斗在斗式提升机下部掏取加入机壳内的物料装入料斗内。主要用于输送粉末状、粒状、小块状的无磨琢性半磨琢性散状物料。掏取这样的物料时，不会产生很大的阻力，适用于坚硬块料。用掏取式装料，料斗速度较高，为0.8～2.0 m/s。

流入式［如图1-5-2（b）所示］，物料由装料口直接加到运行的料斗中。物料直接流入料斗装载。主要用于输送大块和磨琢性大的物料。料斗是紧密相连排列的，而且料斗的运行速度不超过1 m/s。流入式进料适用于大块料及磨损性强的物料，因为采用掏取式时，这类物料对料斗的阻力很大，而且容易损坏料斗。

实际进料是两种方法兼用，而以一种方法为主。

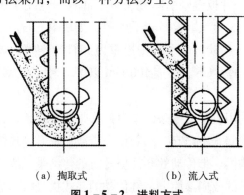

（a）掏取式　　　　　（b）流入式

图1-5-2　进料方式

2. 斗式提升机卸料方式

斗式提升机卸料方式主要是由料斗运行速度决定的，离心力不同导致卸料方式也不同。卸料方式分为离心式、离心 – 重力式和重力式三种，如图 1 – 5 – 3 所示。离心式卸料适用于输送粉状、粒状、小块状的无磨琢性和半磨琢性的物料；重力式卸料适用于输送块状的、密度较大的、磨琢性的物料。

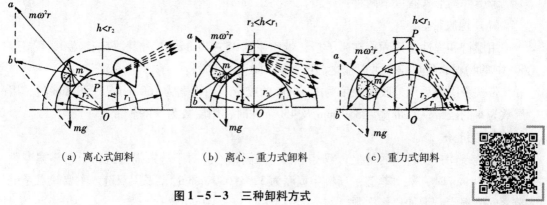

（a）离心式卸料　　　　（b）离心 – 重力式卸料　　　　（c）重力式卸料

图 1 – 5 – 3　三种卸料方式

斗式提升机卸料

当离心力远远大于重力（即转速较高，料斗速度通常在 1 ~ 2 m/s）时，料斗内物料受到离心力的影响，将沿着料斗的外壁被抛出作离心式卸料［如图 1 – 5 – 3 （a）所示］。这种卸料方式适用于输送易流动的粉状、粒状和小块状物料。

当转速中等（料斗速度通常为 0.6 ~ 0.8 m/s）时，物料受到离心力和重力的作用，一部分物料将沿料斗的外壁运动，另一部分物料将沿料斗的内壁运动，因此料斗作离心 – 重力式卸料［如图 1 – 5 – 3 （b）所示］，这种卸料方式适用于输送流动性不良的粉状及含水性的物料。

当离心力小于重力（转速较低，料斗速度通常为 0.4 ~ 0.8 m/s）时，物料将沿料斗的内壁运动，因而料斗作重力式卸料［如图 1 – 5 – 3 （c）所示］。这种卸料方式适用于输送块状、半磨损性及磨损性强的物料。

3. 料斗形状与尺寸

由于物料形状的差别，需采用不同的进料、卸料方式，也就决定了料斗的形状和尺寸。例如掏取式进料具有加强的斗口。重力式卸料的料斗呈三角形，并在底的外表面有挡边（形成滑槽）。

料斗是提升机的承载构件。根据物料特性以及进料、卸料的不同，料斗有深斗、浅斗和鳞式（三角式）斗三种。料斗多用钢板焊接而成。不同特性物料，用不同形状的料斗装卸。

（1）圆柱形斗。

深斗：斗口下倾角度较小（斗口与后壁一般成 65° 角），深度大，用于输送干燥、流动性好、松散的、易于卸出的粒状物料。

浅斗：斗口下倾角度较大（斗口与后壁一般成 45° 角），深度小，用于输送潮湿的、容易结块的和难于卸出的粒状物料。

（2）尖角形斗。

其侧壁延伸到底板外，成为挡边。卸料时，物料可沿一个斗的挡边和底板所形成的槽卸出，适用于黏稠性大和沉重的块状物料运送，并适用于低速运行的提升机。

4. 牵引件

牵引件的形式有以下两种：

（1）橡胶带。

用螺钉和弹性垫片固接在带子口，带比斗宽 35~40 mm，一般胶带输送温度不超过 60 ℃ 的物料，耐热胶带可以输送温度达到 150 ℃ 的物料。

带式牵引件采用外胶层厚度为 1.5 mm 的胶带。当带宽为 160 mm 及 250 mm 时，用层数为 4 的胶带；当带宽为 350 mm 及 450 mm 时，用层数为 5 的胶带。

（2）链条。

单链条固接在料斗后壁上；双链与料斗两侧相连。对于链式提升机，当料斗宽度为 160~250 mm 时，采用单链；当料斗宽度为 320~630 mm 时，采用双链。主要缺点是链节之间磨损大，增加检修次数。

链斗式提升机用的链条通常是锻造扁环链和板链。锻造扁环链由 Q235A（A3）圆钢锻造而成，并经渗碳淬火处理。环链和料斗的连接采用 45#钢锻制，并经渗碳淬火的链环钩，将其用螺帽固定在料斗上。

板链由内链板、外链板、套筒、滚筒及销轴等组成。板链有注油式及非注油式两种结构。内外链板由 Q275 钢（A5）制成。销轴为铬钢 15，套筒为钢 15，均作渗碳淬火处理。倾斜式斗式提升机是板链式加滚轮的结构。

用 D 表示胶带，HL 表示环链，PL 表示板链。

任务三　斗式提升机维护与安全操作

斗式提升机维护注意事项：

（1）斗式提升机应空负荷开车。每次停机之前，应排尽料斗内的所有物料，再停车。

（2）不能倒转。倒转很可能发生链条脱轨现象，而排除脱轨故障很麻烦。

（3）均匀喂料。禁止突然增大喂料量。喂料量不能超过提升机的输送能力，否则容易导致底部的物料堆积，严重时发生"闷车"事故。

（4）如果提升机使用时间过长，需要定期维护，并补充润滑油。

（5）链条和料斗严重磨损或损坏时，应及时更换。

【例 1-5-1】斗式提升机安全操作规程。

斗式提升机的安全操作规程：

（1）提升机由指定人员进行维护和管理，电源开关箱的钥匙应由指定人员掌管。

（2）提升机必须有卷扬限制器和行程限位器，限制器应使滑轮在提升到距离卷筒或滑轮 300 mm 以前时，能自动停止。

（3）提升机应有最大负荷标志，在提升、降落时，重量不许超负荷。

（4）送电后，检查卷扬限制器、行程限位器、联锁开关等安全装置的动作是否灵敏可靠，并进行试吊。

（5）起吊或降落之前，应鸣铃示警后，方可开车。

（6）提升机绝对禁止载人上下。

（7）工作完毕后，提升机吊盘应落地，然后切断电源，关好上下护栏门。

（8）经常保持提升机周围环境卫生。

任务四　斗式提升机故障处理

HL 型斗式提升机常见故障处理参见表 1-5-1。

表 1-5-1　HL 型斗式提升机常见故障处理

故障	产生原因	处理方法
上下轴承发烫	（1）润滑油脂不足； （2）润滑脂脏污； （3）安装不良	（1）补足润滑油； （2）清洗轴承，换注新润滑脂； （3）重新检查，调整找正
料斗严重变形或刮坏	（1）料斗连接螺栓松动或脱落； （2）下链轮链条掉道； （3）牵引件磨损严重，过分伸长； （4）底部落入非运输异物	（1）检查坚固料斗连接螺栓； （2）参照本表"链条掉道"故障清除； （3）调整牵引件长度（去除一部分）； （4）清除底部积料和异物
物料回料	（1）底部有物料堆积； （2）料斗填装过多； （3）卸料不尽	（1）调整供料量； （2）减少供料量； （3）在卸料口增设可调接料板
上链轮链条掉道	（1）上链轴主轴不水平； （2）关节板链条和上链轮磨损严重，使两者节距不一	（1）调整机首两侧主轴承，使上链轮水平； （2）更换磨损的链条和链轮
下链轮链条掉道（打滑）	（1）牵引件张紧程度过于松弛； （2）两链条长度不一致，使链条松紧程度不一致； （3）底部物料堆积过多	（1）调整张紧装置； （2）调整两链条长度，使之一致； （3）清除积料，调整供料量

项目六　螺旋输送机

任务一　螺旋输送机结构及特点分析

螺旋输送机通常有 LS 型和 GX 型两类。LS 型是 GX 型螺旋输送机的换代产品。LS 为螺旋输送机代号，L 为螺旋，S 为水平。LS 型螺旋输送机是利用旋转的螺旋将被输送的物料沿固定的机壳内推移而进行输送工作，头部及尾部轴承移至壳体外，吊轴承采用滑动轴承，设有防尘密封装置，轴瓦一般采用粉末冶金，输送水泥采用毛毡轴瓦、吊轴，螺旋轴采用滑块连接，拆卸螺旋时不用移动驱动装置，拆卸吊轴承时不用移动螺旋，不拆卸盖板可以润滑吊轴承，整机可靠性高，寿命长，适应性强，安装维修方便。

如图1-6-1所示，螺旋机部分由头节、中间节和尾节组成，其中每个部分又有几种不同的长度，各个螺旋节的布置次序最好遵循按螺旋节长度的大小依次排列，把相同规格的螺旋节排在一起的原则。安装时，从头部开始，顺序进行。LS型螺旋输送机主要由螺旋轴、料槽和驱动装置组成。如条件允许，最好将驱动装置安放在出料端，因驱动装置及出料口装在头节（有止推轴承装配）较合理，可使螺旋处于受拉状态。料槽的下部是半圆柱形，螺旋轴上有螺旋叶按一定螺距固定在轴上，螺旋轴沿纵向放在槽内，螺旋轴转动时，物料由重力及其与槽壁间摩擦力的作用，不跟着螺旋轴一起转动，这样，由螺旋轴旋转而产生的轴向推力直接作用到物料上，推送物料向前运动到出料口排出。

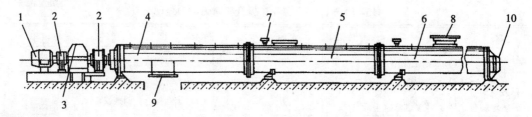

图1-6-1　螺旋输送机

1—电机；2—联轴器；3—减速器；4—头节；5—中间节；
6—尾节；7—油杯；8—进料口；9—出料口；10—轴承

螺旋输送机

在总体布置时，还应注意，不要使底座和出料口布置在机壳接头的法兰处，进料口也不应布置在吊轴承上方。

LS型螺旋机按使用场合要求的不同可分为S制法和D制法两种：

S制法，带有实体螺旋面的螺旋，其螺距等于直径的0.5~1.0倍；

D制法，带有带式螺旋面的螺旋，其螺距等于直径。

从输送物料位移方向的角度划分，螺旋输送机分为水平式螺旋输送机和垂直式螺旋输送机两大类型。

LS型螺旋输送机直径有100，160，200，250，315，400，500，630，800，1000，1250 mm共11种，单驱动机长最大35 m（LS1000，LS1250最大长度30 m），可在环境温度-20~50 ℃条件下，以小于20°的倾角单向输送温度低于200 ℃的物料。

LS型螺旋输送机的优点是：（1）结构简单，横截面的尺寸小，制造成本较低；（2）便于在若干位置进行中间加载和卸载；（3）操作安全、方便；（4）沿整个螺旋输送机，机盖可以较好地密封，因此，在输送过程中，输入物料能够和外界隔离。

LS型螺旋输送机的缺点是：（1）在移动物料时，要克服物料和机壳、螺旋的摩擦力，因此单位动力消耗大；（2）在移动过程中，由于螺旋作用，物料有相当严重的粉碎；（3）螺旋及机壳有强烈的磨损。

上述优缺点限定了螺旋输送机使用范围是在各种工业中输送各种粉状、颗粒状和小块状等松散物料，如煤粉、焦粉、石墨粉等。不宜输送易变质、黏性大、易结块的物料，因为这些物料在输送时会黏结在螺旋上，并附之旋转而不向前移动，或在吊轴承处形成物料积塞，而使螺旋机几乎不能工作。

螺旋机利用螺旋旋转而推动物料，且物料的有效流逝断面较小，故不宜输送大块物料。

螺旋机需要均匀地加料，否则容易引起积塞而造成机器过载。螺旋机吊轴承、轴瓦磨损较快，常须修理。

任务二　螺旋输送机工作原理剖析

倾斜输送对 GX 输送机的输送量 Q 的影响颇大，而且此型规定倾斜角的安装不允许超过 20°。然而，其他类型螺旋机并不一定受倾斜角的限制，例如还有垂直向上输送的螺旋机，原因在于所用的原理及工作参数有差别。

由旋转产生输送作用的螺旋输送机，其工作原理大体可以分为三种：重力滑下法、推挤法和离心诱导法。

（1）重力滑下法。

比如 GX 型螺旋机，螺旋的转速较低，在螺旋面上的物料受到重力影响远比离心力影响大，由于螺旋的转动物料不断沿螺旋面向下滑，于是产生轴向的位移。如图 1 - 6 - 2 所示。

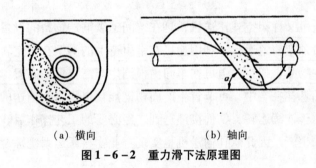

（a）横向　　　　　　　　（b）轴向

图 1 - 6 - 2　重力滑下法原理图

（2）推挤法。

此法用于仓底的卸料输送螺旋，物料经常充满螺旋，颗粒物料受到的静压较大，每粒物料本身的重力远小于其他作用力（螺旋推力、摩擦力、静压力）。此种螺旋的阻力是很大的，它要克服较大压力下形成的摩擦力。工作时，物料好像螺母，螺旋起螺钉作用，只要螺母不转动（或转动较慢），利用螺钉的旋转，就可以使螺母沿轴向移动，仓底卸料螺旋常采用变节距螺旋，在出口端的节距较大。

（3）离心诱导法。

此法用于垂直的倾斜度较陡的螺旋输送机或任何转速较高的螺旋输送机，其工作特点是物料充填量介于两种之间，在螺旋的高转速下，松散的物料受到离心力的作用远比重力等其他外力的影响大。

任务三　螺旋输送机故障处理

螺旋输送机常见故障及处理方法参见表 1 - 6 - 1。

表 1 - 6 - 1　螺旋输送机常见故障及处理方法

故障名称	产生原因	处理方法
电流过大	（1）箱体内壁黏结物料，阻力增大； （2）箱体内进入异物，卡住螺旋叶片； （3）轴承缺油或损坏； （4）箱体或螺旋弯曲，发生相互摩擦	（1）清理干净； （2）检查排除； （3）加油或换轴承； （4）调整调直
螺旋轴断裂	（1）螺旋轴材料强度不够，焊接残余应力未消除； （2）箱体内的物料堆积过多，螺旋阻力剧增； （3）螺旋轴疲劳损坏或严重弯曲	（1）重新制造或修理； （2）清除一些物料； （3）更换新件
噪声大	（1）螺旋叶片与箱体相摩擦； （2）轴承缺油，发生干摩擦； （3）输送量过大，摩擦阻力增大； （4）螺旋轴严重变形和弯曲	（1）检查修理； （2）增添新油； （3）减轻负荷； （4）调直或更新

项目七　悬挂链式输送机

悬挂链式输送机又称架空式输送机，是在空间连续输送物料的设备，物料装在专用箱体或支架上，沿预定轨道运行。利用连接在牵引链上的滑架在架空轨道上运行，以带动承载件输送成件物品，架空轨道可在车间内根据生产需要灵活布置，构成复杂的输送线路。输送的物品悬挂在空中，可节省生产面积，能耗也小，在输送的同时，还可进行多种工艺操作。由于连续运转，物件接踵送到，经必要的工艺操作后，再相继离去，可实现有节奏的流水生产，因此悬挂输送机是实现企业物料搬运系统综合机械化和自动化的重要设备。

在炭素成型车间，采用拖式悬链输送机安装位的下方有冷却水池，托盘承载生坯在链条带动下运行时，将生坯没入水中进行冷却。在组装车间，采用吊式悬链输送机运送制品。

任务一　悬挂链式输送机类型分析

悬挂链式输送机分为提式悬挂链输送机、推式悬挂链输送机和拖式悬挂链输送机。

1. 提式悬挂链输送机

又称普通悬挂输送机，由架空轨道、牵引链、滑架、吊具、改向装置、驱动装置、张紧装置和安全装置等组成。架空轨道构成闭合环路，滑架在其上运行。各滑架等间距地连接在牵引链上。牵引链通过水平、垂直或倾斜的改向装置构成与架空轨道线路相同的闭合环路。吊具承载物品并与滑架铰接。依输送线路的长短，可设单驱动装置或多驱动装置。单驱动的输送线路长度可达 500 m 左右。多驱动的输送线路可更长，但各驱动装置之间需保持同步。在架空轨道的倾斜区段内，设有捕捉器，牵引链一旦断裂，捕捉器即挡住滑架，防止物品下滑。提式悬挂输送机不能将物品由一条输送线路转送到另一条输送线路。

悬挂链式输送机结构图如图 1 - 7 - 1 所示，悬链输送机由驱动装置、大链轮、张紧装置、链条、托盘、行走小车、轨道、分道装置、停位器等构成。在启动条件具备以后，启动悬链系统。驱动电机转动，经过皮带轮一级减速，再经过蜗轮蜗杆二级减速后，带动驱动链条运转，使和驱动链条连续啮合的牵引链运转，从而带动输送链运转。主要用于阳极组装过程中输送炭阳极。

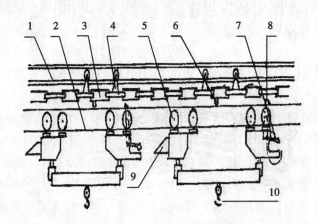

图 1 - 7 - 1　悬挂链式输送机结构图
1—上轨道（牵引轨道）；2—下轨道（载货轨道）；3—牵引链条；4—链条支承小车；
5—载货小车；6—推杆；7—后铲；8—升降爪；9—前铲；10—吊钟罩钩

悬挂链采用滚珠轴承作为链条走轮，导轨均选用 16Mn 材质经过深加工而成，使用寿命在 5 年以上。链条节距常用的有 150，200，240，250 mm 等，单点承重也各不相同。同时通过选择吊具类型，可增加链条的单点承重。

2. **推式悬挂链输送机**

可将物品由一条输送线路转送到另一条输送线路。它在结构上与提式输送机的区别是：沿输送线路装有上、下两条架空轨道；除滑架外，还有承载挂车（简称挂车），各滑架与牵引链相连，沿上轨道运行；挂车依靠滑架下的推头推动在下轨道上运行而不与滑架相连；线路由主线、副线、道岔和升降段等部分组成。推头与挂车挡块结合或脱开，使挂车运行、停止或经道岔由一条输送线路转向另一条输送线路。升降段可使挂车由一个层高转向另一个层高的轨道上。挂车增加前杆、尾板和挡块等组成的杠杆系统，便成为积放式挂车。积放式挂车用于积放推式悬挂输送机。挂车的积放过程是：当挂车驶至副线上的某一预定地点时，挂车的前杆被该处停止器的触头抬起，挡块随即下降并与推头脱开，挂车停止前进；后一挂车驶到后，其前杆被已经停住的挂车的尾板抬起，挡块同样下降而停车。继之而来的各挂车也同样顺次停车，形成悬挂空间仓库。对挂车放行时，停止器的触头避开，挂车的前杆随即下降，挡块升起，副线上不停运动的滑架推头重新与挡块结合而使挂车运行。这一挂车驶出后，后一挂车的前杆落下，被继之而来的推头推至停止器处，此时停止器的触头已恢复原位，后一挂车的前杆被触头抬起而停止。相应地，后续挂车也依次向前停靠。由于有主线和副线，并且应用了逻辑控制，因而可把几个节奏不同的生产过程组成一个复合的有节奏的生产系统，实现流水生产和输送的自动化。

3. 拖式悬挂链输送机

它与提式的不同之处是将悬挂的吊具改为在地面上运行的小车。提式悬挂输送机和推式悬挂输送机每个吊具或挂车的承载量一般在 600 kg 以下，拖式悬挂输送机每个小车的承载量可大于 1000 kg。这种形式比较常用。如图 1 - 7 - 2 和图 1 - 7 - 3 所示。

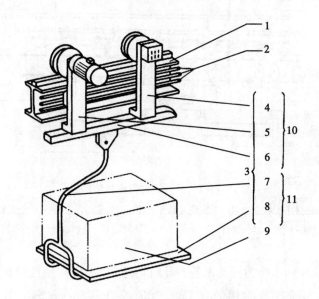

图 1 - 7 - 2　单轨小车悬挂链输送机构造图

1—轨道；2—导向轨；3—载物车；4—副车；5—主车；6—承载梁；
7—吊架；8—支承架；9—载荷；10—小车；11—承载装置

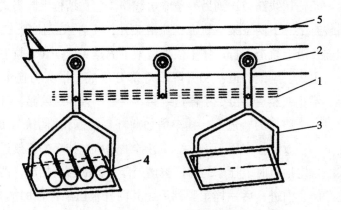

图 1 - 7 - 3　悬挂链式输送机构造图

1—牵引构件；2—行车；3—悬架；4—物件；5—梁

如图 1 - 7 - 3 所示，该机构主要用于成型车间生坯的冷却。由牵引构件、行车机件和装载物料悬架三部分组成。在牵引构件 1 上固接着行车 2，行车上带有装物料的悬架3，它沿着封闭的悬置轨道运动，轨道悬吊在建筑物的构件上或安装在个别的支承结构上。悬式运输机通过牵引机构可在悬置的轨道上的水平面和垂直面内朝任意方向转向。牵引构件在水平面内的转向利用转向轮或转向链轮来进行或利用滚柱来进行；在垂直面内的转向，则利用导弯轨来进行。

任务二　悬挂链式输送机特点分析

悬挂链式输送机主要有以下特点：

（1）可以灵活地满足生产场地变化的需要。悬挂链式输送线可以根据用户合理的工艺线路，在车间内部、同一楼层的不同车间之间、不同楼层之间的空间固定封闭路线上实现成件物品的连续输送，还可穿越较长路线，绕过障碍物，将工件按预定的线路运往指定地点，达到搬运物件的生产目的，输送距离 400～500 m 或更长。

（2）除物件搬运外，还可以用于装配生产线。悬挂链输送线不仅可以用来在车间内部或车间与车间之间进行货物的搬运，同时可以在搬运过程中完成一定的工艺操作。

（3）方便实现自动化或半自动化生产。悬挂链输送线可以将各个单一、独立的生产工序环节配套成自动化（或半自动化）的流水线，提高企业的自动化水平，从而达到提高生产效率和产品质量的目的。

（4）可在三维空间作任意布置，能起到在空中储存物件的作用，节省地面使用场地。

（5）速度可调，能够灵活地满足生产节拍的需要。

（6）输送物料既可以是成件的物品，也可以是装在容器内的散装物料。

（7）悬挂链式输送线可以使工件连续不断地运经高温烘道、冷却水池、有毒气体区、喷粉室、冷冻区等人工不适应的区域，完成人工难以操作的生产工序，达到改善工人劳动条件、确保安全的目的。

悬挂链式输送线也存在一些不足，最明显的不足是当输送系统出现故障时，需要全线停机检修，这将影响整条生产线的生产。

除了以上提到的输送设备以外，炭素厂还会用到辊道输送机和链板输送机等。

辊道输送机由驱动装置、传动链条、托辊组、机架、尾架等组成。每个托辊组上都有两个链轮，一个链轮输入动力，另一个链轮输出动力，依次传递，带动辊道输送机的托辊组转动，从而输送制品。

链板输送机由驱动装置、传动装置、主动链轮、从动链轮、头架、尾架、中间架、板链组、张紧装置等组成。驱动装置带动传动装置转动，并带动主动链轮转动，主动链轮带动板链组转动。

项目八　炭素厂其他输送机学习

任务一　辊道输送机认知

辊道输送机由驱动装置、传动链条、托辊组、机架、尾架等组成。每个托辊组上都有两个链轮，一个链轮输入动力，另一个链轮输出动力，依次传递，带动辊道输送机的托辊组转动，从而输送制品。动力辊道由驱动装置带动牵引链条，链条带动各动力辊桶上的链轮转动，从而由转动进行输送工作。

辊道输送机之间的连接和转换很容易，并且可以使用多条辊道线和其他输送设备或专用机器来形成复杂的物流输送系统，实现了各个方面的加工工艺需要。辊道输送机适用于输送平底的物品，结构简单，系统可靠性高，应用维护保养方便快捷，具有输送量大、速度快、操作轻快的特点，可实现多品种共线并联输送。各种运输配置占地面积小，伸缩自如；方向易变，可灵活地改变运输方向，最大时可以达到180°。

辊道输送机按驱动形式分为动力、无动力、电动滚筒等。根据布置形式，分为水平输送、倾斜输送和回转输送。

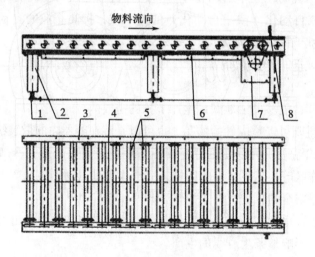

图1－8－1　辊道输送机结构示意图

1—可调支脚；2—支腿组件；3—非驱动侧机架；4—驱动侧机架；
5—辊子组件；6—汇线槽组件；7—驱动装置；8—光电检测装置

任务二　链板输送机认知

链板输送机由驱动装置、传动装置、主动链轮、从动链轮、头架、尾架、中间架、板链组、张紧装置等组成，如图1－8－2所示。驱动装置带动传动装置转动，并带动主动链轮转动，主动链轮带动板链组转动。

链板式输送机是利用固接在牵引链上的一系列链板在水平或倾斜方向输送物料的输送机。链板式输送机具有结构简单、运行可靠、使用寿命长、安装维修简单等特点，对

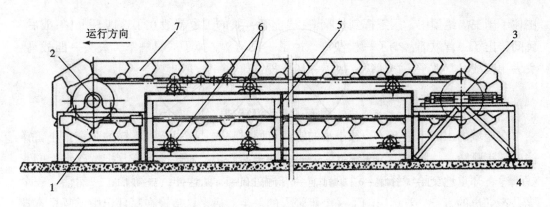

图1-8-2　链板输送机结构示意图

1—头轮支架；2—头轮装置；3—尾轮装置；4—尾轮支架；

5—中间支架；6—上、下托轮；7—磷板装置

物料粒度、块状、工作环境无特殊要求，运送单个物料（件）的重量可达70~120 kg，输送机长度可达40~80 m，且允许25°倾角输送。链板式输送机可用于沿水平或倾斜方向由储仓向破碎机、输送机或其他工作机械输送各种块状或松散物料。有轻型和中型之分。链板式输送机尤其适用于大块的、沉重的、灼热的以及腐蚀性的物料，是原料处理或连续生产过程中不可缺少的设备，被广泛地应用于机械、铸造、冶金、化工、建材、动力、矿山等工业部门。

链板输送机的主要特点是：（1）链板输送机/链板输送线/链板流水线的输送面平坦光滑，摩擦力小，物料在输送线之间的过渡平稳。（2）链板有不锈钢和工程塑料等材质，规格品种繁多，可根据输送物料和工艺要求选用，能满足各行各业不同的需求。（3）输送速度准确稳定，能保证精确的同步输送。（4）链板输送机/链板输送线/链板流水线一般都可以直接用水冲洗或直接浸泡在水中，设备清洁方便，能满足特殊行业对卫生的要求。（5）设备布局灵活。可以在一条输送线上完成水平、倾斜和转弯输送。（6）设备结构简单，维护方便。

【课后进阶阅读】

一颗铁钉的故事

1485年，英王理查三世与亨利伯爵在波斯沃斯展开决战。此役将决定英国王位新的得主。战前，马夫为国王备马掌钉。铁匠因近日来一直忙于为国王军队的军马掌钉，铁片已用尽，请求去找铁片。马夫不耐烦地催促道："国王要打头阵，等不及了！"铁匠只好将一根铁条截为四份加工成马掌。当钉完第三个马掌时，铁匠又发现钉子不够了，遂请求去找钉子。马夫道："上帝，我已经听见军号吹响了，我等不及了。"铁匠说："缺少一根钉，也会不牢固的。""那就将就吧。不然，国王会降罪于我的。"结果，国王战马的第四个马掌就少了一颗钉子。战斗开始，国王率军冲锋陷阵。战斗中，意外的不幸发生了：他的坐骑因突然掉了一只马掌而致"马失前蹄"，国王栽倒在地，惊恐的战马脱缰而去。国王的不幸使士兵士气大衰，纷纷调头逃窜，溃不成军。伯爵的军队

围住了国王。绝望中，国王挥剑长叹道："上帝，我的国家就毁在了这匹马上!"战后，民间传出了一首歌谣：少了一枚铁钉，掉了一只马掌。掉了一只马掌，失去一匹战马。失去一匹战马，败了一场战役。败了一场战役，毁了一个王朝。

雷锋：螺丝钉精神

在望城的山间小道上，一颗小小的螺丝钉同时映入了张书记和雷锋的眼帘。小雷锋当时蹦蹦跳跳，一脚踢飞了螺丝钉。张书记却上前几步，弯腰捡起来，把螺丝钉上的灰擦干净，郑重地交给雷锋说："留着，会有用处的。"就这样，一弯腰，一句话，一个老共产党员的言行，竟然影响了一个年轻人的一生。后来，雷锋在写日记中反复思索螺丝钉，终于形成了独特的"螺丝钉精神"。也可以说是干一行、爱一行、钻一行。

1960 年 1 月 12 日，雷锋在日记中写道："虽然是细小的螺丝钉，是个细微的小齿轮，然而如果缺了它，那整个机器就无法运转了。别说是缺了它，即使是一枚小螺丝钉没拧紧，一个小齿轮略有破损，也要使机器的运转发生故障的。尽管如此，但是再好的螺丝钉，再精密的齿轮，它若离开了机器这个整体，也不免要当作废料，扔到废铁料仓库里去的。"1962 年 4 月 7 日，雷锋再次写道："一个人的作用对于革命事业来说，就如一架机器上的一颗螺丝钉。机器由于有许许多多螺丝钉的联结和固定，才成了一个坚实的整体，才能运转自如，发挥它巨大的工作能力。螺丝钉虽小，其作用是不可估量的，我愿永远做一个螺丝钉。螺丝钉要经常保养和清洗才不会生锈。人的思想也是这样，要经常检查才不会出毛病。"

复习思考题

1. 桥式起重机双索抓斗的操作原理是什么？
2. 堆垛天车的作用是什么？多功能天车的结构有哪些？有哪些作用？
3. 带式输送机托辊的类型有哪几种？
4. 斗式提升机的种类有哪几种？进料方法有哪几种？不同进料方法的区别是什么？
5. 试述斗式提升机的卸料原理，并完成下列三种卸料方式对比表的填写。

三种卸料方式的对比表

卸料现象	转速/($m \cdot s^{-1}$)	离心力	P 点	卸料位置	装料方法	适用物料
离心式卸料						
离心－重力式卸料						
重力式卸料						

6. LS 型螺旋输送机的工作原理及特点是什么？
7. 悬挂链式输送机有哪几种类型？悬挂链式输送机的特点是什么？

模 块 二
破碎和磨粉机械

【学习目标】

（1）掌握颚式破碎机、圆锥破碎机、辊式破碎机、反击式破碎机、锤式破碎机、残极破碎机、球磨机、雷蒙磨、立式球碾磨粉机的结构、特点及工作原理。

（2）能够看到破碎磨粉机械实物指认设备结构，并说出具体结构及作用。能够熟悉破碎磨粉机械的点检要点、要求及安全操作规程。熟悉破碎磨粉机械的故障类型及处理方法，能够对设备进行简单的维护，能够根据实际情况进行设备选型。

（3）会正确使用实验室的破碎磨粉机械对物料进行破碎磨粉操作，为制样做好前期准备。

（4）养成安全环保意识，能够举一反三，具有分析问题、解决问题的能力和一丝不苟的设备点检和防护意识。

炭石墨材料的原料在配料时，要求其颗粒的大小有一定范围，因为原料颗粒的大小、形状和表面状况等对炭石墨材料的生产工艺和制品的性能有很大影响，而破碎机械的类型及操作的不同又影响被粉碎后物料的颗粒大小、形状和表面状况等，为了使配方后的物料形成密堆积，减少孔隙度，提高制品密度和机械强度，需要采用破碎机械对各种炭质物料进行不同粒度要求的粉碎处理来满足炭素生产的工艺要求。因此，粉碎作业是炭素材料生产的重要环节。正确地选择和控制粉碎设备，对于满足工艺的要求起着十分重要的作用。

本模块将介绍几种通用破碎及磨粉设备的结构、工作原理及故障处理方法。

项目一　粉碎的基本理论

任务一　粉碎及相关概念认知

1. 粉碎及粉碎比

根据固体物料粉碎后的尺寸大小不同，将粉碎分为破碎与粉磨两个阶段。用机械的方法使固体物质克服内聚力，将大块物料破裂成小块物料的过程称为破碎，将小块物料磨成细粉的过程称为粉磨。

粉碎比 i 可说明物料在粉碎前后尺寸大小变化的情况（即粉碎的程度），一般 $i > 1$。

物料的粉碎比是确定粉碎工艺以及粉碎机械选型的重要依据。同一类粉碎设备，粉碎比越大，则其粉碎效率越高。

粉碎比 i 的计算方法常用最大破碎比表示，也就是物料破碎前后的最大粒度之比：

$$i = \frac{D_{max}}{d_{max}} \tag{2-1-1}$$

式中，D_{max}——破碎前物料的最大块粒度，mm；

d_{max}——破碎后物料的最大块粒度，mm。

2. 粉碎方法

炭素原料主要依靠机械力的作用被粉碎，常见的粉碎方法有压碎法、劈碎法、折断法、击碎法和磨碎法 5 种（如图 2-1-1 所示）。

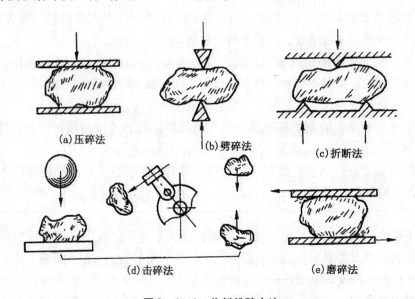

(a)压碎法　　　　　　(b)劈碎法　　　　　　(c)折断法

(d)击碎法　　　　　　(e)磨碎法

图 2-1-1　物料粉碎方法

（1）压碎法。如图 2-1-1（a）所示，物料在两个破碎工作面间受到缓慢增加的压力而被破碎。力的作用范围较大，多用于大块物料破碎。如 500 t 残极破碎机、颚式破碎机、辊式破碎机对物料的破碎主要以压碎作用为主。

（2）劈碎法。如图 2-1-1（b）所示，物料在两个尖棱工作面之间受到尖棱的劈裂作用而破碎，力的作用范围较为集中，发生局部破裂，多用于脆性物料的破碎。

（3）折断法。如图 2-1-1（c）所示，物料在破碎时，受到相对集中的弯曲力，使物料折断而破碎。除了外力作用点处受到劈碎力外，还受到弯曲折断力的作用，多用于脆硬性大块物料的破碎。

（4）击碎法。如图 2-1-1（d）所示，物料在瞬间受到外来的冲击力作用而被破碎。冲击的方法有很多，如：物料块间的相互撞击，在坚硬的表面上物料受到外来冲击体的打击，高速机件冲击料块，高速运动的物料撞击钢板，等等。适用于脆性物料的破碎，如锤式破碎机、反击式破碎机对物料的破碎主要以击碎为主。

（5）磨碎法。如图 2-1-1（e）所示，物料在两个相对移动的工作面之间或在各种形状的研磨体之间，受到摩擦、剪切力进行磨削作用而粉碎，主要适用于研磨小块物料或韧性物料，如球磨机、雷蒙磨。

目前使用的粉碎机，往往同时具有多种粉碎方法的联合作用，以其中某一种方法为主。不同形式的粉碎机，其处理物料所使用的粉碎方法也各不相同。而粉碎方法的选择，主要取决于物料的物理机械性能、被碎物料块的尺寸和所要求的粉碎比。

3. 粉碎方式

粉碎方式分为干式粉碎和湿式粉碎两种。

干式粉碎的被粉碎物料的含水量在4%以下，需设置收尘设备，以回收粉尘。得到的产品是干燥的，无须作烘干处理，但干式粉碎在细磨时效率较低，粉尘较多，排料较为困难。一般干式粉碎常用于物料破碎。

湿式粉碎的被粉碎物料的含水量在50%以上，具有流动性，较易排料，粉碎效率高，输送方便，操作场所无粉尘，颗粒的分级较易实现，但产品需作烘干处理，不适宜溶于水的物质的粉碎。湿式粉碎常用于物料的粉磨。

炭素生产中炭质原料必须排除水分，煤沥青也要进行脱水处理，否则会影响混捏、压型和焙烧的成品率，所以炭素厂、电炭厂一般多采用干式粉碎。

4. 粉碎流程

在粉碎操作中，有间歇粉碎、开路粉碎和闭路粉碎3种流程。

间歇粉碎流程是将一定量的被碎料加入粉碎机内，关闭排料口，粉碎机不断运转，直至全部被碎物达到要求的粒度，排出碎成料。一般适用于处理量不大且粒度要求很细的粉碎作业。

开路粉碎流程是将被碎料不断加入，碎成料连续排出，被碎料一次通过粉碎机（又称无筛分连续粉碎），形成一定粒度范围下的碎成料。操作简便，一般用于预碎处理。

闭路粉碎流程是将被碎料经粉碎机一次粉碎后，粗粒子留下继续粉碎，其他粒子立即被运载流体（空气或水）夹带而强行离机，接着由机械分离器进行处理，取出其粒度符合要求的部分，将较粗的不合格粒子返回粉碎机再进行粉碎。闭路粉碎流程是一种循环连续作业，它严格遵守"不作过粉碎"原则。它与开路粉碎流程相比较，生产能力可增加50%～100%；单位质量碎成料所需要的功可减少40%～70%。三种流程的区别见表2-1-1。

表2-1-1　粉碎流程比较

粉碎流程类型	加料	出料	出料粒度分布	生产能力	机件磨损	设备费用	适用范围
间歇	一次性	一次性	广	小	大	小	粉磨
开路	不断	连续	广	中	大	小	破碎
闭路	连续	出合格料，粗粒再粉碎	窄	大	小	大	细碎、磨粉

5. 粉碎原则

粉碎物料时，必须遵守"不作过粉碎"原则。过粉碎是在破碎过程中产生大量小于要求粒度颗粒的现象。过粉碎会导致物料损耗和能量损耗，所以必须防止过粉碎现象发生。

为了避免发生"过粉碎"现象，可采取的措施有：（1）尽量做到"自由粉碎"。碎成料不作滞留，尽快离开粉碎机，避免"闭塞粉碎"。（2）物料在进行粉碎之前，必须先进行筛分处理。（3）使粉碎功真正地只用在物料粉碎上，粉碎机金属部件的磨损会降低粉碎效率。

任务二　粉磨机械类型选择

炭石墨材料工业使用的粉碎机械种类较多，部分粉磨机械分类见表2-1-2。

表2-1-2　常用粉磨机械的类型

分类	机械名称	粉碎方法	运动方式	粉碎比		适用范围
破碎机械	颚式破碎机	压碎为主	往复	4~6，中碎最高达10左右	粗碎、中碎	各类焦炭、无烟煤等
	圆锥破碎机	压碎为主	回转	粗碎3~17中碎3~17	粗碎、中碎	硬质料、软质料
	对辊破碎机	压碎为主	慢速旋转	10左右	中碎、细碎	各类焦炭、无烟煤、生碎
	齿式对辊机	压碎、劈碎	慢速转动	4~6	粗碎	各类焦炭、无烟煤等
	反击式破碎机	击碎为主	快速旋转	10~40	中碎、细碎	各类焦炭、无烟煤、生碎、焙烧碎和石墨碎，硬沥青
	锤式破碎机	击碎	快速旋转	单转子10~15双转子30~40	中碎、细碎	各类焦炭、无烟煤、焙烧碎和石墨碎，硬沥青
	残极破碎机	压碎、劈碎	往复	数十倍	粗碎	生碎、焙烧碎
磨粉机械	悬辊式环辊磨粉机	压碎、磨碎	慢速旋转	数百倍	细磨、超细磨	石油焦、沥青焦
	球磨机	击碎、磨碎	慢速旋转	数百倍	细磨	硬质料、中硬料
	立式球碾磨粉机	击碎、磨碎	慢速旋转	数百倍	细磨	硬质料、中硬料
	密封式化验制样磨粉机	击碎、磨碎	慢速旋转	数百倍	细磨、超细磨	各类焦炭

各种类型粉碎机械的粉碎工作条件各不相同，使粉碎顺利进行的必要条件是：（1）被破碎物块的最大尺寸不能过大（以便能顺利地进入破碎区），一般应小于粉碎机

喂料口的尺寸；（2）粉碎机工作件能将物料钳住而不被推出。

粉碎机选择的原则是：（1）根据粉碎物料的物理性质和粉碎比来考虑，物料的物理性质包括硬度、块度、杂质含量及形状。如对于硬而脆的物料用击碎或压碎法较好；韧性物料用压碎和研磨相结合的方法较好；为了避免产生大量粉尘，获得大小均匀的物料，对脆性物料适用劈碎法；对于细而脆的物料则使用击碎与研磨方法。对于大块料用压碎法较好；对于细颗粒料，用研磨法适宜。同时要考虑工艺过程对粒度的要求，如颗粒大小和产量高低等。对于炭质物料，无烟煤硬而脆；冶金焦硬度大且强度高；石油焦和沥青焦硬度小，强度低；石墨则韧而滑。在考虑粉碎这些不同性质的炭质物料时，必须选择那些适应性强，并且同时具有两种或两种以上粉碎作用的设备。（2）要求粉碎机的结构简单，噪声尽量小，其结构和尺寸与被粉碎料的强度与尺寸相适应。（3）粉碎机应保证所要求的产量，并稍有多余，以免在给料量增加时超载。（4）粉碎机粉碎过程应均匀不断，粉碎后的物料应能迅速和连续排出。（5）粉碎机要便于调整粉碎比，能量消耗应尽量小。（6）机械的工作部件经久耐用，且便于更换。（7）应装有保险装置，以免损坏贵重部件，保证安全生产。（8）设备体积紧凑，总体重量适中，稳定性好，性价比高，自动化程度高，所需管理人员少。（9）粉碎机加工后的物料粒度要均一，粉碎过程中形成的粉尘要少。（10）破碎车间要求的小时产量，包括破碎机的规格和台数要符合要求。

选择破碎机类型时，首先按最大给料粒度进行选择，如果一台粗碎颚式破碎机的生产量能满足需要，就可以选择使用颚式破碎机。通常中、细碎方面，在生产量较小时，趋向选用颚式破碎机。

项目二 颚式破碎机

任务一 颚式破碎机结构及工作原理解析

图 2-2-1 是广泛用于炭石墨材料行业的复摆颚式破碎机结构。在我国，它主要用于中碎作业，但在中小型厂中，可作为第一级破碎使用。颚式破碎机的主要零部件包括：原动机和传动件、机架、动颚、破碎板和护板、偏心轴（又称主轴）、推力板（衬板）、飞轮、支承结构以及调整装置等。

颚式破碎机一般采用皮带减速，主要为了缓冲破碎震荡反作用力。动颚的安装倾斜角通常为 15°~25°。主轴支承动颚和飞轮，承受弯曲、扭转，起曲柄作用。衬板是为了支撑动颚并将破碎力传到机架后壁，推力板后端的调节装置可以用来调整排料口的大小。飞轮用以存储动颚空行程时的能量，需要时释放出来，使机械的工作负荷趋向均匀。

颚式破碎机工作时，活动颚板对固定颚板做周期性往复运动，时而靠近，时而离开。当靠近时，物料在两颚板间受到挤压、劈裂、冲击作用而被破碎；当离开时，已被破碎的物料靠重力作用而从排料口排出。

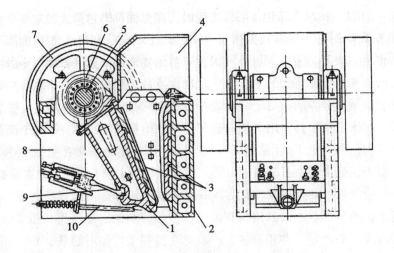

颚式破碎机

图2-2-1 复摆颚式破碎机结构图

1—动颚；2—定颚；3—颚板；4—侧板；5—主轴；

6—轴承；7—飞轮；8—机架；9—推力板；10—拉杆

如图2-2-2所示是一大块物料在颚式破碎机中被破碎的过程。图2-2-2（a）所示是活动颚张到最大位置，此时物料进入破碎腔。图2-2-2（b）所示是活动颚逐渐向固定颚靠近，物料受挤压产生裂缝而破碎。图2-2-2（c）所示是活动颚靠到离固定颚最近时的位置，压裂了的物料被分成几个小块。图2-2-2（d）是活动颚又张到最大位置，破碎后的物料由于自重而下落。小于排料口尺寸的物料从破碎腔中排出，大于排料口的物料落至破碎腔的下部，与新进入破碎腔的物料一起再次受到破碎。

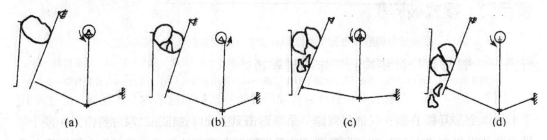

（a）　　　　　　　（b）　　　　　　　（c）　　　　　　　（d）

图2-2-2 颚式破碎机破碎过程

颚式破碎机结构简单、坚固，零件的检查、更换、维修容易，工作安全可靠，适应范围广并且生产费用低，在炭石墨材料行业中被广泛采用。但颚式破碎机受颚板强度等限制，粉碎比不能过大，工作是间歇往复性的，会引起附加的动载荷和振动，同时增加了非生产性的功率消耗，使组成本机的许多零件（如轴承、颚板等）容易损坏；遇有破碎、可塑性较强和潮湿的物料易堵塞出料口，颚腔落入过硬的物块时，容易"揳死"，造成严重的过载或停车。

任务二　颚式破碎机类型及规格选用

颚式破碎机的类型主要有简摆式颚式破碎机和复摆式颚式破碎机两种。炭石墨行业普遍采用复摆式颚式破碎机。

颚式破碎机的规格以进料口宽度（S）和长度（L）表示，表 2 - 2 - 1 列出常用的部分规格和技术性能。

表 2 - 2 - 1　复摆颚式破碎机部分规格和技术性能

规格	进料口尺寸(宽×长)/(mm×mm)	排料口调整范围/mm	最大进料粒度/mm	生产能力/(t·min⁻¹)	偏心轴转速/(r·min⁻¹)	偏心距/mm	功率/kW
PEF15×250	150×250	10~40	125	1~4	300		5.5
PEF20×350	200×350	10~50	160	2~5	300		7.5
PEF25×400	250×400	20~80	210	5~20	300	10	15
PEF40×600	400×60	40~160	350	17~115	250	10	30
PEF60×900	600×900	75~200	<480	56~192	250	19	80
PEF90×1200	900×1200	120~180	650	140~200	180	30	110
PEF120×1500	1200×1500	130~180		170			180

任务三　影响颚式破碎机生产能力的因素分析

影响颚式破碎机生产能力的因素有很多，大体来说，有以下 5 个方面的因素。

（1）物料的硬度。物料越硬越难破碎，对设备的磨损越严重。破碎的速度慢，生产能力低。

（2）物料的组成。颚式破碎机物料里含的细粉越多，越容易黏附，不利输送而影响破碎，对于细粉含量多的物料应提前过一次筛，将细粉尽量从物料中筛选出来，以免影响颚式破碎机的正常工作。

（3）颚式破碎机破碎后物料的细度。细度要求越高，即要求破碎机出来的物料越细，则破碎能力越小。如无特殊要求，一般将物料的细度设置为中细即可。

（4）物料的黏度。物料的黏度越大，越容易黏附。黏度大的物料在颚式破碎机内会黏附在破碎腔的内壁上，如不能及时进行清理，将影响颚式破碎机的工作效率，严重时，还可能影响颚式破碎机的正常工作。因此，在选择物料时，一定要注意物料的黏度不宜太大。

（5）物料的湿度。物料中含的水分较大时，物料在颚式破碎机内容易黏附，也容易在下料输送过程中造成堵塞，造成破碎能力减小。因此，在选择物料时，要严格控制物料的湿度，如果选择的物料湿度过大，可采用日照或风干等方式来降低物料中水分的百分比。

任务四　颚式破碎机操作及故障处理

颚式破碎机的操作注意事项包括：（1）开机前必须对设备进行全面检查；（2）调

整好排料口；（3）破碎机必须空载启动，运转1~2 min后方可投料；（4）给料要均匀，防止异物进入破碎腔；（5）经常检查各部件温度和各润滑系统；（6）机器运转时，绝对禁止矫正破碎腔中大块物料的位置，或从中取出物料，以免发生事故；（7）破碎机停机前，应先停止给料，待破碎腔中物料完全排出后方能停机；（8）当破碎机停转后再停电机。

颚式破碎机在使用过程中会出现不同的故障，常见故障及处理方法见表2-2-2。

表2-2-2　颚式破碎机故障原因及处理方法

设备故障	产生原因	处理方法
飞轮旋转但动颚停止摆动	（1）推力板折断； （2）连杆损坏； （3）弹簧断裂	（1）更换推力板； （2）修复连杆； （3）更换弹簧
齿板松动、产生金属撞击	齿板固定螺钉或侧楔板松动	紧固或更换螺钉或侧楔板
轴承温度过高	（1）润滑脂不足或脏污； （2）轴承间隙不适合、轴承接触不好或轴承损坏	（1）加入新的润滑脂； （2）调整轴承松紧程度、修整轴承座瓦或更换轴承
破碎产品粒度变粗	齿板下部显著磨损	将齿板调头或调整排料口
推力板支承垫产生撞击声	（1）弹簧拉力不足； （2）支承垫磨损或松动	（1）调整弹簧力或更换弹簧； （2）紧固或修正支承座
弹簧断裂	调小排料口时未放松弹簧	排料口在调小时首先放松弹簧，调整后适当地拧紧拉杆螺母
机器跳动	地脚紧固螺栓松弛	拧紧或更换地脚螺栓

任务五　颚式破碎机实操技能训练

1. 实训目的

（1）使学生掌握颚式破碎机工作原理、操作过程及注意事项，掌握炭素材料粉碎工艺流程，了解常用粉碎设备工作原理和各个部件名称；

（2）使学生养成勤于思考、认真做事的良好作风，具有良好的沟通能力及团队协作精神，具有良好的分析问题和解决问题能力。

2. 实训内容

（1）颚式破碎机结构和各种零部件认知；

（2）颚式破碎机的使用操作规程；

（3）破碎操作中的注意事项。

表 2 – 2 – 3　颚式破碎机实操技能训练任务单

【看一看】	设备型号			
	技术参数			
【想一想】	设备用途			
	准备工作			
【做一做】	启动步骤			
	使用注意事项和维修			
【说一说】	发生的故障及排除方法			
	安全操作要求			
【问一问】	思考题	(1) 为什么要对炭素糊料在粉碎之前进行预处理？ (2) 颚式破碎机最大给料粒度是如何规定的？ (3) 什么是粉碎比？颚式破碎机的粉碎比可调吗？		
试验结论				
试验成员			日期	

项目三　圆锥破碎机

任务一　圆锥破碎机结构及工作原理解析

圆锥破碎机的结构图如图 2 – 3 – 1 所示，主要由破碎圆锥、传动轴、偏心套、保险装置及调整装置等构成。由于衬板磨损或其他原因，需用液压系统控制对出料口进行调整。用液压缸的推动头推动，使调整套转动，借助梯形螺纹传动来改变定锥的上下位置，以实现出料口的调整。弹簧是破碎机的保险装置，当有难碎物落入破碎腔时，弹簧被压缩，支承套和定锥即抬起，使难碎物排出，从而避免机件的损坏。然后借助弹簧的张力，支承套和定锥又返回原位。

圆锥破碎机破碎料块的工作部件是两个截锥体。一个是动锥（内锥），固定在主轴上；另一个称定锥（外锥），是机架的一部分，是静置的（见图 2 – 3 – 2）。主轴下端插在偏心套中，衬套以偏心距绕着中心线旋转，使动锥沿着定锥内表面做偏旋运动。靠近定锥的地方，其物料受到动锥挤压和弯曲作用而破碎。偏离定锥的地方，已经破碎的物料由于重力的作用从锥底落下。偏心衬套连续转动，动锥也连续旋转，故破碎过程也就沿着定锥的内表面依次连续进行。在破碎物料时，由于破碎力的作用，在动锥表面上产

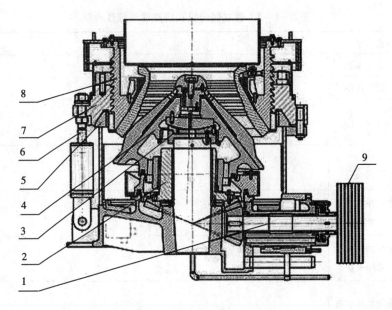

图 2 - 3 - 1　圆锥破碎机结构图

1—传动轴；2—偏心套；3—球轴承；4—破碎圆锥；

5—机架；6—保险装置；7—支承套；8—调整环；9—皮带轮

圆锥破碎机结构图

生了摩擦力，其方向与动锥运动方向相反。圆锥破碎机就是对物料施加挤压力，使物料在两个锥面之间同时受到弯曲力和剪切力的作用而破碎，物料破碎后自由卸料。

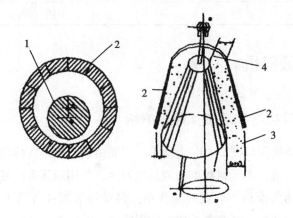

图 2 - 3 - 2　圆锥破碎机工作示意图

1—动锥；2—定锥；3—物料；4—破碎腔

圆锥破碎机破碎
过程

　　圆锥破碎机的特点是：（1）动锥连续转动，物料的破碎过程和卸料过程沿工作表面交替连续进行，生产效率高；（2）物料夹在两锥体之间，受到挤压、弯曲和剪切作用，破碎较容易，动力消耗较低；（3）产品料度较均匀，呈立方体形状，动锥工作表面的磨损也较均匀，减少了循环负荷；（4）破碎比大，适合破碎硬原料；（5）可采用弹簧或液压系统进行排料口调整和过铁保护，由于零件选材与结构设计合理，故使用寿命长；（6）在中、大规格破碎机中，采用了液压清腔系统，减少了停机时间，且每种

规格的破碎机腔型多,可根据不同的需要,选择不同的腔型,以更好适应生产需要;
(7) 一般采用润滑脂密封,避免了给水及排水系统易堵塞的弊病及水油易混合的缺陷;
(8) 弹簧保险系统是过载保护装置,可使异物、铁块通过破碎腔而不危害破碎机。

任务二 圆锥破碎机类型及规格选用

我国当前生产的圆锥破碎机分标准型、中间型、短头型三种形式。一般而言,标准型给料粒度大,排料粒度也较粗;短头型的破碎锥较陡,给料粒度较小,有利于生产细粒级的物料。标准型一般用于粗碎、中碎,短头型用于中碎、细碎。圆锥破碎机广泛应用于中碎与细碎坚硬物料。在原料破碎中,当生产量较小时,可以选用颚式或辊式破碎机,但规模较大的企业,倾向于使用圆锥破碎机。

圆锥破碎机的规格用动锥底部直径的尺寸表示。例如 Φ1750 标准型,动锥底部直径即为 1750 mm。

我国生产的主要规格有:PYB600 标准型,PYB900 标准型,PYB1200 标准型,PYB1750 标准型,PYB2200 标准型;PYZ900 中间型,PYZ1200 中间型,PYZ1750 中间型,PYZ2200 中间型;PYD600 短头型,PYD900 短头型,PYD1200 短头型,PYD1750 短头型,PYD2200 短头型。其中拼音字母 P 代表破碎机,Y 代表圆锥式,B 代表标准型,Z 代表中间型,D 代表短头型,后面的数字代表破碎锥的直径大小(mm)。圆锥破碎机的技术性能见表 2-3-1。

表 2-3-1 圆锥破碎机的技术性能

型号	破碎锥直径/mm	最大给料尺寸/mm	排料口宽度/mm	处理能力/(t·h⁻¹)	电动机功率/kW	主轴摆动次数	质量/t	外形尺寸(长×宽×高)/(mm×mm×mm)
PYB600	600	65	12~25	40	30	356	5	2234×1370×1675
PYD600		35	3~13	12~23			5.5	
PYB900	900	115	15~50	50~90	55	333	11.2	2692×1640×2350
PYZ900		60	5~20	20~65			11.2	
PYD900		50	3~13	15~50			11.3	
PYB1200	1200	145	20~50	110~168	110	300	24.7	2790×1878×2844
PYZ1200		100	8~25	42~135			25	
PYD1200		50	3~15	18~105			25.3	
PYB1750	1750	215	25~50	280~480	160	245	50.3	3910×2894×3809
PYZ1750		185	10~30	115~320			50.3	
PYD1750		85	5~13	75~230			50.2	
PYB2200	2200	300	30~60	59~1000	280~260	220	80	4622×3302×4470
PYZ2200		230	10~30	200~580			80	
PYD2200		100	5~15	120~340			81.4	

任务三　圆锥破碎机故障处理

圆锥破碎机在使用过程中常见的故障及处理方法见表2-3-2。

表2-3-2　圆锥破碎机的故障及处理方法

故障	原因	处理方法
油流指示器没有油流，油泵运转，但油压低于50 kPa	（1）油温低； （2）油路开关未关好； （3）油泵不好用	（1）将油加热； （2）检查油路开关； （3）检修或更换油泵
过滤器前后压差太大	过滤器堵塞	油压差超过50 kPa时应清洗过滤器
油压升高同时油温升高	油管或机内油路堵塞	停机找出堵塞点并消除
超过60 ℃，但油温未升高	机内转动摩擦部位有毛病	停机检查球瓦、衬套、止推垫片等摩擦面，找出故障原因并消除
油箱内油量减少（油位下降）	（1）机器底部断盖漏油或传动轴发生漏油； （2）碗形轴承座或瓦上回油槽堵塞，致使从防尘装置处漏油	（1）停机紧固螺栓或更换垫片； （2）停机检查，清洗油路和油槽，并调节油量消除
油中有水，油箱油位上升	（1）冷却器中水压高于油压； （2）冷却器漏水； （3）水封给水量太大； （4）回水管堵塞	（1）检查水压、油压，找出原因予以消除； （2）修理冷却器； （3）调整给水量； （4）清洗回水管，应清洗油箱更换新油
破碎机强烈振动，动锥自转很快	主轴由于下述原因被抱住：主轴与衬套间缺油或油中有灰尘；碗形瓦磨损或制造原因使动锥下沉；锥形衬套的间隙不足	停车检查，找出原因，对症消除
水封排水中有油，油温不升高	碗形瓦挡油环、油槽堵塞	清洗油槽或回油管
破碎机工作时经常振动	（1）弹簧压力不足； （2）给入细的和黏性物料； （3）给料不均匀或给料过多	（1）按规定扭紧弹簧上压紧螺帽，或更换弹簧； （2）按正确方法给料； （3）按正确方法给料

表 2 – 3 – 2（续）

故障	原因	处理方法
破碎腔向上抬起的同时产生强烈的敲击声，然后又正常工作	破碎腔内掉入非破碎物，（过铁现象时）常引起主轴折断等机件损坏	加强挑铁工作，采取自动除铁装置
传动轴回转不均匀，产生强烈的敲击声；或敲击声后联轴器转动而破碎锥不动	（1）圆锥齿轮的齿由于安装不合格而使传动轴的轴向间隙过大，产生磨损或损坏； （2）联轴器或齿轮的键破坏； （3）主轴由于掉入非破碎物而折断	（1）更换齿轮并校正啮合间隙； （2）换键； （3）换主轴，并加强除铁工作
破碎或空转时产生可听见的劈裂声	（1）动锥或固定锥衬板松动； （2）螺钉或耳环破坏； （3）破碎锥或固定衬板不圆产生冲击	（1）紧固螺栓或重新浇铸锌合金； （2）拆下调整环，换螺钉或耳环； （3）安装时检查衬板的锥圆度，必要时进行机械加工
产品中大块物料增多	破碎锥衬板磨损	下降固定锥，减少间隙
破碎机带负荷突然停车	（1）油温升高，油位和油压过低使继电器动作，油泵或其他与破碎机有连锁反应的设备发生故障； （2）外部电源中断； （3）有过大非破碎物进入破碎腔卡住破碎机	（1）检查油温、油压、油位和连锁设备，找出原因予以消除； （2）拉开电气开关，清除破碎腔内物料，等电源恢复再按规定开车； （3）可用气割方法清除卡在破碎腔内的非破碎物

项目四 辊式破碎机

任务一 辊式破碎机类型选用

辊式破碎机按辊子的表面形状可分为光面、槽面、环槽面和齿面辊式破碎机。光面辊式破碎机以压碎为主，兼有研磨作用，主要用于中硬物料的中碎、细碎。齿面辊式破碎机（又称狼牙破碎机）以劈碎为主，兼有研磨作用，适用于脆性和软物料的粗碎和中碎。

辊式破碎机按辊子数目可分为单辊式、双辊式和多辊式。双辊式可以向两边破碎而不构成对辊。对辊式一定是两个工作辊，齿辊式可以是一辊、两辊、三辊、四辊甚至多辊。单辊式破碎机由一个旋转的辊子和一个颚板组成，又称为颚辊式破碎机，物料在辊子和颚板间被压碎，然后从排料口排出，可用于中等硬度物料的粗碎。光面双辊式破碎机（又称对辊机）有两个圆柱形辊筒作为主要的工作机构。对辊式破碎机主要是指两个工作辊相向转动，中间破碎。

任务二　辊式破碎机结构及工作原理解析

辊式破碎机是一种古老的破碎设备，在炭石墨材料厂中主要用于中碎作业。

如图 2-4-1 所示，光面辊式破碎机由机架、破碎辊、调整装置、弹簧保险装置和传动装置等组成。

如图 2-4-2 所示，工作时被破碎的物料从上方喂料口加入，经过相向转动的两个粉碎辊，借助于摩擦力和重力作用，将给入的物料卷入两辊所形成的破碎腔内施加连续不断的压碎作用，并带有磨剥作用，使物料破碎。两个滚筒转速不同，如果辊面是齿形的，对物料还有劈碎与磨碎作用，主要靠劈碎作用破碎物料。破碎的产品在重力作用下，从两辊之间的间隙处排出，该间隙的大小即决定破碎产品的最大粒度。双辊式破碎机通常用于物料的中碎、细碎。

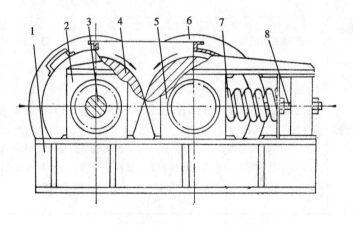

图 2-4-1　光面辊式破碎机结构图
1—机架；2—固定轴承；3—轴；4—轧辊；5—活动轴承；
6—长齿齿轮罩；7—弹簧；8—调整螺丝

光面辊式破碎机

如图 2-4-3 所示，双齿辊式破碎机 2PGC 多用于大块原料的预碎，其主要工作部件是一对相对方向转动的辊筒，两个辊筒转速相同，辊筒表面由镶有若干块锰钢铸成的齿板组成，当大块物料从两辊隙通过时，受辊筒表面齿板的挤压及劈裂作用而破碎，破碎后小于两辊间隙的小块料靠其自重排出。两个辊筒中的一个用固定轴承安装，另一个装在可前后滑动的轴承上，滑动轴承用弹簧顶住，以便碰到过硬物料而破碎不了时，滑动弹簧可借其反作用力将弹簧压缩，并迫使滑动轴承后退，这样可以保护辊筒和齿板。双齿辊破碎机生产效率较高，性能可靠，破碎后块度比较均匀，含细粉较少，只要调整两个辊筒之间的距离即可控制破碎后块度的大小。

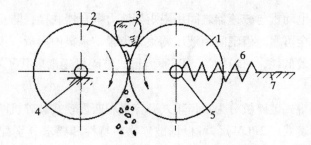

图 2-4-2 光面辊式破碎机工作原理图

1，2—辊子；3—物料；4—固定轴承；5—可动轴承；6—弹簧；7—机架

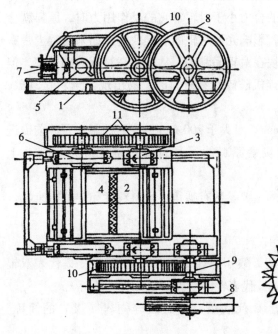

双齿辊破碎机

（a）双齿辊破碎机结构图 　　　（b）双齿辊破碎机工作原理图

图 2-4-3 双齿辊破碎机结构及工作原理

1—机架；2—固定齿辊；3—固定轴承；4—可动齿辊；5—可动轴承；

6—轴承座；7—弹簧；8—皮带轮；9，10—传动齿轮；11—长齿齿轮

目前，PCM 齿辊式破碎机是参照美国岗拉克破碎机的结构原理设计的。齿辊式破碎机主要采用特殊耐磨齿辊高速旋转对物料进行劈裂破碎（传统齿辊破碎机采用低速挤压破碎），这是高生产率的机理。PCM 齿辊式破碎机主要由传动装置、机架部分、破碎辊、机械弹簧装置、联动机构等组成。

齿辊式破碎机的优点是：体积小，破碎比（5～8）大，噪声小，结构简单，生产率高（比我国现在 2PGC 齿辊式破碎机生产率高 1～2 倍），被破碎物料粒度均匀，过粉碎率低，维修方便，过载保护灵敏，安全可靠。齿辊式破碎机适用于煤炭、冶金、矿山、化工、建材等行业，更适用于大型煤矿或选煤厂原煤（含矸石）破碎。齿辊式破

碎机破碎能力大，电动机与减速器之间用限矩型液力耦合器联接，防止动力过载，有传感器过载保护，安全可靠。齿辊间距液压调整，齿辊轴承集中润滑，齿形优化设计，拉剪力选择破碎，高效低耗，出粒均匀。PCM齿辊式破碎机逐渐取代了我国现有的2PGC齿辊式破碎机。

目前生产的齿辊式破碎机分为双齿辊式破碎机和四齿辊式破碎机两大系列。双齿辊式破碎机为机械弹簧式（2PCM），可根据破碎物料特性和要求分别配用粗齿辊或中齿辊。四齿辊式破碎机实际由两台双齿辊式破碎机组合而成。

炭素原料预碎一般选用齿式对辊破碎机，而不选用光面对辊破碎机，主要是由于在破碎时，炭素原料受到本身重力的作用，同时也受到对辊对它的摩擦力和反作用力的作用，当原料自身重力和对辊对它的摩擦力的合力小于对辊对它的反作用力时，原料就会被弹出或在对辊面跳动而不易被破碎，这就影响光面对辊的破碎效率。如果对辊上带有狼牙齿，狼牙齿就会将物料咬住，防止料块在对辊间跳动，从而提高对辊破碎效率。但是在实际生产过程中，有些厂采用辊式破碎机破碎炭素材料时，易出现"卡料"现象，一般可用颚式破碎机来取代。

齿式对辊破碎机的进料尺寸小于200 mm。对大于200 mm的炭素原料，预碎前需进行人工破碎和机械破碎，以使待预碎的炭素原料能通过齿式对辊破碎机进料斗上200 mm×200 mm的格子筛。

影响辊式破碎机生产能力和电机功率的主要参数有啮角、给料粒度和辊子转速。

任务三　辊式破碎机规格选用

辊式破碎机的规格用辊子直径D×长度L表示。如2PGC600×750型，2代表双辊（单辊不标），P代表破碎机，G代表辊式，C代表辊面呈齿形状（光面不标）。

2PCM中2代表辊数，P代表破碎机，C代表齿，M是破碎物料（煤）的简称。2PGC包含了2PCM，现在基本细化。

国产的辊式破碎机规格见表2-4-1，双齿辊式破碎机的技术性能见表2-4-2、表2-4-3。

表2-4-1　辊式破碎机定型产品技术规格

规格型式	辊子规格（直径×长）/（mm×mm）	给料粒度/mm	排料粒度/mm	生产能力/(t·h^{-1})	辊子转速/(r·min^{-1})	电机功率/kW	机器质量/t
2PG400×250	400×250	2~32	2~8	5~10	200	11	1.3
2PG600×400	600×400	8~36	2~9	4~15	120	2×11	2.55
2PG750×500	750×500	40	2~10	3~17		28	12.55
2PG1200×1000	1200×1000	40	2~12	15~90	122.5	2×40	45.3
2PG450×500	450×500	200	0~25，0~50 0~75，0~10	20，35 45，55	64	8，11	3.765

表2-4-1（续）

规格型式	辊子规格（直径×长）/（mm×mm）	给料粒度/mm	排料粒度/mm	生产能力/（t·h⁻¹）	辊子转速/（r·min⁻¹）	电机功率/kW	机器质量/t
2PG600×750	600×750	600	0~50, 0~75 0~100, 0~125	60, 80 100, 125	50	20, 22	6.712
2PG900×900	900×900	≤800	100~150	125~180	37.5	28	13.27

表2-4-2 双齿辊式破碎机技术性能

技术性能	型号			
	2PGC450×500	2PGC610×400	2PGC600×750	2PGC900×1200
辊筒尺寸（直径×宽）/（mm×mm）	450×500	610×400	600×750	900×1200
最大加入料块尺寸/mm	100~200	300~600	300~400	400~500
排出料块尺寸/mm	25~100	50~125	50~125	75~150
生产能力/（t·h⁻¹）	20~55	50~125	60~125	100~240
辊筒转速/（r·min⁻¹）	64	—	50	36
电动机功率/kW	11	22	20	40

表2-4-3 PCM型齿辊式破碎机技术性能

规格型号	进料粒度/mm	生产率/（t·h⁻¹）					电机功率/kW	机器重量/kg
		15 mm	30 mm	50 mm	75 mm	125 mm		
2PCM450×500	80~150 150~300	20	35	80 50	85	145	15	4150
2PCM400×600	80~150 150~300	30	50	105 70	85	190	18.5	4600
2PCM400×800	80~150 150~300	42	68	145 85	120	255	22	5100
2PCM400×1000	80~150 150~300	58	80	180 100	145	320	30	5700
2PCM400×1200	80~150 150~300	70	100	220 110	185	380	37	6500
2PCM600×750	80~200 200~400	60	80	185 90	140	205	30	6900
2PCM600×950	80~200 200~400	85	125	205 110	180	250	37	8600
2PCM600×1200	80~200 200~400	120	150	250 175	220	380	45	11800

任务四　辊式破碎机故障处理

辊式破碎机常见的故障处理方法见表2-4-4，而狼牙破碎机常见故障处理方法见表2-4-5。

表2-4-4　辊式破碎机常见故障处理方法

故障	产生原因	处理方法
破碎后粒度过大	(1) 辊皮磨损严重； (2) 弹簧装置压紧力不足或衬垫太薄； (3) 排料口过大	(1) 更换辊皮（或用堆焊补平）； (2) 增加弹簧预压紧力或增加衬垫的厚度； (3) 调整排料口
破碎机运转中振动	(1) 给料不均匀或块度过大； (2) 破碎腔中进入非破碎物； (3) 联接螺栓松动	(1) 调整给料机； (2) 取出非破碎物； (3) 拧紧螺栓
传动部分转动但辊子不转	(1) 长齿齿轮损坏； (2) 皮带过松打滑； (3) 轴承或轴承密封件损坏	(1) 停机更换长齿齿轮； (2) 重新调整皮带张力； (3) 更换轴承或轴承密封件
产品粒度不均匀	(1) 辊皮磨损不均匀； (2) 加料偏斜不均匀	(1) 更换辊皮（用堆焊补平）； (2) 将下料调整均匀
产品粒度波动过大，弹簧端辊子不起作用	(1) 辊子之间间隙大； (2) 弹簧损坏； (3) 活动轴承座卡死	(1) 调整辊子间隙； (2) 更换弹簧； (3) 找出原因并排除
电动机电流大	(1) 破碎比大； (2) 给料粒度过大	(1) 调整破碎比； (2) 控制给料粒度

辊式破碎机使用过程中的注意事项：(1) 要空载启动，严禁破碎腔内有物料时开车，加强给料的除铁工作。非破碎物（钎头等物）掉入双辊间会损坏破碎机，以致造成停车事故。所以，在破碎机前，应安装除铁装置。(2) 黏性物料容易堵塞破碎空间，在处理堵塞故障时，应停车处理，不可在运转中捅料。(3) 当处理的物料含大块较多时，要注意大块物料容易从破碎空间被挤出来，以避免伤人或损坏设备。(4) 双辊破碎机运转较长时间后，由于辊面的磨损较大，会引起产品粒度过细，要注意调整排料口或对设备进行检修，定期检查辊皮的磨损情况，及时进行修理或更换。(5) 加强对双辊破碎机设备的检查，对设备的润滑部位要按时加油，保持设备良好的润滑状态。(6) 加入物料分布要均匀，给料块度的大小要合适，否则辊皮会较快磨损。(7) 要时刻注意轴承的温度。(8) 停机时，应先停止给料，待料排完后，再停机。

表 2 - 4 - 5 狼牙破碎机常见故障处理方法

故障	产生原因	处理方法
产品粒度过大	（1）辊皮磨损严重； （2）弹簧装置压紧力不足或衬垫太薄； （3）排料口间隙过大	（1）更换辊皮； （2）增加弹簧预压紧力或增加衬垫的厚度； （3）调整间隙
破碎机运转中振动大	（1）给料不均匀或块度过大； （2）破碎腔中进入非破碎物； （3）联接螺栓松动	（1）调整给料速度和给料块度； （2）取出非破碎物； （3）检查拧紧螺栓
破碎机辊体转动但辊皮不转（或辊皮速度低于辊体速度）	辊皮与辊体固定装置损坏或过松	停机检查辊皮与辊体固定装置的状况，重新拧紧或更换固定装置
传动部件转动但辊子不转动（卡辊）	（1）长齿齿轮损坏； （2）皮带过松打滑； （3）轴承或轴承密封件损坏	（1）停机更换长齿齿轮； （2）重新调整皮带张力； （3）更换轴承或轴承密封件
轴承温度高于60 ℃	轴承内缺油或油变质	补充注油润滑油或更换好油
产品粒度不均匀	（1）辊皮磨损不均匀； （2）加料偏斜不均匀	（1）更换辊皮； （2）将下料调整均匀

项目五 反击式破碎机

任务一 反击式破碎机结构及工作原理解析

如图 2 - 5 - 1 所示，转子、板锤和反击板是反击式破碎机的主体。转子是反击式破碎机最重要的工作部件，必须具有足够的质量，以适应破碎大块物料的需要。板锤又称打击板，是反击式破碎机中最容易磨损的工作零件，目前我国均用高锰钢作为板锤材料。

采用楔块将板锤固定在转子上，工作时，在离心力作用下，这种固定方式越来越坚固，而且工作可靠，拆换比较方便。目前各国都采用这种固定方式。

板锤的个数与转子规格直径有关，一般地说，转子规格直径小于 1 m 时，可采用 3 个板锤；直径为 1.0 ~ 1.5 m 时，可以选用 4 ~ 6 个板锤；直径为 1.5 ~ 2.0 m 时，可选用 6 ~ 10 个板锤。对于处理比较坚硬的物料，或者较大破碎比的破碎机，板锤的个数应该多些。

反击板的结构型式对破碎机的破碎效率影响很大。反击板的型式主要有折线或圆弧形等结构。折线形的反击板结构简单，但不能保证物料获得最有效的冲击破碎。而渐开线形圆弧形反击板的各点上，物料都是以垂直的方向进行冲击，破碎效率较高，应用较多。

反击式破碎机按照转子数目不同，可分为单转子和双转子反击式破碎机。

单转子反击式破碎机的结构如图2-5-1所示。物料由进料口7下到破碎机体6内。为了防止破碎后的料块从进料口飞出，在进料口处装有一排链条8。给入的料块落到算条筛9上。细小的碎块经筛下直送排料口12，大块的物料顺算条落到转子1上。转子轴上面装有凸起一定高度的板锤2。板锤根据转子直径大小有4~6排。转子由电动机经过联轴器和轴带动转子转动。料块就在高速旋转的板锤和反击板3之间来回碰撞破碎，在算条筛、转子1，第一反击板3及进料口链条所组成的空间内形成强烈的冲击区10，物料破碎后又落到反击板3和4以及转子1所组成的第二冲击区11内进一步受到冲击粉碎。破碎后物料经转子下方排料口12排出。反击板的一端为活铰接13，悬挂在机壳上，另一端用悬挂螺栓5将其位置固定。当有大块物料或难碎物料夹在反击板和转子之间，反击板受到较大压力就向后移开，使夹住物料可通过，避免转子损坏。物料通过后，反击板由自重复位。

单转子反击式
破碎机

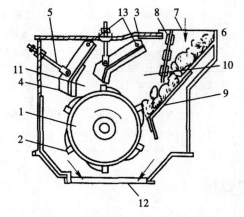

图2-5-1　Φ500 mm×400 mm 单转子反击式破碎机结构图

1—转子；2—板锤；3，4—反击板；5—悬挂螺栓；6—破碎机体；7—进料口；8—链条；9—算条筛；
10—冲击区；11—第二冲击区；12—排料口；13—活铰接

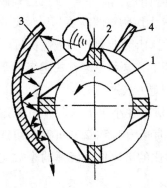

图2-5-2　反击式破碎机工作原理图

1—转子；2—板锤；3—反击板；4—导板

反击式破碎机是利用冲击力"自由"破碎原理来破碎物料的。如图2-5-2所示，反击式破碎机的工作部件为带有板锤2的高速旋转的转子1，给入机内的料块在转子回转范围（锤击区）内受到板锤冲击。物料是经导板4给入锤击区的，料块被板锤冲击后抛起，高速地撞在反击板3上，再次受到冲击，然后又从反击板弹回板锤，重复上述过程。在往返过程中，物料还互相碰撞，在冲击、反弹、相互碰撞等作用下，物料料块不断产生裂缝、松散最后破碎，破碎的物料从机体下部卸出，即为破碎后的产品粒度。

由此可知，反击式破碎机的破碎作用主要包括：

（1）自由破碎。进入破碎腔内的物料立即受到板锤的冲击，物料之间相互撞击及板锤和物料、物料和物料之间的摩擦作用使物料破碎。

（2）反弹破碎。被破碎的物料实际上是集中在机体内，由于高速板锤冲击，物料得到很高的运动速度，然后撞击到反击板上，由此得到进一步的破碎，即为反弹作用。

（3）铣削作用。经上述两种破碎作用还未破碎的大于排料口尺寸的物料，在出料处被高速旋转的板锤头铣削而破碎。

增加破碎腔数目（即增加反击板数量以增加间隔）可以强化选择性破碎，增大物料的破碎比。因此增加破碎腔后就可采取较低的转子回转速度，产品中过大粒度可以减少，板锤磨耗降低。采用 3 个反击板构成的三个破碎腔结构，能耗低、生产能力高，可将 400 mm 的大块物料一次破碎到 0 ~ 35 mm，生产能力 30 ~ 240 t/h。

双转子反击式破碎机，根据转子方向和转子配置的位置，又分为两转子反向回转、两转子同向回转和有一定高度差的两转子同向回转三种类型，如图 2 - 5 - 3 所示。

如图 2 - 5 - 3（a）所示，两转子反向回转，相当于两个平行配置的单转子反击式破碎机并联成，两个转子分别与反击板构成独立的破碎腔，进行分腔破碎。这种破碎机的生产能力高，能够破碎大块度的物料，而且两转子水平配置可以降低机器的高度，故可用于粗碎、中碎。

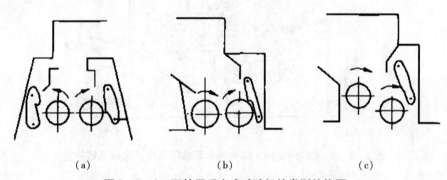

(a)   (b)   (c)

图 2 - 5 - 3　双转子反击式破碎机的类型结构图

如图 2 - 5 - 3（b）所示，两转子同向回转，相当于两个平行装置的单转子反击式破碎机的串联使用，两个转子构成两个破碎腔。第一个转子完成粗碎，第二个转子再进行细碎，即一台反击式破碎机可以同时作为粗碎和中、细碎的设备使用。该破碎机的破碎比大，生产能力高，但功率消耗多。

如图 2 - 5 - 3（c）所示，具有一定高度差平行排列的两转子同向回转（两转子的中心线和水平线之间的夹角为 12°），高位转子为重型转子，用于物料的粗碎；低位转子的转速较快，作为物料的细碎。两个转子具有一定的高度差，扩大了转子的工作角度，使得第一个转子具有强制给料的可能，第二个转子有提高线速度的可能，使物料得到充分的破碎，从而获得最终的产品粒度要求。这种破碎机利用扩大转子的工作角度，采用分腔（破碎腔）集中反击破碎原理，使得两个转子充分发挥粗碎和细碎的破碎作用，所以破碎比大，生产能力高，产品粒度均匀，而且两个转子呈高差配置时，可以减少漏掉不合乎要求的大颗粒产品的缺陷。如图 2-5-4 所示，是国产具有一定高度差配置的两转子同向回转（Φ1250 mm×1250 mm）反击式破碎机。板锤用高锰钢铸造。转子固装在主轴上，两端用滚动轴承支承在下机体上，两转子分别由两台电动机连接液力联轴器，经三角皮带传动，作同方向高速回转。采用液力联轴器既可降低启动负荷、减小电动机容量，又可起到保护作用。两个转子装有个数不等的锤头，锤头高度和锤头形状不同以及两个转子具有不同的线速度。为了保证破碎产品的质量（粒度），在两个转子的排料处分别增设了排料栅板。

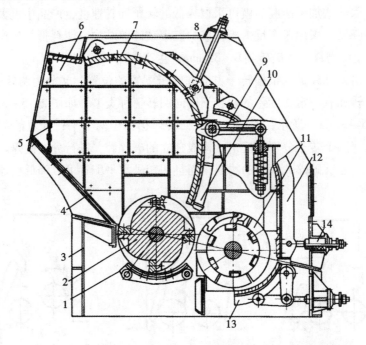

图 2-5-4 Φ1250 mm×1250 mm 双转子反击式破碎机结构图

1，13—排料栅板；2—第一个转子部分；3—下机体；4—上机体；5—链幕；6—机体保护衬板；7—第一级反击板；8—拉杆螺栓；9—连杆；10—分腔反击板；11—第二个转子部分；12—第二级反击板；14—调节弹簧

第一反击板、第二反击板和分腔反击板都是一端铰接而另一端有调节螺栓。板锤等零件磨损后造成间隙加大或由于产品粒度的要求需调整间隙时，都是通过调节螺栓来调整反击板和板锤的间隙。为了充分利用物料排出时的动能，避免个别大块物料的排出，确保产品粒度的质量指标，在第二级转子卸料端有算板和固定反击板，均用高锰钢制造。

反击式破碎机虽然出现较晚，但发展极快，目前，它已在我国的煤炭、水泥、建筑材料和化工以及选矿等工业部门广泛用于各种物料的中、细碎，也可用作物料的粗碎设备。

反击式破碎机之所以发展如此迅速，主要是因为它具有以下特点：（1）破碎比很大，一般为 30~40，最大可达 150。（2）破碎效率高，生产能力大，电耗低。（3）产品粒度均匀，过粉碎现象少。（4）可以选择性破碎。（5）适应性强。这种破碎机可以破碎脆性、纤维性和中硬以下的物料，特别适合脆性物料的破碎。（6）设备体积小，质量轻，结构简单，制造容易，维修方便。

但反击式破碎机破碎硬物料时，其板锤（打击板）和反击板的磨损较快。在高速转动过程中，靠冲击来破碎物料，零件加工的精度要求高，需要进行静平衡才能延长使用寿命。

任务二　反击式破碎机类型及规格选用

反击式破碎机按照转子数目不同，可分为单转子和双转子反击式破碎机。

反击式破碎机的规格是用转子直径 D（实际上是板锤端部所绘出的圆周直径）乘以转子长 L 来表示的。例如，Φ1250 mm×1000 mm 单转子反击式破碎机，表示转子直径为 1250 mm，转子长度为 1000 mm。我国生产的反击式破碎机，其产品技术规格参考表 2−5−1。

表 2−5−1　反击式破碎机的技术规格

型式	转子尺寸（直径×长）/（mm×mm）	最大给料粒度/mm	排料粒度/mm	生产能力/（t·h^{-1}）	电动机功率/kW	转子/（r·min^{-1}）	机器质量/t
单转子	400×500	100	<20	4~10	7.5	960	
	1000×700	250	<30	5~30	40	680	1.35
	1250×1000	250	<50	40~80	95	475	5.54
	1600×1400	500	<30	80~120	155	228，326	12.25
双转子	1250×1250	850	<20（90%）	80~150	130 155	第一转子 565 第二转子 765	58

任务三　反击式破碎机故障处理

反击式破碎机工作时振动大，要经常检查地脚螺栓紧固情况，测量转子轴两端的滚动轴承温度，滚动轴承温升不超过 70 ℃。板锤磨损后可以反装使用，要更换时每排板锤质量必须称量，误差只允许 ±0.25 kg。反击式破碎机要等转子启动运转正常后才能给料破碎。反击式破碎机工作时粉尘很大，要随时检查收尘效果。开车时要求两级转子分别启动，不得同时启动，以防止跳闸。反击式破碎机无负荷试车 8 h，连续运转时间 8~24 h。必须在破碎机内物料全部排出后，方可停止主电机的运转。表 2−5−2 为反击式破碎机的故障原因及处理方法。

表 2-5-2 反击式破碎机的故障原因及处理方法

故障内容	可能产生的原因	处理方法
振动异常	(1) 物料过大； (2) 磨损不均； (3) 转子不平衡； (4) 基础处理不当	(1) 检查进料尺寸； (2) 更换锤头； (3) 校平衡、配重； (4) 检查地脚及基础并紧固、加固
轴承发热	(1) 轴承缺油； (2) 加油过多； (3) 轴承损坏； (4) 上盖过紧	(1) 及时加油； (2) 检查油位； (3) 更换轴承； (4) 调节螺栓、松紧适度
出料粒度大	(1) 锤头磨损； (2) 锤头与反击板间隙大； (3) 进料粒度大	(1) 调头或更换； (2) 调整间隙为 15~20 mm； (3) 控制大料
皮带翻转	(1) 皮带磨损； (2) 皮带轮装配问题； (3) 三角带内在质量	(1) 更换三角带； (2) 调整在同一平面； (3) 更换

项目六 锤式破碎机

任务一 锤式破碎机结构及工作原理解析

锤式破碎机的种类较多，可以有以下几种划分方法。

按转子的数目可分为：（1）单转子（即单轴）锤式破碎机，带有锤子的圆盘安装在一根水平轴上，如图 2-6-1 所示。（2）双转子（即双轴）锤式破碎机，装有两根带锤子的平行水平轴，两根轴相对地旋转，如图 2-6-2 所示。

按转子旋转方向分定向式和可逆式。

按锤子排列多少分单排式和多排式。

图 2-6-1 中锤式破碎机主要由机壳 1、转子 2、箅条 3 和打击板 4 等部件组成，机壳分上下两部分，系钢板焊接件，机壳内壁镶有高锰钢衬板，衬板磨损后可以更换。

锤式破碎机的主轴上安装有数排挂锤体。在其圆周的销孔上贯穿着销轴，用销轴将锤子铰接在各排挂锤体之间，锤子磨损后可调换工作面。挂锤体上开有两圈销孔，销孔中心至回转轴心的距离是不同的，用来调整锤子和箅条之间的间隙。为了防止挂锤体和锤子的轴向窜动，在挂锤体两端用压紧锤盘和锁紧螺母固定。转子两端支承在滚动轴承上，轴承用螺栓固定在机壳上。主轴和电动机用弹性联轴器直接连接。为了使转子运转平稳，主轴的一端装有一个飞轮。圆弧状卸料箅条安装在转子下方，箅条的两端装在横梁上，最外面的箅条用压板压紧，箅条排列方向和转子运动方向垂直。箅条间隙由箅条

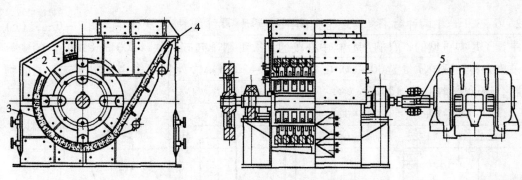

图2-6-1 单转子锤式破碎机结构图

1—机壳；2—转子；3—箅条；4—打击板；5—弹性联轴器

单转子锤式破碎机

中间凸出部分形成。为了便于物料排出，箅条缝隙向下逐步扩大，同时还向转子回转方向倾斜。

打击板4是首先承受物料冲击和磨损的地方，它由托板和衬板等部件组装而成。托板是普通钢板，衬板是高锰钢铸件，组装后用两根轴架装在机体上。这种锤式破碎机的转子只能沿一个方向运转进行破碎，称作不可逆式。

图2-6-2所示为双转子锤式破碎机的结构。破碎机上方加料口的下面有两排进料隔条（又称龙骨），两组相对回转的锤子分别由这些隔条之间的空隙经过。物料落入加料口后，在穿过隔条之前首先便在此预破碎，然后分别进入两边破碎室进一步破碎，最后通过卸料箅条卸出。由于物料在进料隔条上受到两边相对回转的锤子预破碎，因此这种破碎机允许进料块尺寸比单转子式大，可达800 mm，而且有较大的粉碎比。

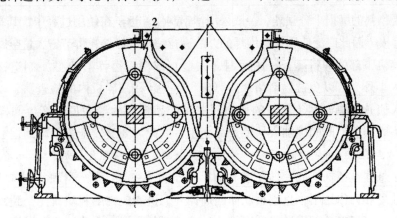

图2-6-2 双转子锤式破碎机结构图

1—进料隔条；2—锤子

锤式破碎机的主要工作部件是带有锤子的转子，高速旋转的锤子对料块进行冲击破碎。

锤子是锤式破碎机的主要工作部件，它的型式、尺寸和质量主要取决于所处理物料的大小及其物理机械性质。图2-6-3是各种锤子的形状。图2-6-3（a）（b）主要用于破碎100~200 mm大小的软质和中等硬质物料，每个锤子质量3.5~15 kg不等。图

2－6－3（a)中两种锤子是两端带孔的，即磨损后可以调换4次使用。图2－6－3（c）中锤子是中重型的，它的重心离中心较远，故可用于破碎大块（300 mm 以上）的中等硬度物料，锤子质量为 30～60 kg。图 2－6－3（d）中两种锤子主要用于较坚硬的物料，锤子质量达50～120 kg。

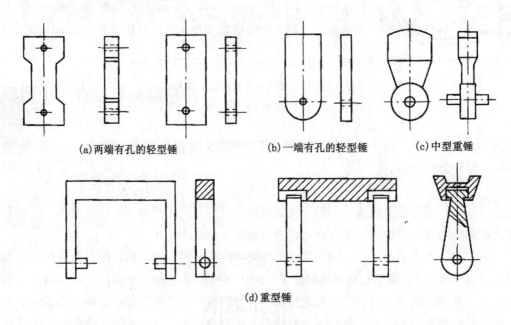

(a)两端有孔的轻型锤　　　　　(b)一端有孔的轻型锤　　　　(c)中型重锤

(d)重型锤

图 2－6－3　锤子的型式

　　锤子受物料的磨损十分强烈，一般采用锰钢制作。锤子在使用过程中，其端部打击面常很快被磨损，因此广泛使用锰钢堆焊的办法进行锤头的修补，可节省大量金属的消耗。

　　在破碎机下部的卸料算条，用锰钢（大型）或白口铸铁（小型）制造，算条间的间隙做成内小外大，以免被物料堵塞。算条实际是装在破碎机内的检查筛，以保证产品粒度的最大值，锤头与算条之间的径向间隙对产品粒度的最大值也产生同样的限制作用，当锤头磨损后，此间隙加大，使产品变粗，因此需要旋转拖梁两端的偏心悬挂轴来调整。

　　锤子是悬挂在锤轴上的，转子静止时，由于重力关系，锤子下垂。当转子转动时，锤子在惯性离心力作用下，呈辐射状向四周伸开，进入机内的料块首先受到锤子的打击而破碎，继而由于料块获得动能，以较快的速度向打击板冲击或互相冲击而破碎。锤式破碎机底部有算条，小于算缝的物料漏过算缝向下卸出，少部分大于要求尺寸的料块仍留在算条上，继续受到锤子的冲击和磨削作用，直到达到要求尺寸从算缝卸出。锤子是用销轴和锤轴连接、自由悬挂的，遇到难碎物料，锤子能沿销轴回转，从而避免锤头损坏，起保护作用。

　　如图 2－6－4 所示，锤式破碎机工作时，物料由加料口进入后，遭到高速回转的锤子的猛烈冲击，并抛向阶梯布置的衬板而被粉碎，大部分达到破碎要求尺寸的成品即从下面的算条隙卸出，尚未达到尺寸的物料留在算条上继续受到锤子冲击，同时在锤头与算条之间受到压碎和研磨，直到料块通过算条间隙掉下去为止。即物料被快速旋转的转盘 2 带动的锤头 1 击碎。锤式破碎机主要是利用转子旋转时锤头的冲击作用来破碎脆性物料或中等硬度的物料。软质物料和中等硬度的物料（如焦炭、煤）能在锤式破碎机中很好地进行中碎、细碎。

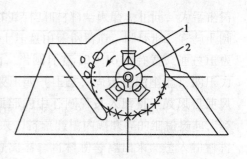

图 2 - 6 - 4　锤式破碎机工作原理图
1—锤头；2—转盘

锤式破碎机的生产能力高，破碎比大（10 ~ 50），电耗低，结构简单，管理方便。物料在锤式破碎机内，受到快速旋转的锤子直接冲击，以及由此引起的料块之间相互撞击而被击碎。此外，物料被锤子抛起撞到衬板而击碎，适用于破碎脆性物料。

锤式破碎机的主要缺点在于：破碎硬质物料时，锤头和算条磨损大；检修时间长、消耗金属多，需要均匀给料。当有金属零件落入破碎机加料口内时，机器的部件易遭损坏或损伤。由于物料在锤式破碎机中破碎后，连续穿过机内的出料算条缝隙而卸出，因此，为避免堵塞，物料水分不应超过 10% ~ 15%。适宜在小粒度要求条件下使用，但不能用以破碎韧性的纤维质和湿度较大（水分大于 15%）的物料。

任务二　锤式破碎机规格选用

锤式破碎机的主要规格以外缘直径和转子工作长度表示，见表 2 - 6 - 1。

表 2 - 6 - 1　几种不可逆锤式破碎机的技术规格

技术规格	型号			
	PCB400 × 175	PCB600 × 400	PCB800 × 600	PCB1000 × 800
转子直径/mm	400	600	800	1000
转子工作长度/mm	175	400	600	800
转子转速/(r·min^{-1})	955	1000	980	1000
最大进料尺寸/mm	50	100	100	200
出料尺寸/mm	3	5	10	13
生产能力/(t·h^{-1})	0.2 ~ 0.5	12 ~ 15	18 ~ 24	≤25
锤子数量/只	16	20		
电动机型号	JO2 - 51 - 6	JO2 - 64 - 4	JO - 93 - 6	JR - 117 - 6
功率/kW	5.5	17	55	115

表 2 - 6 - 1（续）

技术规格	型号			
	PCB400×175	PCB600×400	PCB800×600	PCB1000×800
电机转速/（r·min⁻¹）	955	1460	980	1000
外形尺寸/mm	763×640×560	1055×1020×1122	1495×1698×1020	2514×2230×1515
主机质量/kg	约700	约1200	约2530	约5050

锤式破碎机是利用冲击进行破碎的，物料在其中的实际破碎过程是相当复杂的，因此关于它的一些工艺参数的确定，还只能决定于实验资料或经验数据。

任务三　锤式破碎机故障处理

锤式破碎机转速很快，破碎比大，粉尘多，要求开车后机器振动振幅不能过大。

锤式破碎机的产量随锤头磨损的增加而降低，因为此时锤头的打击作用减弱。

锤头磨损到一定程度后，可以将它翻过来使用，待锤头两面均已磨损到极限后，需更换锤头。更换和翻转锤头时，必须将锤轴抽出、卸下锤头后才能进行。更换锤头时，要注意锤头的质量平衡，以保证破碎机运转平稳，减少振动。

锤头的材质一般为高锰钢，决定其使用寿命长短的关键是锤头的热处理工序。热处理得当，锤头使用寿命可延长1倍左右。

锤式破碎机的地脚螺栓要紧固，润滑部分每一点都要检查好，保证润滑良好。锤式破碎机无负荷试车8 h，带负荷试车连续运转8~24 h。

在锤式破碎机正常运转中，如遇突然停车，在查明原因之前，不能强行启动设备。待原因查明后，要把破碎机内物料清理出来，才能按顺序开车。

注意破碎机运转中声音是否正常，当出现锤头与算条敲打、摩擦等不正常声音时，应及时处理，严禁对运转的设备进行检查。在破碎停车后，还应检查锤头、衬板、出料算条的磨损情况。表2-6-2为锤式破碎机的故障原因及处理方法。

表 2 - 6 - 2　锤式破碎机的故障原因及处理方法

故障	产生原因	处理方法
振动	（1）破碎机与电动机安装不同轴； （2）转子失衡； （3）进料块度过大； （4）轴承座或地脚螺母松动	（1）校正和调整，使之达到安装的技术要求； （2）重新安排环锤； （3）控制进行料块度； （4）仔细检查，及时拧紧
产量减少	（1）转子与筛板之间的间隙过大； （2）环锤磨损； （3）筛条缝隙被堵塞； （4）加料不均匀	（1）调节弹簧螺栓； （2）修复或更换环锤； （3）停车，清理筛条缝隙中的堵塞物； （4）调整加料机构

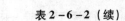

表 2 - 6 - 2（续）

故障	产生原因	处理方法
机内出现不正常的声响	（1）不能破碎的物料或金属进入破碎腔； （2）内部零件活动； （3）内部零件断裂； （4）转子与筛板碰撞	（1）清理破碎腔； （2）仔细检查，及时拧紧； （3）仔细检查，更换断裂件； （4）调节转子与筛板之间的间隙
轴承温度过高	润滑脂不足	加润滑脂
出料粒度过大	（1）锤头磨损过大； （2）筛条断裂	（1）更换锤头； （2）更换筛条
弹性联轴节产生敲击声	（1）销轴松动； （2）弹性圈磨损	（1）停车并拧紧销轴螺母； （2）更换弹性圈

项目七　残极破碎机

炭石墨制品在成型、焙烧和石墨化过程中，总会产生一些废品。石墨化废品除一部分可作为石墨化废品销售或加工成非标准产品外，其余部分都要破碎再作为原料投入生产。对于小规格制品残极，可采用大型颚式破碎机进行破碎。但对于大规格制品残极，通常采用 500 t 残极破碎机进行破碎。残极破碎机主要用于破碎预焙阳极残极，也可用于破碎生碎和焙烧碎，其中 500 t 残极破碎机可以破碎 500 mm × 550 mm × 1350 mm 以下尺寸的长方形或圆柱形炭块。

任务一　500 t 液压残极破碎机结构及工作原理解析

500 t 残极破碎机结构示意图如图 2 - 7 - 1 所示，该设备主要由破碎机、动力油压装置及电控系统组成。残极破碎机采用液压推料和液压挤压，破碎机机架一侧装有柱塞油缸、侧部油缸和装有破碎齿板的冲头，另一侧装有推料油缸、导向缸和破碎齿板。机架两侧装有冲头导轨和护板，破碎机下面设有排料口和格筛。

500 t 油压破碎机是利用油压原理对残极破碎的机械设备，也称为油压破碎机。利用油压使破碎齿板动作，对炭块进行破碎，小于 150 mm 的炭块从下面的格筛空隙中通过，排到下面的输送皮带上，输送到指定位置。500 t 残极破碎机中的齿板是设备的主要受力件，工作时，齿板主要受水平方向和垂直方向的挤压力作用。

500 t 残极破碎机破碎工艺流程图如图 2 - 7 - 2 所示，起重机将破碎原料吊入 500 t 残极破碎机破碎室内，吊入过程中，柱塞缸、侧部油缸和推料缸均处在非工作状态。在铝厂排料输送系统和收尘系统启动的条件下，开始挤压破碎。

定齿板和动齿板是一对破碎工件，工作时，定齿板紧靠在框架上，由主缸中的高压液推动主柱塞和固联在主柱塞上的推料板带动动齿板向前运动，使动齿板和定齿板间的残极在两齿板齿尖的挤压作用下破碎，破碎的细块经格筛卸出机外，主柱塞退回后，再开动主柱塞向前推压，将大块料继续挤压破碎，如此反复，将破碎腔内的残极全部挤压破碎与劈碎。

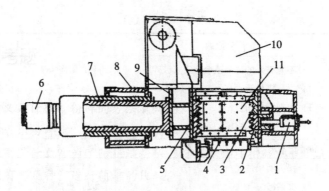

图 2 - 7 - 1　500 t 残极破碎机结构示意图

1—推料油缸；2—推料齿板；3—定齿板；4—箅子；5—动齿板；

6—充液阀；7—主柱塞油缸；8—机架；9—冲头；10—防尘罩；11—破碎腔侧面衬板

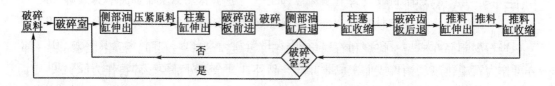

图 2 - 7 - 2　500 t 残极破碎机破碎工艺流程图

　　侧部油缸前进达到调定压力值后，主柱塞油缸加压将残极破碎，推料油缸将残极挤压到中央部位，通过格筛排出。由于大规格炭块体积较大，而且焙烧炭块硬度较高，一次加压难以达到破碎要求，因此一般要连续加压 5 ~ 8 次。500 t 油压破碎机可将残极破碎到 100 ~ 150 mm，产量 5 ~ 6 t/h。

　　500 t 残极破碎机以液压为动力，工作平衡，破碎腔大，破碎时噪声小，残极在两边齿板的齿尖挤压下被破碎。

任务二　残极破碎机故障处理

　　残极破碎机使用过程中的故障及处理见表 2 - 7 - 1。

表 2 - 7 - 1　残极破碎机故障处理

故障	分析与处理
油泵启动后压力达不到额定值	（1）检查油泵是否正常，油泵的恒压调压阀是否至最大值，否则应调至最大值。 （2）检查电磁溢流阀是否得电，如有得电，再检查溢流阀调节手柄能否把压力调上去；如无得电，检查电器控制元件
换向回路控制油缸不动作或只有一个方向动作	换向回路中需得电的电磁阀不得电，检查电器控制，截止阀回路未打开，得电时可用手动检查，或直接用手动使电磁阀处于得电状态，观察系统压力表是否有明显压降，油缸与机械部分脱开，检查油缸是否正常

表 2 - 7 - 1（续）

故障	分析与处理
电磁换向阀故障	（1）检查得电后是否动作，手动检查，万用表检查。 （2）手动检查电磁铁动作行程，有无卡阻现象。 （3）拆下电磁换向阀，视情况更换。 （4）明显的外泄漏应更换
换向阀回路阀芯或回油节流阀芯卡住，影响油路换向不保压	（1）检查系统压力是否达到额定值。 （2）用手动使回路中两边先导电磁换向阀同时动作，观察压力表（主油中路）的压降。若压降大，视为正常；若压降小，可判断一边有故障，应拆下盖板检查。 （3）阀芯是否卡住，或有异物
主回路压力突然下降或压力值调不到额定值	（1）调压元件失灵，阻压孔堵塞，拆下清洗。 （2）油泵有故障，立即换备用泵。 （3）管道破裂，油外泄检查
油温过高(大于 60 ℃)，液位过高或过低	（1）没有冷却水。 （2）冷却水温度高，水流量不足，应检查。 （3）冷却水泄漏进油箱，造成液位高。 （4）管道破裂造成外泄，造成液位低
油缸内泄漏影响保压，动作或换向不灵	（1）在油缸动作完毕后，拆下低压腔接头，压力腔加压观察油缸油口是否有油液溢出。 （2）更换油缸密封件

项目八　球磨机

炭和石墨制品的配料除选择原料配比外，还要确定粒度组成，即将不同尺寸的大颗粒、中颗粒和小颗粒（细粉）配合起来使用，目的是使制品能有较高的堆积密度和较小的气孔率。一般情况下，大颗粒和细粉占较大比重，而中间颗粒所占比重较小。大颗粒在坯体结构中起骨架作用，小颗粒（粉料）的作用是填充颗粒间的间隙，粉料一般在配料中占 40% ~ 70%，但是粉料用量要适宜，过多过少都会对产品造成不利的影响。例如电极的配方中，一般 0.5 mm 以下的细粉占 60% ~ 70%，小于 74 μm（200 目）的也在 40% 以上。因此，在炭石墨材料生产中，由于配方工艺的要求，需大量细粉，而这些细粉主要是将煅后料经中碎或将骨粒料仓的不平衡料通过粉磨设备制备的。

炭石墨材料厂通常使用的粉磨设备有球磨机和悬辊磨粉机（雷蒙磨），近年来有些厂还采用气流粉碎磨，中小厂和实验室一般采用振动磨和齿盘式快速磨粉机。预焙阳极生产还引进立式球碾磨粉机（又称立式球磨机）。下面主要介绍最常用的球磨机、雷蒙磨和立式球碾磨粉机。

利用钢球、钢段等研磨体冲击和研磨物料，使物料达到一定要求几何尺寸的过程称为球磨。进行球磨作业的机械称为球磨机。球磨机是炭素生产过程中进行磨粉作业的主要设备。

任务一　球磨机结构及工作原理解析

如图 2-8-1 所示，球磨机主要由筒体、主轴承、机架、电机、传动减速装置及其他附属装置部分组成。球磨机的主体是一个用厚钢板制成的筒体，筒体的两端为带有加料及出料装置的端盖，筒体内壁镶有耐磨衬板，筒体中部开有长方形的人孔，便于添加钢球和检修处理，平时用盖板堵上。球磨机由电动机经减速机和大齿轮带动。

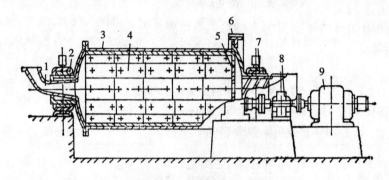

图 2-8-1　球磨机结构示意图

1—进料口；2—轴承；3—钢筒；4—衬板；5—出料衬板；
6—齿轮；7—出料口；8—减速机；9—电动机

球磨机的结构

如图 2-8-2 所示，常用的球磨机有一个支承在轴承或托轮之上的圆筒体，工作时，筒体内装填着按工艺要求配比好的物料和研磨体（钢球、钢棒或钢段等），由电动机经减速器和传动装置驱动筒体按适宜的速度旋转，而筒体内的物料和研磨体在摩擦力和离心力的作用下被提升到一定的高度后卸落，使筒体内的物料被击碎。磨机运转时，研磨体也随同运动，研磨体一方面由磨机带动沿着磨机筒壁向上移动，同时研磨体自己也随着磨机旋转方向自转。当研磨体转往磨机筒体上半部时，如果研磨体的惯性离心力小于研磨体的重力，研磨体以抛物线轨迹下落撞击磨机筒体内的物料使物料粉碎。研磨体在向上转动时也研磨物料，还对物料进行研磨和挤压，因此，球磨机内的物料是在冲击和研磨的作用下逐渐被粉碎的。

球磨机磨粉过程

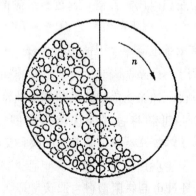

图 2-8-2　球磨机工作原理图

球磨机大量地应用于矿冶、炭素、建材、电力等行业，其优点为：（1）对物料的适应性强，连续生产、生产能力大，可满足大规模工业生产的要求；（2）粉碎比大，可达300以上，并易于调整粉磨产品的细度；（3）适用于干法和湿法作业；（4）结构简单、坚固，操作可靠，维护管理简单，运转率高；（5）密封性强，可进行负压操作。

其缺点是：（1）功率大且电能有效利用率低，大部分电能转化成其他能量形式（热、声）而消失；（2）重量大，价格高；（3）配套装置［如减速器和袋式除尘器（干法用）］价格高；（4）单位产量的材料消耗量大，维修费用高；（5）噪声大，振动大；（6）基建投资高。因而在有些厂逐渐被雷蒙磨所代替，但其产量大，结构简单，且容易制造，故在较大的炭素、电炭厂仍被广泛采用。

除此之外，球磨机是炭素、电炭行业广泛采用的粉磨机械，它对石油焦、沥青焦、无烟煤等脆性物料的粉磨效果良好，但不太适用于天然石墨、人造石墨的粉磨，因为钢球撞击会破坏石墨的晶体结构。

任务二 球磨机类型及工艺流程设计

球磨机的类型很多。按生产方式可分间歇式球磨机和连续式球磨机；按卸料方式可分为中心卸料球磨机（经空心柄轴卸料）和边缘卸料球磨机（经筒壁上的筛孔卸料）；按研磨体的特征分为钢球磨、瓷球磨、棒磨和砾磨；按筒体长径比（L/D）分为球磨和管磨，此外还有锥磨。

管形球磨机和锥形球磨机不太适用于炭素、电炭工业，炭素工业多采用短筒球磨机。为提高生产效率，一般设有空气分离系统（风力排料及空气选粉），如图2-8-3所示。

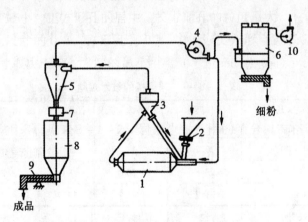

图2-8-3 带空气分离器的球磨机工作示意图

1—球磨机；2—进料器；3—空气分离器；4—鼓风机；5—旋风分离器；

6—布袋除尘器；7—磁选机；8—收集料斗；9—自动秤；10—抽风机

筒体的驱动，可由筒体轴头带动，称为中心传动式；也可由装在筒身或端盖的传动件（皮带轮、齿轮等）带动，称为边缘传动式。筒体可由两端机架上的主轴承支承，也可由拖轮支承。然而，不管哪一种类型，其粉碎原理都是靠筒体带动研磨体实现对物料的碰击研磨作用。筒体的运动参数，结构，研磨体大小、级配和形状，物料的配比和填充率是球磨机的主要问题。球磨机可采用干磨，也可采用湿磨，炭素、电炭厂中一般采用干式球磨（风力排料及空气选料）。

风力输送系统的球磨流程图如图 2-8-4 所示。待磨料从料斗经给料机加入球磨机 1 磨碎后，由鼓风机 6 的风力带出球磨机后进入分离器 3，未达到要求的粗粒重新进入球磨机再磨。磨细的粉随风从分离器进入旋风分离器 4，被分离出来的细粉送到贮料仓 5，从旋风分离器 4 出来的风进入鼓风机 6。从鼓风机出来的风一部分进入球磨机，一部分进入分离器，多余部分进入布袋除尘器 7。除净粉尘的干净空气，由抽风机 8 抽出排入空气中。

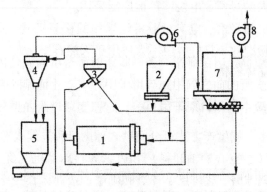

图 2-8-4 风力输送系统的球磨机流程图

1—球磨机；2—贮料斗；3—分离器；4—旋风分离器；

5—贮料仓；6—鼓风机；7—布袋除尘器；8—抽风机

球磨机的主要规格以圆筒的直径（未装衬板的内径 D）和长度 L 表示。球磨机技术性能见表 2-8-1。

表 2-8-1 球磨机的技术规格

类型	筒体直径×长 / (mm×mm)	工作转速 / (r·min^{-1})	研磨体加入量/t	有效容积 /m^3	电动机功率/kW	机器质量/t
湿式格子型球磨机	1500×3000	29.2	10	5.0	95	16.92
	2100×3000	23.8	20	9.0	210	50.6
	2700×3600	21.7	41	17.7	450	78.3
煤粉球磨机	2200×3300	22	14	12.5	170/380	40.3
	2500×3900	20	25	19.4	370/380	59.6
	2600×2800	18.97	25.5		320	
	2000×11000	23.5	38~43	30.8	500	72
	2400×13000	19.4	70~80	49.6	800	130.9
管磨机	2600×11000	19.5	78~81	61.5	1000	179.4
	3800×11000	17.7	100	69.0	1250	169
	3500×11000	16.5	152	93.8		138.1

任务三　球磨机研磨体运动形式分析

球磨机工作时筒体作等速回转运动，带动装填于筒体内的研磨体运动，使物料受到冲击与研磨作用而粉碎。

在不同的筒体转速下，研磨体的运动规律可简化为三种基本形式（见图 2 - 8 - 5）：图 2 - 8 - 5（a）是在转速很低时，研磨体靠摩擦力作用随筒体升至一定高度，当面层研磨体超过自然休止角时，研磨体向下滚动泻落，主要以研磨的方式对物料进行细磨，由于研磨体的动能不大，故碰击力量不足，粉磨效率不高；图 2 - 8 - 5（b）是筒体在某个适宜的转速下，研磨体随筒体的转动上升一定高度后抛落，物料受到碰击和研磨作用而粉碎，即研磨体对物料有较大的冲击和研磨作用，粉磨效率高；图 2 - 8 - 5（c）是在筒体转速很高时，研磨体受惯性离心力的作用贴附在筒体内壁随筒体一起回转，不对物料产生碰击作用，主要靠研磨。

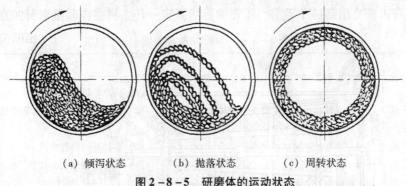

|（a）倾泻状态　　　　（b）抛落状态　　　　（c）周转状态|
图 2 - 8 - 5　研磨体的运动状态

根据以上三种研磨体运动状态的分析，要找到一个磨机适宜的转速，使研磨体落下时该点有足够的高度，并且这个转速要和"周转状态"时的磨机转速有一定的差值。

临界转速 n_0 是指研磨体开始发生"周转状态"的磨机转速。由理论推导可得磨机临界转速的公式为

$$n_0 = \frac{42.4}{\sqrt{D}} \quad (\text{r/min}) \tag{2-8-1}$$

式中，D——磨机筒体内有效直径，等于筒体内径减去 2 倍衬板厚度。

实际的磨机转速以选取临界转速的 75% ~ 80% 为好。

研磨体有钢棒、钢球和钢段。钢球的装填数量由充填容积来决定，一般磨机的充填容积按磨机总充填容积 30% ~ 35% 来考虑。提高研磨体填充率，在一定条件下可以增加磨机产量，但是填充率过高时会发生如下情况：

（1）使溢流型球磨机的研磨体有从中空轴颈排出的可能；

（2）填充率高，内层钢球的数量增多，但内层钢球的粉碎作用小，所以磨机筒体直径越大，研磨体填充率越要选低些；

（3）研磨体填充率高，抛落钢球的落点处钢球堆积过高，减缓了钢球的冲击，使产量和粉碎效率降低。

湿法球磨机中,研磨体填充率大致以总填充容积的40%为界限,大于40%的为高填充率。格子型球磨机的填充率为40%~45%,以45%居多;溢流型球磨机的填充率取40%。

干法粉磨时,由于在研磨体之间的物料使研磨体膨胀,物料轴向流动受研磨体的阻碍而减慢流动速度。因此,研磨体的填充率不应过高,通常取28%~35%之间的数值。棒磨机中的钢棒填充率,在湿法磨矿时选取35%~40%,在干法磨粉时选取35%。

研磨体装入磨机时,要采用不同尺寸的钢球、钢棒按一定比例组成,亦称配比。为了提高磨粉效率,研磨体的尺寸配比很重要,例如粒度大的给料需要装入较多直径较大、冲击和研磨作用较强的钢球。但大钢球对物料的粉碎次数比小钢球少,比表面积也比小钢球的小。小球对筒体的磨损较少,但价格较高,使用寿命较短。

任务四 球磨机故障处理

球磨机在运转过程中的常见故障及处理方法见表2-8-2。

表2-8-2 球磨机故障处理

故障	产生原因	处理方法
主轴承温度过高或主轴承发生熔化、冒烟现象或电机超负荷造成过载,保护装置断电	(1) 主轴承润滑油中断或油量太少; (2) 主轴承冷却水少或水的温度较高; (3) 润滑油不清洁或变质; (4) 主轴承安装不正,轴颈与轴瓦接触不良,物料、灰尘落入轴承中; (5) 润滑油过稠或过稀	(1) 应立即加油; (2) 应增加供水量或采取措施降低水温; (3) 更换新的润滑油; (4) 调整主轴承安装位置,修理轴颈和刮研轴瓦; (5) 重新选择润滑油、停止供给冷却水或用加热器加热
主轴承发生点蚀或熔化现象	(1) 主轴承温度过高; (2) 润滑油中有水; (3) 有杂物进入摩擦面	(1) 降低温度; (2) 清洗、修理轴瓦和轴颈,然后换油,必要时需重新浇注巴氏合金; (3) 清洗、修理轴瓦和轴颈,然后换油,必要时需重新浇注巴氏合金
启动时电机超负荷或不能启动	(1) 长时间停机,筒体内存有潮湿物料,初启动时,研磨体无抛落和泻落能力; (2) 久置未用,启动前没有盘动球磨机	(1) 停机打开人孔盖,从球磨机中卸出部分研磨体,然后盘动或启动球磨机对剩下的研磨体进行疏松搅混; (2) 盘动球磨机后再启动
球磨机排料量减少,生产量过低	(1) 给料量偏少; (2) 物料的水分超出技术规程要求,造成给料器给料量降低; (3) 研磨体磨损消耗过多或数量不足	(1) 应调整增加给料量; (2) 要求上道工序保持原料水分符合技术规程要求; (3) 应向球磨机筒体内添加研磨体

表2-8-2（续）

故障	产生原因	处理方法
传动齿轮轴及轴承座振动	（1）固定轴承的螺栓松动； （2）传动轴与联轴器安装不同心； （3）轴承损坏	（1）紧固轴承螺栓； （2）重新安装找正； （3）更换轴承
齿轮传动时有不正常的撞击声	（1）齿轮啮合间隙过大或过小（不正确）； （2）齿间进入异物； （3）传动齿轮轴偏斜或轴承固定螺栓松动； （4）齿轮轮齿磨损严重	（1）重新调整齿轮的啮合间隙； （2）清洗齿轮，更换润滑油； （3）找正传动轴，检查紧固轴承座螺栓； （4）更换齿轮或调面
筒体衬板和仓门盖螺栓处，人孔和筒体两端法兰结合面处有漏料细粉	（1）衬板螺栓松动或折断； （2）衬板损坏； （3）密封垫圈磨损； （4）人孔盖、端盖与筒体密封不严密，螺栓松动	（1）拧紧或更换螺栓； （2）更换衬板； （3）更换密封垫圈； （4）检查更换损坏密封垫，拧紧螺栓
工作时电流表数值波动大，超过额定值（不稳或过高）	（1）装球量过多或给料量过大； （2）主轴承润滑不良； （3）传动系统有过度磨损或故障	（1）卸出一些钢球或减少给料量； （2）增加润滑剂； （3）检查修理传动系统
球磨机内钢球工作的声音弱而闷	（1）给料过多或粒度过大； （2）待磨物料水分大； （3）物料大量黏附在钢球及衬板工作表面上	（1）调整给料量或给料粒度； （2）干燥待磨物料，降低其水分或停机清理进料口和出料口； （3）及时清除黏附物或停止给料，球磨机继续运转直至正常

使用球磨机时的注意事项：（1）开动之前应检查各部件的灵活性，拧紧紧固件；（2）经常检查润滑系统，特别是主轴承和减速箱的润滑；（3）出现不正常的噪声时应停机检查；（4）啮合齿轮的间隙和接触面积要调整适当；（5）衬板磨损过度或脱落时，要及时更换和填补；（6）要定期选球和补充新球；（7）要特别注意两端轴头的同心对中。

任务五　球磨机实操技能训练

1. 实训目的

（1）使学生掌握球磨机工作原理、操作过程及注意事项，掌握炭素材料的磨粉工艺流程，了解常用磨粉设备工作原理和各部件名称；

（2）使学生养成勤于思考、认真做事的良好作风，具有良好的沟通能力及团队协作精神，具有良好的分析和解决问题能力。

2. 实训内容

（1）球磨机结构和各零部件认知；

（2）球磨机的使用操作规程；

（3）磨粉操作中的注意事项。

表 2 - 8 - 3　球磨机实操技能训练任务单

【看一看】	设备型号	
	技术参数	
【想一想】	设备用途	
	准备工作	
【做一做】	启动步骤	
	使用注意事项和维修	
【说一说】	发生的故障及排除方法	
	安全操作要求	
【问一问】	思考题	（1）怎么确定球磨机中物料与研磨球的配比？ （2）球磨机运转速度对磨粉效果有什么影响？
试验结论		
试验成员		日期

项目九　雷蒙磨

任务一　雷蒙磨结构及工作原理解析

雷蒙磨的结构如图 2 - 9 - 1 所示，底盘 3 边缘上装有磨环 4，底盘中间装有空心立柱 23，作为主轴的支座。主轴 22 装在空心立柱的中间，由电机 1 通过减速装置带动旋转。主轴上端装有梅花架 21，梅花架上有短轴 6，用来悬挂磨辊 5，使磨辊能绕短轴摆动。磨辊中间是能自由转动的辊子轴，轴的下端装有辊子。每台磨机磨辊的数目为 3 ~ 6 个，沿梅花架四周均匀布置。

梅花架下面装有刮板 16。当主轴旋转时，磨辊由于离心力的作用紧压在磨环上，磨辊被主轴带动绕磨机中心线旋转，还与磨环之间存在摩擦力作用，产生自转运动。从给料机加入落在底盘上的物料被刮板刮起，撒到磨辊前面的磨环上，当物料还来不及落下时，就被随之而来的磨辊粉碎。

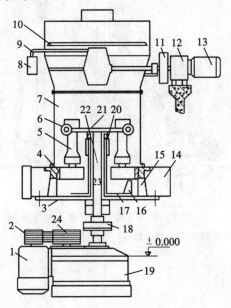

雷蒙磨

图2-9-1 雷蒙磨结构示意图

1，13—电机；2—三角皮带轮；3—底盘；4—磨环；5—磨辊；6—短轴；7—罩筒；
8—滤气筒；9—管子；10—空气分级机叶片；11—三角皮带轮；12—电磁差离合器；
14—风筒；15—进风孔；16—刮板；17—刮板架；18—联轴器；
19—减速器；20—进料口；21—梅花架；22—主轴；23—空心立柱；24—三角皮带轮

在底盘下缘的周边上，设有进风孔15和风筒14。合格的物料在风力作用下，经顶部的分级器分离排出，不合格的物料返回磨机重新研磨。

悬辊式环辊磨机是以磨辊和磨环为工作件（凸面和凹面），靠磨辊的惯性力粉碎，以研磨为主的粉磨机械。由于星形架的转速较快，磨辊数较多（3～6个），物料能得到充分粉碎。磨机采用圈流式粉碎，设有风送、风筛装置。

悬辊式环辊磨粉机是炭素企业选用较多的一种粉碎机械。可获得细度达44 μm的干粉料，并且带有空气分级装置，从而可调、连续自动地工作。可连续生产、产量大、单位电耗较小、粉碎比大、细度均匀且可控制，是一种综合性的粉碎机械。

缺点是所有的工作件几乎都是钢铁制品，物料受铁污染较严重，增加后续除铁工序；磨粉过程中粉尘较大；整机装置高，要求有高大的厂房建筑。

任务二 雷蒙磨磨粉系统工艺流程设计

图2-9-2是悬辊式环辊磨机（又叫雷蒙磨）在粉磨工艺流程中常用的一种布置。雷蒙磨磨粉系统由破碎机、斗式提升机、储料仓、主机（雷蒙磨）、大旋风、鼓风机、小旋风、袋式除尘器、抽风机及传动装置等构成。原料用破碎机初碎，经斗式提升机送到贮料斗，由喂料器将物料均匀定量地喂入磨机（主机）内粉碎，鼓风机从磨机底部鼓入空气，细粉被气流带向上部的分离器过风筛，粒度大者被挡回再磨，小粉粒随气流进入大旋风分离器进行分离收集成产品，气流大部分循环使用。

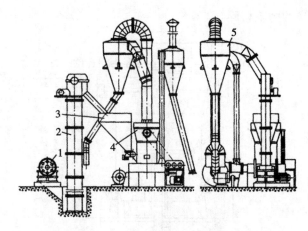

图 2-9-2　悬辊式环辊磨式流程图

1—破碎机；2—提升机；3—储料仓；4—环辊磨；5—分离器

雷蒙磨磨粉工艺
流程

任务三　雷蒙磨规格选用

雷蒙磨的规格，以磨辊的个数和磨辊直径及长度（cm）表示。例如 4R-3216 型悬辊式环辊磨机，4R 表示 4 个磨辊，32 表示磨辊直径为 32 cm，16 表示磨辊长度为 16 cm。雷蒙磨技术性能见表 2-9-1。国内主要使用 3R 机、4R 机和 5R 机，国外有 6R 机，国内也已有 6R 机，但未普及。

表 2-9-1　雷蒙磨的技术性能

型号	3R-2714 型	4R-3216 型	5R-4018 型
最大进料尺寸/mm	30	35	40
产品粒度/mm	0.044~0.125	0.044~0.125	0.044~0.125
生产能力（按不同原料）/(t·h^{-1})	0.3~1.5	0.6~3.0	1.1~6.0
中心轴转速/(r·min^{-1})	145	124	95
磨环内径/mm	Φ830	Φ970	Φ1270
旋叶式分离器直径/mm	Φ1096	Φ1340	Φ1710
磨辊数量/个	3	4	5
磨辊直径/mm	Φ270	Φ320	Φ400
磨辊高度/m	140	160	180
鼓风机风量/(m³·h^{-1})	12000	19000	34000
鼓风机风压/MPa	0.17	0.275	0.275
旋叶式分离器转速/(r·min^{-1})	11	11	11
磨机中心轴的主驱动电动机	J02-71-4	J03-200M-6	J03-280S-6
	22 kW，1450 r/min	30 kW，980 r/min	75 kW，980 r/min
加料器驱动电动机	J03-820-4	J03-802-4	J03-802-4
	1.1 kW，1450 r/min	1.1 kW，1450 r/min	1.1 kW，1450 r/min

表 2 – 9 – 1（续）

型号	3R – 2714 型	4R – 3216 型	5R – 4018 型
旋风叶轮驱动电机	J02 – 100L – 4	J02 – 1126 – 4	J03 – 140S – 4
	3 kW, 1450 r/min	5.5 kW, 1440 r/min	7.5 kW, 1450 r/min
鼓风机驱动电动机	J03 – 160S – 4	J03 – 180S – 4	J03 – 225S – 4
	15 kW, 1460 r/min	30 kW, 1460 r/min	55 kW, 1460 r/min

任务四　雷蒙磨故障处理

表 2 – 9 – 2 是雷蒙磨常见故障及处理方法。

表 2 – 9 – 2　雷蒙磨故障及处理方法

故障	产生原因	处理方法
不出粉或出粉少产量低	(1) 锁粉器未调整好，密封不严，造成粉倒吸； (2) 铲刀磨损大，物料铲不起	(1) 检查和调整好锁粉器密封，发现漏气处应密封； (2) 更换新铲刀
成品粉子过粗或过细	(1) 分析机叶片磨损严重，影响分级； (2) 风机风量不适当	(1) 过粗时更换叶片长，适当关小风机进风量； (2) 过细时应提高进口风量
主机电流上升，风机电流下降	(1) 过量给料，风道被粉料堵塞； (2) 管道排气不畅，循环气流发热，机温升高，风机电流下降	(1) 减少进料量，清除风道积粉； (2) 开大余风管阀门，进机物料温度控制在 6 ℃以下
主机噪声大并有较大振动	(1) 进料量小，铲刀磨损严重，铲不起物料，地脚螺栓松动； (2) 料硬冲击大，或无料层； (3) 磨辊磨环失圆变形严重	(1) 调整给料量，更换新铲刀； (2) 更换进料粒度； (3) 更换磨辊、磨环
风机振动	(1) 风叶上积粉或磨损不平衡； (2) 地脚螺栓松动	(1) 清除叶片积粉或更换叶片； (2) 拧紧地脚螺栓
传动装置和分析机油箱发热	机油黏度大油厚，螺纹泵油打不上去使上部轴承缺油	检查机油的牌号和黏度是否与要求相符，检查分析机运转方向
磨辊装置进粉轴承损坏	(1) 断油或密封圈损坏； (2) 长期缺乏维修和清洗	(1) 按规定时间及时加油； (2) 定期清洗，更换油封

使用磨机时，要特别注意以下几点。

（1）主机应在负压下运动。若喂料口等处粉尘大量外逸，应检查各密封处管路是否漏风、收尘器底管闸门是否关闭严密、溢流系统是否堵塞等，此时鼓风机送风量应逐渐增大。

（2）由工作原理知，主机不应空载开车，以免损坏磨机。

（3）喂料速度要适宜、均匀。料层过薄，磨耗大；料层过厚，进气孔易堵塞，气阻大，流速减小，已磨料不能及时带走，出现塞机。可以通过给电磁振动给料机或叶轮式间歇喂料器装设自动调节装置来改善。

（4）粉磨细度除了受分析器转速影响外，还受分离器、鼓风量等操作状态因素的影响。

（5）控制好合适的进料量。听主机声音（日本用噪声控制）：噪声大时，增加进料；噪声小时，减少进料。看主机电流表：进细料，电流就低一些；进粗料，电流就高一些。

项目十 立式球碾磨粉机

任务一 立式球碾磨粉机结构及工作原理解析

立式球碾磨粉机又叫立式球磨机，是近年来预焙阳极生产线引进的设备。主要由底盘、碾磨盘、钢球、上圆盘、上压盘、弹簧压力系统、传动系统、进料系统、风力系统和机壳等部分组成，如图 2-10-1 所示。

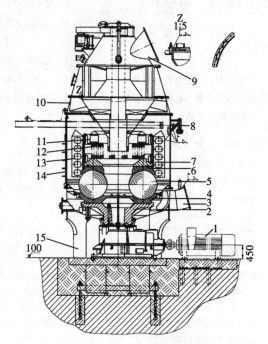

立式球碾磨粉机

图 2-10-1 立式球碾磨粉机结构图

1—电动机；2—底座；3—进风管；4—研磨盘；5—钢球；6—上磨盘；7—环形压盘；8—中心管；9—出风管；10—上机壳；11—环形架；12—弹簧；13—环形支架；14—中间机壳；15—下机壳

底盘（铸钢铸造）呈圆盘形，上面固联碾磨盘，下部与传动机构连接，在传动机构带动下，可旋转运动。碾磨盘由锰钢铸造，圆环形，在圆盘上面有与圆环同心的圆环槽。槽的纵剖面为圆弧形，槽内为锯齿形，槽内装有研磨体钢球（锰钢铸造），在圆槽内起碾磨作用，也可称为研磨体。钢球可随圆槽绕圆盘中心公转，也可因摩擦力的作用绕其球心作自转运动，钢球上有上圆盘。上圆盘的结构和材料与碾磨盘相同，为锰钢铸造，有环形圆弧形槽，上圆盘的槽压在钢球上。上压盘由铸钢铸造，圆环形，它与上圆盘固联在一起。弹簧系统在上压盘圆环形的上面，沿圆环有 12~16 个弹簧，通过压板压在上压盘上，压板的压力由拉杆和拉杆缸（液压或气压缸，固定在底座上）的压力控制，此力为碾磨体的碾磨压力。物料由机器顶部的中心圆管进入磨机。鼓风机使风（气流）从机器下部（底盘与碾磨盘处）侧面进入，将碾磨槽内碾磨碎的细粉扬起，经机器上侧面的出风管流出，通过管道进入粉气分离器，将料粉分离出来，送入粉料料仓，分离后的气流通过鼓风机重新鼓入磨机，风力系统与雷蒙磨等磨粉机相同。机壳由钢板焊接而成，中、下部为圆筒形，中部圆筒体有维修门，可将中部机壳打开为两个半圆筒体。上部由三段圆锥体连接而成。

当传动机构带动底盘和固联在底盘上的碾磨盘转动时，钢球也在碾磨盘内滚动，钢球在上圆盘和上压盘及弹簧系统的压力作用下，将物料在碾磨槽内碾磨碎，碾磨碎的物料通过鼓风机鼓入的气流带入分离器，通过分离器将料粉分离出来送入粉仓，分离后的气流重新进入磨机循环使用，余风通过余风管道和除尘系统除尘后，排入大气。

任务二 石油焦研磨系统及工艺控制

阳极石油焦原料的尺寸为 0~6 mm，进入原料预备仓后，通过皮带秤控制流量、进入磨机，预备仓设计为圆形钢板储仓带偏心出料口。立式 EM 型研磨机将研磨、分选、输送在一个系统内进行，磨机连续运行。石油焦从磨机中部入料，并在离心力作用下，移至研磨球的下面，石油焦被研磨并离开研磨区域，向上移动的气流把研磨过的石油焦输送到分离器，分离器会把超过尺寸的颗粒分离并返回研磨的区域。物料直至达到最终的细度才会随气流离开磨机，研磨的压力来自液压缸。经过研磨的石油焦粉通过主风机从磨机输送到除尘器。在除尘器中，石油焦粉通过布袋利用压缩空气反吹收集，收集后，石油焦粉尘输送到储仓。

研磨系统带有以下三个控制回路，系统的运行、操作和监控通过 PLC 的控制系统完成。（1）空气量的控制：在除尘器和主风机之间测量空气量，空气量的控制通过调节风机进口导向挡板来实现。（2）研磨产能的调节：研磨产能通过调节皮带给料的速度来实现。为防止磨机进料过度，利用磨机内差压的测量调节进料。（3）循环风量的控制：主要通过调节风机进口导向挡板来实现。

任务三 超细碾磨机与球磨机比较

超细碾磨机与球磨机的优缺点比较：（1）产品细度。球磨机磨粉比较粗糙，一般最高只能达到几百目左右；而超细碾磨机最高可达 3000 目。（2）占地面积。球磨机机体本身比较小，方便移动；而超细碾磨机由于是一整套系统，体型庞大，不便于移动与维护。（3）产品产量。由于加工细度不同，产量也不同。球磨机产品细度较低，产量也就相对较大；而超细碾磨机产品细度较高，产量也就相应减少。（4）节能环保。球磨机是靠钢球与物料进行碰撞碾压达到粉碎的目的，所以工作起来相对噪声较大，粉尘较多；而超细碾磨机由于封闭工作，噪声较小，并配有除尘系统，减少粉尘产生。

项目十一　密封式化验制样磨粉机实操技能训练

1. 实训目的

（1）使学生掌握密封式化验制样磨粉机工作原理、操作过程及注意事项；掌握炭素材料磨粉工艺流程；了解常用试验磨粉设备工作原理和各部件名称；能够高效制样，为质量分析做准备。

（2）使学生养成勤于思考、认真做事的良好作风，具有良好的沟通能力及团队协作精神，具有良好的分析问题和解决问题的能力。

2. 实训内容

（1）密封式化验制样磨粉机结构和各种零部件认知；

（2）密封式化验制样磨粉机使用操作规程；

（3）磨粉操作注意事项。

表 2 – 11 – 1　密封式化验制样磨粉机实操技能训练任务单

【看一看】	设备型号		
	技术参数		
【想一想】	设备用途		
	准备工作		
【做一做】	启动步骤		
	使用注意事项和维修		
【说一说】	发生的故障及排除方法		
	安全操作要求		
【问一问】	思考题	请对比密封式化验制样磨粉机和雷蒙磨的优缺点和区别	
试验结果			
试验成员		日期	

【课后进阶阅读】

别人吃一堑，自己长一智

1999 年 5 月 20 日 9 时，原煤系统设备检修。在检修破碎机之前，须将破碎机内物料清理彻底。破碎机岗位司机李××对破碎机严格执行停电挂牌后，未戴安全帽，直接将上半身伸入破碎机内，用铁锹清理积煤。此时赵××将上道工序手选皮带开启，手选皮带上大块煤直接落入破碎机内，导致李××头部被砸破，缝了8针，并伴有轻微脑震荡。

事故原因：

直接原因是，李××在工作中未按规定穿戴好劳动保护用品，未设专人进行监护，现场自我安保意识弱，严重违反《选煤厂安全技术操作规程》。手选皮带机司机赵××清理皮带机尾积煤向前带动物料，开机前，未发出开车信号，直接进行开机，属严重违章，是造成此次事故的直接原因。

间接原因是，相邻岗位配合不好，存在各自为政现象，安全自保、互保、联保意识弱。工段对职工安全管理、安全教育、技术管理培训力度不够，职工未能严格执行安全技术操作规程，安全意识薄弱，"四平三惯"思想严重。管理人员现场安全监督管理不到位，未设专人进行监护。

防范措施：

（1）积极组织职工重新学习《安全技术操作规程》《岗位责任制》，并结合此次事故教训，举一反三、深刻反思，开展好警示教育。

（2）进一步地明确和落实各级安全生产责任制，强化关键工序和重点隐患的双重预警。

（3）深刻吸取事故教训，迅速开展"反事故、反三违、反四平三惯、反麻痹、反松懈、反低境界管理、反低标准作业"活动，加大现场安全管理力度，强化现场安全监督，坚决做到遵章守纪。

（4）严格执行信号联系制度，信号联系不清不得开车。

（5）上岗之前，必须按规定穿戴好劳保用品，否则不得上岗。

（6）各级管理人员要冷静下来、深刻反省，真正找出自己工作中的不足，在今后的工作中，以身作则、靠前指挥，坚决杜绝安全事故发生，确保安全生产。

禁止做不安全行为人员

易发生不安全行为人员：善于冒险、不计后果的"大胆人"，冒失莽撞的"勇敢人"，吊儿郎当的"马虎人"，满不在乎的"粗心人"，心存侥幸的"麻痹人"，投机取巧的"大能人"，固执己见的"怪癖人"，牢骚满腹的"情绪人"，难事缠身、心事重重的"忧愁人"，急于求成的"草率人"，心神不定的"心烦人"，习惯违章的"固执人"，带病工作的"坚强人"，凑凑合合的"懒惰人"，休息不好、身体欠佳的"疲惫人"，变化工种岗位的"改行人"，酒后开工的"不醉人"，力不从心的"老工人"，初来乍到的"新工人"，受了委屈的"气愤人"，不求上进的"抛锚人"，单纯追求任务指标的"效益人"，盲目听从指挥的"糊涂人"。

复习思考题

1. 粉碎的定义是什么？粉碎的方法有哪些？

2. 一般怎样表示粉碎比？计算粉碎比的意义是什么？

3. 粉碎的原则是什么？为了防止过粉碎，可采取哪些措施？

4. 粉碎流程有哪几种？进行简单的比较。

5. 使粉碎顺利进行的必要条件是什么？

6. 选择粉碎机的原则是什么？

7. 颚式破碎机的工作原理及特点是什么？

8. 颚式破碎机的常见故障有哪些？产生的原因是什么？如何排除？

9. 辊式破碎机破碎后破碎粒度过大的原因是什么？如何排除？

10. 破碎炭素物料时，为什么一般选用齿式对辊破碎机而不选用光面对辊破碎机？

11. 双转子反击式破碎机根据转子方向和转子配置的位置可分为哪几种？如何区分？

12. 简述反击式破碎机的工作原理，并说明反击式破碎机的特点。

13. 简述锤式破碎机的工作原理及特点。

14. 简述球磨机的工作原理。

15. 球磨机研磨体在筒体内的运动有哪几种形式？如何区分？画出相应的图。

16. 球磨机排料量减少、生产量过低的主要原因有哪些？怎么处理？

17. 雷蒙磨的工作原理及特点是什么？

18. 雷蒙磨不出粉的原因有哪些？如何排除？

19. 请分别说明复摆颚式破碎机 PEF15×250、圆锥式破碎机 PYB1750 标准型、辊式破碎机 2PGC450×500 型、反击式破碎机单转子 Φ400×500 型、锤式破碎机 PCB400×175 型、雷蒙磨 3R-2714 型以及湿式格子型球磨机 1500×3000 中各字母及数字代表的含义。

20. 请阐述立式球碾磨粉机的工作原理，并简单对比其与球磨机的优缺点。

21. 任选一个破碎磨粉机械，拟定一个工作任务单。

模 块 三

筛分设备

【学习目标】

(1) 掌握筛分效率、筛分处理能力等基本概念，掌握筛分机的类型、结构及特点，掌握振动筛和概率筛的结构、特点及工作原理。

(2) 能够看到筛分设备实物指认设备结构，并说出具体结构及作用。能够熟悉筛分设备的点检要点、要求及安全操作规程。熟悉筛分设备的故障类型及处理方法，能够对设备进行简单的维护。能够根据实际情况进行设备选型。

(3) 会正确使用实验室的顶击式振筛机对物料进行筛分，为制样做好前期准备。

(4) 养成安全环保意识，能够举一反三，具有分析和解决问题的能力，具有一丝不苟的设备点检和防护意识，通过筛选养成辩证否定观。

通过筛子把物料按其尺寸大小不同分成若干粒度级别的过程称为筛分。在筛分过程中，小于筛孔的颗粒通过筛孔成为筛下料，没有通过筛孔仍留在筛面上的称为筛上料。

为了提高粉碎机的生产能力，在粉碎之前先筛分出已符合产品要求的粒度的辅助筛分称为预先筛分；在破碎作业后检查破碎产品粒度的辅助筛分作业称为检查筛分。辅助筛分能提高粉碎作业的生产能力，改善产品质量和降低功耗，炭素材料生产中往往配合使用筛分与粉碎作业，组成破碎筛分流程。

炭素厂的筛分设备主要有：振动筛、圆筒筛或角锥筛、概率筛和四层阶梯筛等。

项目一 筛分基本理论

任务一 筛分效率和筛分处理能力认知

筛分效率和筛分处理能力是筛子的两个重要工艺指标，其中筛分效率是筛分工作的质量指标，而筛分处理能力是筛分工作的数量指标。

筛分效率是指实际得到的筛下产物质量与入筛物料中所含粒度小于筛孔尺寸的物料的质量之比，筛分效率用百分数或小数表示，如图 3 – 1 – 1 所示，即

$$\eta = \frac{C}{Q\alpha/100} \times 100\% = \frac{100C}{Q\alpha} \times 100\% \qquad (3-1-1)$$

实际生产中按下式计算：

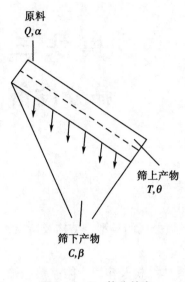

原料
Q, α

筛上产物
T, θ

筛下产物
C, β

图3-1-1 筛分效率

$$\eta = \frac{100C}{Q\alpha} \times 100\% = \frac{100(\alpha - \theta)}{\alpha(100 - \theta)} \times 100\%$$

$$(3 - 1 - 2)$$

式中，θ——筛上产物中小于筛孔尺寸粒级的含量；

$\quad\quad \alpha$——入筛原物料中小于筛孔尺寸粒级的含量；

$\quad\quad C$——筛下产物质量；

$\quad\quad Q$——入筛原物料质量。

实际生产中，如果考虑部分大于筛孔尺寸的颗粒总会或多或少地透过筛孔进入筛下产物的情况，则筛分效率按下式进行计算：

$$\eta = \frac{\beta(\alpha - \theta)}{\alpha(\beta - \theta)} \times 100\% \quad\quad (3 - 1 - 3)$$

式中，β——筛下产物中小于筛孔尺寸粒级的含量。

各种筛子的筛分效率见表3-1-1。

表3-1-1 各种筛子的筛分效率

筛子类型	固定条筛	筒形筛	摇动筛	振动筛
筛分效率	50% ~60%	60%	70% ~80%	90%以上

为了在生产中提高物料筛分效率，通常采取的改进筛分工艺的措施包括：（1）改变筛孔的大小和形状；（2）改变操作条件；（3）采用湿法筛分；（4）采用电热筛网；（5）采用等厚筛分。

筛分处理能力指筛分机在一定的筛孔条件下，单位筛面面积单位时间所能够处理的物料量（按原料计算）。一般而言，提高筛分效率会降低筛分处理能力。

任务二　认识筛面

筛面是筛分机的主要工作部件，筛分过程就在筛面上进行，合理使用筛面对完成筛分作业有着重要的意义。

栅条的断面形状有多种［如图3-1-2（a）所示］。断面形状呈上大下小的栅条可以避免物料堵塞。

筛栅通常用在固定格筛上，格筛倾斜放置使筛面与水平夹角为30°~60°，它的筛孔尺寸一般大于50 mm。筛栅的机械强度大，维修简单。

筛板由钢板冲孔制成，常冲成圆形、方形或长条形。为减轻筛孔堵塞现象，筛孔稍呈锥形，即向下逐渐扩大，圆锥角约为7°。各种筛板的筛孔形状及排列方法如图3-1-2（b）所示，一般交叉排列的筛孔筛分效率较高，长条形筛孔的筛分效率最高。筛板上孔间距的大小应考虑筛板强度和筛面有效面积的变化，由经验来决定。

筛板的机械强度比较高，刚度大，它的使用寿命也较长，但有效筛面面积比较小，且筛孔尺寸很难做小，因此一般用于中碎作业，筛孔尺寸为12~15 mm。

筛网是应用最为广泛的一种筛面，它由金属丝编织而成。筛孔有正方形和长方形两种［如图3-1-2（c）所示］。多数场合使用正方形筛孔，但长方形筛孔的处理能力要比正方形筛孔的高出30%~40%，且堵塞的可能性较小。

筛网的优势是有效筛面面积较大，可达70%~80%。筛网的筛孔尺寸幅度大，从几十微米至几十毫米，因而用途广，通常用于细筛和中筛作业。

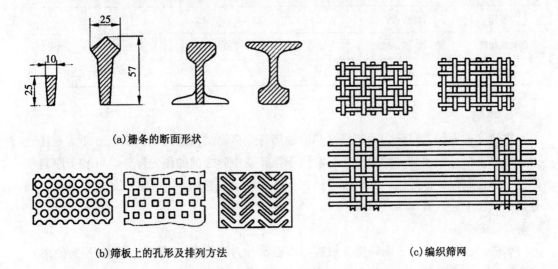

(a)栅条的断面形状

(b)筛板上的孔形及排列方法　　　　　　　　　　　　(c)编织筛网

图3-1-2　筛面

用同一筛孔尺寸、不同筛孔形状的筛面进行筛分时，筛下产品的粒度不一样。圆形筛孔的筛下物粒度最小，正方形孔的居中，长方形孔的粒度最大。它们的筛下物最大粒度，圆形孔为筛孔尺寸的0.7，方形孔为0.8~0.9，长方形（或长条形）孔则接近于1。筛网的筛孔尺寸取决于筛丝之间的最小距离（单位mm或μm）。

任务三　筛分机分类及特点

筛分机的种类很多，见表3-1-2。炭素企业常用的筛分机有格筛、回转筛、摇动筛、四层阶梯筛和振动筛等。

表3-1-2　筛分机的分类

筛分机类型	运动轨迹	最大给料粒度/mm	筛孔尺寸/mm	用途
固定格筛	静止	1000	25~300	预先筛分
圆筒筛	圆筒按一定方向旋转	300	6~50	矿石分级、脱泥
滚轴筛	筛轴按一定方向旋转	200	25~50	预先分级、大块物料筛分脱介
摇动筛	近似直线	50	13~50，0~5	分级、脱水、脱泥等
圆振动筛	圆、椭圆	400	6~100	分级
直线振动筛	直线、准直线	300	3~80，0.5~13	分级、脱水、脱介

表 3 – 1 – 2 （续）

筛分机类型	运动轨迹	最大给料粒度/mm	筛孔尺寸/mm	用途
共振筛	直线	300	0.5 ~ 80	分级、脱水、脱介
概率筛	直线、圆、椭圆	100	15 ~ 60	用于中碎、磨粉车间的筛分
等厚筛	直线、圆	300	25 ~ 40，6 ~ 25	矿物分级
高频振动筛	直线、圆、椭圆	2	0.1 ~ 1 （20 ~ 50 目）	细粒物料分级、回收
电磁振动筛	直线			细粒物料分级

1. 格筛

格筛又称栅筛，可分为固定格筛和滚轴筛等。格筛结构最简单，制造方便，不耗动力，可以直接把原料卸到筛面上。一般用于粗碎或中碎之前的预先筛分。可装于原料预碎机上部，以保证预碎机的入料粒度适宜，还可用于原料场。主要缺点是生产率低，筛分效率低，一般只有 50% ~ 60%。

2. 回转筛

如图 3 – 1 – 3 所示，回转筛一般按筛面形状分为圆筒筛、圆锥筛（筒体呈圆锥形）、多角筒筛（或称角柱筛，筒体呈角柱形）和角锥筛（筒体呈角锥形）4 种，其中角柱筛中以六边形截面的筛面最多，常称六角筛。

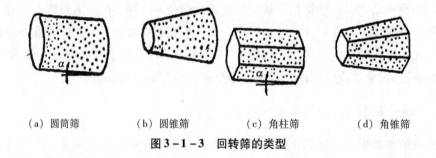

（a）圆筒筛　　　　（b）圆锥筛　　　　（c）角柱筛　　　　（d）角锥筛

图 3 – 1 – 3　回转筛的类型

锥筛一般水平安装。柱形筒筛在制造上比锥形筒筛容易。为了使筒内的物料沿轴向移动，筒筛呈稍微倾斜安装，常常使筒体轴线与水平夹角为 4° ~ 9°，安装调整困难。与圆筒筛相比，由于物料在多角筛筛面上有一定的翻动，产生轻微的抖动，筛分效率较高。

筒形筛中颗粒的运动状态有沉落状态和抛落状态两种，如图 3 – 1 – 4 所示。

如图 3 – 1 – 5 和图 3 – 1 – 6 所示，物料由进料槽装入筒内，随着回转的筒体做螺旋运动。筒形筛工作时，电动机经减速器带动筛机的中心轴，从而使筛面做等速旋转，物料在筒内由于摩擦力作用而被升举至一定高度，然后因重力作用向下滚动，随之又被升举，这样一边进行筛分一边沿着倾斜的筛面逐渐从加料端移到卸料端，细粒通过筛孔成为筛下料，粗粒在筛筒的末端被收集卸出。

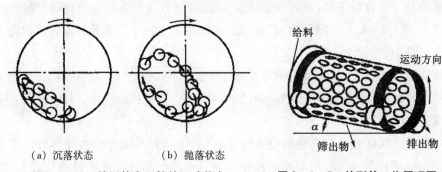

（a）沉落状态　　　　（b）抛落状态

图 3-1-4　筒形筛中颗粒的运动状态　　图 3-1-5　筒形筛工作原理图

　　回转筛由主轴带动做等速回转运动，靠筛面的转动使物料在筛面上相对滑动。主轴一般是水平安装，故筛体多做成锥形，小端进料，物料除被筛面带动外，还向大端移动。回转筛的转速不宜过高，过高时筛上物会在惯性力作用下黏附在筛面使筛分难于进行。适宜的转速是筛内物料上升一定高度后能滑下，使筛下料筛出，筛内截留的筛上料也沿轴向卸出。

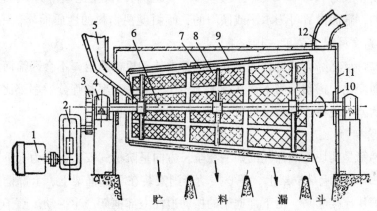

图 3-1-6　回转筛结构示意图

1—电动机；2—减速机；3—齿轮；4—轴承；5—进料溜子；6—筛中心轴；
7—筛框支承；8—筛框；9—活动筛网；10—密封垫；11—密闭罩；12—吸尘口

　　回转筛的主体是一个固定在中心轴上呈圆柱形或六角锥形的筛框架，在框架上安装有带筛孔的筛板或金属丝编织的筛网，筛框由电动机经减速机带动主轴而缓慢转动。物料从一头加入，随筛框的转动而在筛网上滚动，小于筛网筛孔的物料颗粒通过筛孔落入筛框下部料仓中，大于筛孔的物料颗粒向前滚动由排料口排出或进入另一贮料仓内。为同时得到几种粒度的物料颗粒，可安装不同规格的筛网，在筛网下面相应部位安装几个贮料仓。

　　回转筛的优点是：（1）工作转速很低，又作连续旋转，转动均匀缓慢，冲击和振动小，工作平稳，动力平衡好。不需特殊基础，可直接安装在楼面上或料仓下面；（2）易于密闭收尘，维修方便，使用寿命较长。

但筒形筛筛孔容易堵塞，筛分效率低，不适合筛分含水量较大的物料；筛面利用率低（往往只有 1/8 ~ 1/6 的筛面参与工作），工作面积小，生产率低；设备体积庞大，金属用量大，动力消耗大。

回转筛虽然结构简单，但生产效率及筛分纯度均不如振动筛，在炭素厂一般用于焙烧填充料的处理和石墨化车间的保温料和电阻料的处理。早前广泛应用，目前已很少应用。

3. 摇动筛

摇动筛是将固体粒状混合物料喂入到一定大小孔径的筛面上，由外界力强迫筛面做往复摇动，使物料与筛面间产生相对运动，物料中较细小的粒级通过筛孔成为筛下料，较大的粒级为筛面所截留，成为筛上料，从而达到筛分的目的。

摇动筛通常用曲柄连杆传动机构作为传动部件，电动机通过皮带和皮带轮带动偏心轴回转，借连杆使支承在铰链上的筛箱沿着一定方向作往复运动。由于筛面的不均匀运动，使筛面上的物料产生惯性力，克服物料与筛面的摩擦力，因而使物料与筛面间产生相对运动，并使物料以一定速度向卸料端移动，从而得以筛分。

筛面宽度一般为 0.5 ~ 3.0 m，长度为 1.5 ~ 8.0 m，长宽比通常为 2 ~ 3；筛面可为单层或多层的；筛面设置可为水平或倾斜的，倾斜度视物料的性质而异，一般为 10° ~ 20°，湿筛的斜度可减少至 5° ~ 10°。

摇动筛的特点是筛面的位移和运动轨迹都由传动机构确定，不会因筛面的载荷等动力因素不同而变化。摇动筛与上述几种筛子相比，其生产率和筛分效率都比较高。其缺点是动力平衡差。现在逐渐被结构更合理的振动筛所取代。

4. 四层阶梯筛

四层阶梯筛是几块不同筛孔的筛网在全长方向呈阶梯式安放，分为上下两个独立的框架，4 个筛箱装在上部框架上，偏心振动器则安装在下部框架上，上部框架和下部框架之间用弹簧片连接起来，由下部框架的振动迫使上部框架产生振动。筛子整个运动部分由吊杆悬挂在固定支架上，并在固定支架上来回摆动。当上部框架产生振动时，筛箱与撞击头发生频繁撞击，加入到筛面上的物料则不断地晃动而被筛分，通过 4 层筛子，可得到 4 种不同尺寸范围的颗粒。四层阶梯筛结构比较简单，特别是不需要高层厂房，在一层厂房内即可得到 4 种筛分后的不同尺寸的颗粒。

5. 振动筛

振动筛是依靠激振器使筛面产生高频率振动进行筛分的机械。筛箱用弹性支承，带有激振器，在激振器作用下，筛箱将产生圆形或直线轨迹的高频振动而实现筛分。振动筛生产率和筛分效率较高，一般用于中碎、磨粉车间的筛分，是目前应用最为广泛的一种筛机，适用于石油焦、沥青焦、无烟煤和石墨碎等多种物料的筛分，也适用于潮湿细粒级难筛物料的干法筛分，是国内处理难筛物料的振动筛分机械。

惯性振动筛的主要部件是筛框和惯性振动器，如图 3 - 1 - 7 所示。国产惯性振动筛有 SZ 型和 SXG 型等。两种型号的区别在于是否采用弹簧悬挂装置吊起。筛框安装在柱形或板形弹簧上，弹簧的下缘固定在机架上。当电动机转动时，惯性振动器产生离心惯性力，使筛框急速振动，惯性振动筛的振幅不大（0.5~12 mm），但频率较高，一般每分钟振动次数可达900~1500次甚至3000次。

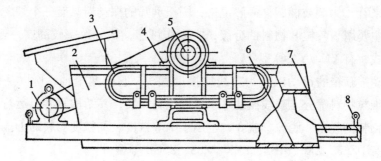

图 3 – 1 – 7　SZ 型惯性振动筛结构图

1—电动机；2—振动壳；3—弹簧弓；4—轴承；5—轴；6—筛网；7—框架；8—挂钩

惯性振动筛的原理是，振动器的偏心质量回转运动产生的离心惯性力（称为激振力）传给筛箱，激起筛子的振动，并维持振动不减弱，筛上物料受筛面向上运动的作用力而被抛起，前进一段距离后，再落回筛面。

项目二　炭素厂的振动筛类型选用

任务一　振动筛类型划分

振动筛的类型很多，按重量和用途可分为：矿用振动筛、轻型精细振动筛和实验振筛机。矿用振动筛又包括直线振动筛、自定中心振动筛、椭圆振动筛、高效重型筛、脱水筛、圆振筛和香蕉筛等。轻型精细振动筛包括旋振筛、直线筛、直排筛、超声波振动筛和过滤筛等。实验振动筛有顶击式振筛机、拍击筛、标准检验筛和电动振筛机等。在炭素检测部门，常用顶击式标准振筛机来实现分析检测样的筛分处理。

按驱动方式可分为机械振动筛和电力振动筛。机械振动筛包括偏心振动筛、惯性振动筛、自定中心振动筛和共振筛等。电力振动筛包括电磁式振动筛、振动马达式振动筛和概率筛。

按照振动筛的物料运行轨迹可分为直线振动筛（物料在筛面上向前做直线运动）和圆振动筛（物料在筛面上做圆形或椭圆运动）。直线振动筛包括双轴振动筛和共振筛等。圆振动筛包括偏心振动筛、纯振动筛、自定中心振动筛、重型振动筛等。

由激振器使筛体振动的筛分设备有共振筛、普通振动筛和概率筛三类。共振筛多用于洗煤厂，包括惯性振动共振筛、连杆式共振筛和电磁共振筛等三种。由于共振筛在共振状态下工作，故可靠性较差，其应用受到了限制。普通振动筛由激振器、筛框、支承座或悬挂装置和传动装置等组成。激振器的偏心重配置方式有块偏心式和轴偏心式两种。筛面多为长方形，安装在筛框上，在激振器作用下可产生圆形、椭圆形或直线形振动轨迹。按激振器形式可分为单轴振动筛和双轴振动筛。最常用的单轴振动筛为圆运动自定中心筛，多用于粗粒和中等粒度物料筛分。圆振动筛筛箱的运动轨迹（可以在筛体上任找一点来看）为圆或椭圆。一般说来，圆振动筛的振动器只有一个轴，所以又称单轴振动筛，主要用于各粒度物料的分级，它工作可靠，筛分效率较高。一般倾斜安装，有座式和吊式，有 YK、YA 等型号。

直线振动筛筛箱的运动轨迹为直线或接近直线，它有两个轴，所以又称双轴振动筛，多用于细粒物料筛分。直线振动筛水平或倾斜安装，其结构紧凑，运行平稳，被广泛用于各类物料的脱水、脱泥、脱介，也用于中等粒度、细粒度物料的干式和湿式分级作业。主要有 DZSF、ZKS、TSS、ZKX、ZSS、ZSGB 等型号。

任务二 常用振动筛结构及工作原理解析

日常生活中当汽车转弯时，坐在汽车中人的身体由于受到离心力的作用而向转弯的另一侧倾斜。振动筛正是利用依据这一原理制成的惯性振动器来工作的。振动筛是依靠激振器使筛面产生高频振动进行筛分的机械。筛箱用弹性支承，带有激振器。在激振器作用下，筛箱将产生圆形或直线轨迹的高频振动。筛面做上下振动，振动方向与筛面互相垂直或接近垂直，这样就加剧了物料颗粒之间、颗粒与筛面之间的相对运动。再加上筛面具有强烈的高频振动，筛孔几乎完全不会被物料堵塞，因而筛分效率高。

在轴上装上偏心体，用电动机（或其他动力机）带动其旋转，这时由偏心体产生一向外（相对于轴心）的力，（如同坐在车中的人一样）偏心体的质量越大，距轴心的距离越远，轴的转速越高，则离心力越大。与汽车转弯不同的是，此偏心体做圆周运动，产生沿圆周方向的连续的力。这就是激振器，将它以适当的方式安装在筛机适当的位置，就能带动筛机做圆周运动，圆振动筛便产生了。

如果将两个这样的带偏心体的轴并排安装，使其同步（偏心体的初始位置一致）且反向同速旋转，两偏心体在水平方向产生的力大小相等、方向相反，从而相互抵消；在竖直两个方向产生的大小相等、方向相同的力则叠加，产生了直线运动，这就是直线振动筛的工作原理。

直线振动筛是利用振动电机激振作为振动源，使物料在筛网上被抛起，同时向前做直线运动，物料从给料机均匀地进入筛分机的进料口，通过多层筛网产生数种规格的筛上物、筛下物，分别从各自的出口排出。直线振动筛（直线筛）具有稳定可靠、消耗少、噪声低、寿命长、振型稳、筛分效率高等优点，是一种高效新型的筛分设备，广泛用于矿山、煤炭、冶炼、建材、耐火材料、轻工、化工等行业。

双轴振动筛（图 3 - 2 - 1）的激振器多采用块偏心式，它有两根主轴，其上都装有偏心块，它们有相同的偏心距和相等的偏心质量。由于振动筛在较高频率振动下工作，筛面受振动和物料的冲击而极易松动，故筛面应拉紧。普通振动筛主轴的转动方向，通常是顺着筛子倾斜和物料前进的方向；但也有的为减小物料前进速度和提高筛分效率而采用逆向旋转。

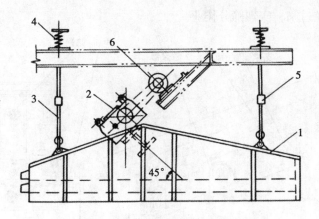

双轴振动筛

图 3 - 2 - 1 双轴振动筛结构图

1—筛箱；2—激振器；3—钢丝绳；4—隔振弹簧；5—防摆配重；6—电动机

直线振动筛

直线振动筛在工业上主要用于中细筛分作业。如图 3 - 2 - 2 所示，它的振动主要是依靠成对安装的两台激振电机上的偏心块作反向同步旋转而实现的，在各瞬时位置上，离心力沿 X 方向的分力总是叠加的，而沿 Y 方向的分力总是互相抵消，因此形成单一的振动方向的激振力，从而驱动振动筛做直线往复运动。

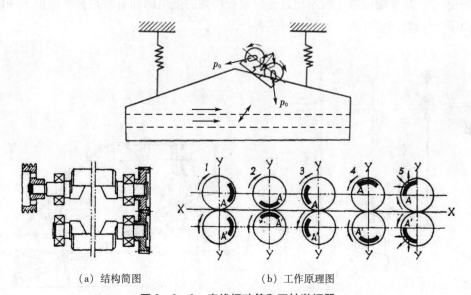

（a）结构简图　　　　　　（b）工作原理图

图 3 - 2 - 2 直线振动筛和双轴激振器

圆振动筛由偏心式激振器、筛箱、电动机、底座及支承装置组成，如图 3 - 2 - 3 所示。

圆振动筛分机是通过电机经三角带，使激振器偏心块产生高转速，当运转的偏心块产生很大的离心力，激发振动筛筛箱产生一定的振幅动作，筛上的物料在倾斜的筛面上受筛箱传给的冲击力作用而产生连续的抛掷动作，让物料与圆振筛筛面在相遇的过程中将小于筛孔的颗粒过筛，实现筛分作业。

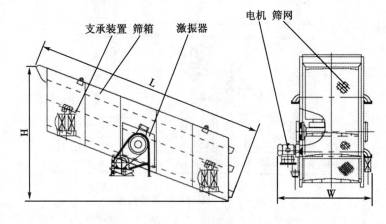

圆振动筛

图 3 – 2 – 3　圆振动筛

　　自定中心式振动筛（见图 3 – 2 – 4）有普通型和重型两种。其激振器为皮带轮块偏心式。运转时，皮带轮中心位置保持不变，主轴与轴承中心在同一直线上，而皮带轮圆盘轴孔的中心相对它们的外缘有一个与机体振幅相等的偏心距，使皮带轮不产生振动，从而消除了三角皮带的反复伸缩。为了获得多种产品，自定中心式振动筛可以安装多层筛面，但其下一层筛面的单位面积处理能力一般均减少 10% ~ 20%，且下层筛面更换和维护困难，故筛面层数一般不超过三层。双层筛的上层筛面有时是为了保护下一层细粒级筛面而设置的，并不一定要获得三种产品。

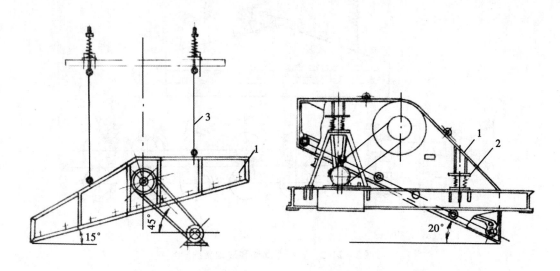

（a）普通型自定中心振动筛　　　　（b）重型自定中心振动筛

图 3 – 2 – 4　自定中心振动筛

1—筛箱；2—弹簧；3—弹簧吊杆

任务三 振动筛主要参数和特点分析

圆形轨迹振动筛的筛面倾角取 15°～25°。用于破碎车间时，多数选取 $\alpha = 20°$；对于潮湿物料的筛分，取大值；偏心振动筛取 $\alpha = 20°$。直线轨迹振动筛及共振筛取 $\alpha = 0°～8°$。特殊情况下，还可取负值，即筛面沿物料运动方向略为上倾，上倾角 < 2°。用于脱水时，取 $\alpha = -5°～0°$。

振动方向角大，物料抛掷高，筛分效率高，适用于难筛的物料；振动方向角小，物料运动速度快，生产能力高，适用于易筛的物料。振动方向角一般取 30°～65°。目前，双轴振动筛和共振筛多采用 45°的振动方向角。

振动筛的振幅一般在 2～8 mm。用作预先筛分的单轴振动筛，其振幅通常取 $\lambda = 2.5～3.5$ mm；用作最终筛分的单轴振动筛，取 $\lambda = 3～4$ mm；双轴振动筛，取 $\lambda = 3.5～5.5$ mm；共振筛，取 $\lambda = 6～15$ mm。

筛孔尺寸与振幅的关系见表 3-2-1。

表 3-2-1　筛孔尺寸与振幅的关系

筛孔尺寸/mm	1	2	6	12	25	50	75	100
振幅/mm	1	1.5	2	3	3.5	4.5	5.5	6.5
转速/（r·min^{-1}）	1600	1500	1400	1000	950	900	850	800

目前工厂使用的振动筛的工作转数：$n = (45～54)\sqrt{\dfrac{\cos\alpha}{\lambda}}$ r/min。

振动筛使筛面上颗粒不致卡住筛孔，使物料层松散，细粒更有机会透过料层通过筛孔落下，使物料沿筛面向前移动进行筛分。

在小振幅、高频率状态下工作，振幅大致在 0.5～5 mm 范围，振动频率为 600～3000 次/min（有时可达 3600 次/min）。

振动筛是炭石墨材料厂普遍采用的一种筛子，它具有以下优点：（1）筛体以低振幅、高振动次数作强烈振动，工作过程中始终保持最大的开孔率，消除了物料的堵塞现象，筛分效率高（一般为 60%～90%，最高可达 98%），处理能力大。（2）生产能力大，筛面利用率高。（3）动力消耗小，构造简单，操作、调整、维修时比较方便，筛板更换方便，降低了成本。（4）振动筛所需的筛网面积比其他筛子小，占地面积小，质量轻，可以节省厂房面积和高度。（5）应用范围广，可筛分 0.25～100 mm 的粉粒料，适用于粗粒度、中细颗粒的筛分和检查筛分。（6）筛分黏性或潮湿的细粒度难筛物料时，不致严重堵塞筛孔，可用于脱水和脱泥等分离作业。（7）振动筛超大筛面和大处理能力可满足现场的生产需要。振动筛筛子的结构采用多段筛面振动而筛箱和机架不参与振动的运动方式，使筛子实现了大型化。

有时为了生产的需要，可以采用几种振动筛类型的叠加。各种振动筛结构的共同点是：筛箱用弹性支承，带有振动发生器。

101

项目三 概率筛

任务一 概率筛结构和工作原理解析

概率筛是按照概率理论进行物料筛分的振动筛（如图3-3-1所示），是瑞典人摩根森（A. Mogenson）首先提出的，故又称摩根森筛。概率筛的筛分粒度远小于筛孔尺寸。概率筛利用筛网的不同倾角，其筛孔投影面积不同，而使大小颗粒通过筛孔的概率不等来进行分级。

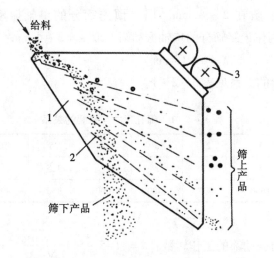

概率筛

图3-3-1 概率筛工作原理图

1—筛箱；2—筛面；3—激振电机

概率筛同普通振动筛基本结构一样，由筛箱、激振器和支承（吊挂）装置组成；但在结构上具有层数多、倾角大、筛孔大和筛面短四大特点。

概率筛的筛箱由筛框和3~5个筛面组成。筛框是用钢板和型钢焊接或铆接的多边形箱体，筛面装设在筛框上。每个筛框上可安置几个倾斜筛面（目前，多数概率筛装有3层或5层筛面）。各层筛面的坡度，自上而下递增。考虑到物料在筛面上运行速度较高，所以采用大的筛面倾角。最上层筛面倾角为15°~35°，并以最上层倾角为准，以下各层筛面按4°~6°递增的筛孔为最大，其他筛孔尺寸自上而下逐层递减。一般来说，最上层筛面的筛孔要比分离粒度大10~15倍；最下一层筛面的筛孔至少应是分离粒度的1.5~2.0倍；中间各层筛的筛孔，可在最上和最下两种筛孔之间酌选。由于只有在采取大倾角筛面的条件下才有可能采用远大于分离粒度的大筛孔筛面，故筛面倾角和筛孔大小应统一考虑。

概率筛有一个箱形框架，框架上设有电磁振动器，多层筛网以不同倾斜度依次排列，下一层筛网的倾角比上一层大，物料从上部加入。当筛子处于振动状态时，小颗粒通过筛网的概率大，而大颗粒通过筛网的概率小。这样，小颗粒因通过筛网的概率大而通过筛网的数量较多，大颗粒因通过筛网的概率小而被中间筛网截留，于是物料就被多层筛网所分级。概率筛体积小，结构比较简单，消耗动力较少。

炭素企业目前主要采用概率筛进行筛分作业。

概率筛在工作原理上与普通振动筛也有明显的差别。概率筛能动地利用了概率原理，依靠筛面作振动和有一定的倾角来满足筛分操作必要条件，从而以很快的速度完成整个筛分过程，使物料筛分所需的时间仅为普通振动筛的 1/3～1/20，而其单位筛面面积的处理能力比普通振动筛大 5～10 倍。因此可以认为，在概率筛中所进行的筛分属于"快速筛分"。筛面做高频的振动，使颗粒更容易接近筛孔，不易堵塞，筛分效率大为提高，结构简单、紧凑、轻便。一台筛分机同时可以得到几个粒级的产物，筛分粒度范围宽。但是，由于概率筛结构特点的限制，如一台设备筛出多种产品时，其配置上较为复杂。更主要的弱点是筛分精确度低，不同粒度的物料相互之间有一定程度的渗混。因此将在概率筛上进行的筛分过程称作近似筛分。

由于概率筛的筛孔较大，细粒度物料能迅速通过筛孔排出，因而不致形成阻碍过筛的料层，粗颗粒可以迅速散开并向卸料端运动，从而使筛分效率和筛分能力很高。

概率筛的筛面均做直线振动，故与普通振动筛一样，可采用双轴惯性激振器，用两台电动机分别带动。对于体积小、质量轻的概率筛，可以用一对振动电机直接装在筛箱上激振。两激振电动机自同步运转，产生直线振动。由于筛箱和激振器之间的连接方式不同，故有两种不同激振系统的激振器：一种是激振器直接固接在筛条上，像普通直线振动筛，这种概率筛是线性振动系统；另一种是激振器安装在平衡架上，平衡架与筛箱之间为弹性连接，筛箱用弹簧吊挂，这种概率筛是双质量振动系统。概率筛基本上都采用带有弹簧的悬吊装置，质量小的小筛分机用圆柱螺旋弹簧吊挂装置进行调节。根据厂房条件和配置的需要，概率筛也可安装成座式，与直线振动筛一样，筛箱通过一组弹簧支承在机座上。

任务二　概率筛特点分析

概率筛具有如下特点：（1）筛丝直径较大，强度大，寿命长，筛孔大，不易堵塞，因而单位面积的筛分能力高。筛分黏湿物料时，筛分效率比一般筛分机高很多。采用多层筛面，一般为 3～6 层，筛面采用较大的安装倾角，一般为 25°～60°；采用较大的筛孔，筛孔尺寸与分离粒度之比为 2～10。物料在概率筛中筛分迅速，一般为 3～6 s。而在普通振动筛中需 10～30 s。由于概率筛采用了大筛孔、大倾角和多层筛面，物料入筛后能迅速透筛，因此不易堵塞筛孔，清除了临界（难筛）颗粒的影响，减少了筛面磨损，提高了单位面积处理能力（约为普通振动筛的 5 倍）。（2）调节灵活性大，可根据筛分物料的粒度组成和筛分粒度要求，适当选择各层筛面的筛孔尺寸，调整筛面的倾角，调节激振器的频率和振幅，来调节筛下产品的粒度，而不必更换筛网。（3）概率筛结构紧凑，筛箱可全封闭操作，功率消耗及工作噪声都小。（4）概率筛既可在非共振情况下工作，也可在共振条件下工作。

GLS 系列概率筛是一种新型高效的筛分设备，其运行轨迹为直线，故也称直线概率筛。采用多层、大倾角筛面，由上至下筛面倾角依次增加。依据概率理论，筛孔大小是所需筛分粒度的 1.2~2.2 倍，在很大程度上提高了筛分效率和处理能力。它广泛用于轻工、化工、制药、粮食、食品等行业对细粒、粉状物料进行干式筛分。该系列筛机分为 3~6 层，可适用于 4~7 种产品的分离要求，也可多层筛分一种产品达到产量大的效果。筛箱分防腐型（不锈钢）和普通型。筛面为钢丝编织网。

GLS 系列概率筛采用比筛分物料粒度大的筛孔，对物料进行分级。概率筛由框架、一组多层互相重叠、坡度自上而下递增、筛孔大小递减的筛面和两个振动电机组成。整个设备安装在一组弹性原件上，通过激振电机回转，筛面获得高频振动。筛网尺寸一般要比筛分粒度大，物料入筛后迅速解体，从而消除临界颗粒可能引起的筛孔堵塞现象。

GLS 型系列概率筛主要特点是：（1）布料均匀，筛分效率高，产量大。（2）单位面积物料处理能力大，筛孔不易堵塞。（3）全封闭，无粉尘外溢，运行平稳。（4）可同时生产不同粒径的若干种产品。（5）单机可同时分选 2~7 个粒级物料。（6）设备全部采用优质不锈钢制造，耐腐蚀，使用寿命长。（7）筛面更换简单，筛网张紧适度，不串层、不堵孔。

表 3-3-1　GLS 概率筛技术参数

| 型号 | 筛面 | | | | | | 物料粒度/mm | 驱动电机 | | 振次/min^{-1} | 双振幅/mm | 生产能力/(t·h^{-1}) |
	层数	结构	筛孔尺寸/mm	面积/m^2	倾角/(°)			型号规格	功率/kW			
GLS0615				0.9n				YZS15-6	2×1.1			15~50
GLS0820				1.6n				YZS20-6	2×1.5			15~50
GLS1018				1.8n				YZS30-6	2×2.2			30~120
GLS1020				2.0n				YZS30-6	2×2.2			30~100
GLS1224				2.9n				YZS 型振动电机或 Y 系列三相异步电机	2×3.0			30~100
GLS1521	2~8	编织网	-50	3.2n		5~30	≤50		2×3.7	960	5~8	30~100
GLS1530				4.5n					2×3.7			30~160
GLS1620				3.2n					2×3.7			30~160
GLS1636				5.8n					2×3.7			30~160
GLS1830				5.4n				Y132M-6	2×5.5			30~180
GLS1845				8.1n				Y132M-6	2×5.5			30~180
GLS2030				6.0n				Y132M-6	2×7.5			50~200
GLS2045				9.0n				Y132M-6	2×7.5			50~200
GLS2148				10.1n				Y160L-6	2×11			50~200

任务三　筛分机选用

筛分效果主要取决于被筛物料的性质；但是，同一种物料采用不同类型筛分设备，可以得到不同的筛分效果。例如，固定筛的筛分效率较低；对运动筛而言，其筛分效率与筛面的运动形式有关；在振动筛筛面上，颗粒在筛面上接近于垂直筛孔的方向被抖动，振动频率越高，筛分效果越好；在摇动筛筛面上，颗粒主要是沿筛面滑动，由于摇动筛的摇动频率比振动筛的频率低，所以摇动筛的筛分效果较差；圆筒筛因筛面易堵，故筛分效率低。因此，应根据物料性质，合理选用振动筛类型，以最大限度提高工作效率。对物料进行预先筛分和检查筛分，一般采用圆振动筛；对破碎后的物料进行分级，采用概率筛、等厚筛和大型振动筛；对物料进行脱水脱介，采用直线振动筛；对物料进行清砂和除泥，采用概率筛、等厚筛效果更好。

为提高振动筛的工作效率，还需根据实际情况，在满足产品粒度要求的前提下，尽可能选用较大的筛孔尺寸、较大的有效筛分面积、较高筛面开孔率的非金属筛面。同时，选用合适的筛孔形状，以提高物料颗粒的透筛能力和工作效率。

选择筛分设备时应考虑以下因素：一是待筛选固体物料的特性，包括颗粒的形状、大小、含水率、整体密度、黏结或缠绕的可能等。二是所选的筛选装置性能，如筛孔孔径、构造材料、筛面开孔率，滚筒筛的转速、长度与直径，振动筛的振动频率、长度与宽度等。筛选效率与总体效果，是考察筛选装置能否达到要求的重要条件。三是注意运行特征，如能耗、日常维护、运行难易、可靠性、噪声、非正常振动与堵塞的可能性等。

GLS 概率筛选用提示：

（1）GLS 型系列概率筛安装方式有支座式、吊挂式及二者搭配式等多种形式，选型时务必慎重考虑。

（2）GLS 型系列概率筛，计有 14 个定型规格并有振动电机和激振器两种振源形式，适用不同作业环境需求，选用时应确定电压制式及有无防爆要求。

项目四　筛分机故障处理

筛分机在工作中的常见故障、产生原因及消除方法见表 3 - 4 - 1。

表 3 - 4 - 1　筛分机常见故障及处理

常见故障	产生原因	处理方法
筛分质量不好	（1）筛孔堵塞； （2）原料的水分高； （3）筛子给料不均匀； （4）筛上物料过厚； （5）筛网不紧； （6）筛网破损	（1）停机清理筛网； （2）对振动筛可以调节倾角； （3）调节给料量； （4）减少给料量； （5）拉紧筛网； （6）更换筛网
筛子的转速不够	传动胶带过松	张紧传动胶带

表3-4-1（续）

常见故障	产生原因	处理方法
轴承发热	（1）轴承缺油； （2）轴承弄脏； （3）轴承注油过多或油的质量不符合要求； （4）轴承磨损	（1）注油； （2）洗净轴承并更换密封环，检查密封装置； （3）检查注油情况； （4）更换轴承
筛子的振动力弱	飞轮上的重块装得不正确或过轻	调节飞轮上的重块
筛箱的振动过大	偏心量不同	找好筛子的平衡
筛子的轴转不起来	轴承密封被塞住	清扫轴承密封
筛子在运转时声音不正常	（1）轴承磨损； （2）筛网拉紧； （3）固定轴承的螺栓松动； （4）弹簧损坏	（1）更换轴承； （2）拉紧筛网； （3）拧紧螺栓； （4）更换弹簧

项目五　顶击式振筛机实操技能训练

1. 实训目的

（1）使学生掌握顶击式振筛机工作原理、操作过程及注意事项，掌握常用筛分设备工作原理和各部件名称；

（2）使学生养成勤于思考、认真做事的良好作风，具有良好的沟通能力及团队协作精神，具有良好的分析和解决问题的能力。

2. 实训内容

（1）顶击式振筛机结构和各零部件认知；

（2）顶击式振筛机使用操作规程；

（3）筛分操作注意事项。

表3-5-1　顶击式振筛机实操技能训练任务单

【看一看】	设备型号	
	技术参数	
【想一想】	设备用途	
	准备工作	
【做一做】	启动步骤	
	使用注意事项和维修	

表 3 - 5 - 1（续）

【说一说】	发生的故障及 排除方法		
	安全操作要求		
【问一问】	思考题	有哪些因素影响筛分效率？怎么影响？	
试验结论			
试验成员		日期	

【课后进阶阅读】

【警钟长鸣】开机清理振动筛，衣服被卷把命丧

2007 年 5 月 23 日 14 时 30 分左右，某洗煤厂发生一起振动筛滚轴伤人事故，一名工人因被绞而死亡。

地面选煤系统的煤炭经过一次筛分后，通过皮带提升至五楼的二次筛分系统，然后进入四楼条形振动筛，其筛下品再经三楼振动筛后，通过转载皮带运至地面煤场。三楼振动筛有两个 4 kW 电机，分别通过直径 15 mm 的滚轴驱动振动筛。

当日 14 时 20 分左右，主井罐笼提空，班长向各岗位发出停止运行信号。此后，一楼放矸工李某发现放矸楼电机无法运行，并发出"嗡嗡"的响声，信号也不正常，便向当班维护员丁某及班长荣某汇报。维护员丁某随即到一楼电板处检查，发现开关柜内刀闸有一相触点有熔点痕迹，经处理重新合闸送电后，信号及放矸楼电机恢复正常。班长荣某为防止因电源缺相而烧坏电机，便自下而上通知各岗位司机，要求在启动皮带和振动筛时注意观察电机运行情况。约 14 时 30 分到达三楼时，发现司机胡某被振动筛滚轴绞住，人倒在振动筛内，便呼喊并抢救。胡某经抢救无效死亡。

事故原因：（1）胡某违反操作规程规定，在振动筛运行过程中，违章进入振动筛内清理滞煤，衣服被振动筛滚轴绞住。这是造成事故的直接原因。（2）现场管理不到位。现场管理人员对职工的违章操作行为检查监督不力，是造成事故的重要原因。（3）岗位人员安全意识淡薄，自我保护能力差。

防范措施：

（1）进一步加强对所有岗位人员的安全教育，提高安全教育效果。

（2）全面系统排查各专业、各岗位存在的安全隐患和非正规操作行为，制定并落实整改措施，消除隐患，增强每个工种、每个职工正规操作的自觉性。

（3）各负责人要在启车之前到现场进行全面检查，并要做到在一切安全的前提下方可启车。

（4）班前会上加强安全教育，用事故案例教育员工，增强员工的安全意识，真正做到"不安全，不生产"。

（5）狠抓"三违"问题，加大对员工"三违"行为处罚力度，杜绝"三违"行为。

【警钟长鸣】清理筛子不停电，跌进筛子险丧命

2003 年 6 月 8 日，某选煤厂职工段某在厂调度安排停止正常生产后，待所在岗位筛子上的物料处理完后发现筛面堵塞，已严重影响筛分效果。为了给下一班开机做好准备，段某打算清理一下筛面。他认为，筛子在开机过程中清理起来比较方便，于是就在筛子正常开机的情况下用工具进行清理。由于工具长度不够，靠里侧的物料不好清理，段某就往前探身一只脚踩在筛帮上清理，不慎脚下打滑一头栽进了筛子里。段某大喊救命，多亏相邻岗位职工赵某眼疾手快将筛子断电，段某才幸免遭受更大的伤害，但是他的身上已出现多处淤青和伤口。

事故原因：段某安全意识淡薄，认为没有停电时也可以清理筛子，违章作业，是造成此次事故的主要原因。车间、班组安全教育培训不到位，是造成此次事故的间接原因。

防范措施：

（1）车间、班组应加强安全培训教育，进一步学习安全规程、操作规程，提高职工的安全防范意识，避免类似事故发生。

（2）清理筛子应做到一人清理、一人监护，严格执行停送电制度，摒弃做事凭侥幸、想当然的不良习惯。

（3）相邻岗位要做好联保工作，发现违章作业时要及时制止。

（4）加强班前安全教育，有针对性地对员工作业过程中的不安全行为进行预想和教育，杜绝不安全行为。

复习思考题

1. 筛分效率和筛分处理能力各指的是什么？影响筛分效率的因素有哪些？为了提高筛分效率，改进筛分工艺的措施有哪些？

2. 简述振动筛的工作原理及突出优点。

3. 简述振动筛如何进行分类，并对其工作原理、优缺点及适用范围进行简单的对比。

4. 请选出概率筛、等厚筛、大型振动筛、圆振动筛、概率等厚筛的适用条件并填写在下表内。

条件	筛分机类型
对破碎后的物料进行分级	
对物料进行脱水脱介	
对物料进行预先筛分和检查筛分	
对物料进行清砂和除泥	

5. 筛分机常见故障有哪些？

模块四
料仓、给料和称量设备

【学习目标】

（1）掌握料仓的基本常识，掌握电磁振动给料机结构及工作原理，熟悉常用机械式给料机类型及特点，掌握常用称量设备类型及特点。

（2）能够看到给料设备和称量设备实物指认设备结构，并说出具体结构及作用。能够熟悉给料和称量设备的点检要点、要求及安全操作规程。熟悉给料设备故障类型及处理方法，能够对设备进行简单维护。能够根据实际情况进行设备选型。

（3）会正确使用实训室的称量设备对物料进行称量操作，为制样做好前期准备。

（4）养成安全环保意识，能够举一反三，具有分析问题和解决问题的能力，具有一丝不苟的设备点检和防护意识。通过给料称量，养成精确称量、精确配方的良好工作习惯。

在炭素材料生产过程中，通过给料设备进行给料，采用原料称量可确定各种原料的用量和粒度，同时也确定了它们的配比。如果称量有误或不准确将导致配方不正确，影响生坯及制品的性质，浪费人力和物力。因此，正确使用各种给料与称量设备十分重要。目前的给料设备类型很多，而称量方法大多数是间歇分批计量，另外还有连续称量，它与连续混捏（合）密切相关。

本模块主要介绍了给料设备、配料时用到的主要称量设备（包括台秤、机电自动秤、电子自动秤以及连续称量设备等），阐述了它们的结构及应用。

项目一 料仓

任务一 料仓种类及选用

炭石墨材料生产使用的原料种类很多。在生产过程中，暂时存放物料的地方主要是堆料场和料仓。随着生产过程自动化程度的提高，料仓的地位显得越加重要。

料仓的种类很多，按用途不同可分为贮料仓、加料仓、配料仓、混料倒料仓和料斗等。

按外形分为圆筒仓、长条形仓、多边形仓和梯形仓等。按封闭情况分为密闭式和敞开式。按料仓分布情况分为单仓、排仓和圆仓等。按建筑材料分为混凝土仓和钢板仓等。圆筒仓的有效容积较大，不受气候的影响，也不会有细粉、灰尘飞散外扬的情况。

互不相关的料仓称为单仓。把若干个单仓按一定分布规律联系起来，合用加料、卸料设备，称为组合仓。单仓成排排列的组合仓称为排仓。单仓成圆排列的组合仓称为圆仓。建筑材料多用钢筋混凝土。当用钢板制造时，为避免原料中引入铁质，应在其内壁镶上不会锈蚀的衬里。钢筋混凝土料仓和钢板料仓的使用性能比较列于表4-1-1。

表4-1-1　料仓使用性能比较

料仓材料	价格	重量	基础工程	吸湿性	保温性	密封结构	隔热性	耐火性	耐腐蚀性	建造工程	修理改建	移动位置
混凝土	较高	大	大	有	好	难	好	好	好	费事	难	不能
钢板	较低	小	小	无	差	易	差	差	易锈	较易	易	可以

任务二　粉状物料成拱现象、原因及预防措施分析

1. 成拱现象的类型

成拱是物料堵塞在机械或料仓卸料口，以致不能排料的现象。成拱现象比较复杂，大致有四种类型，如图4-1-1所示。

如图4-1-1（a）所示，在卸料口附近，粒子互相支撑，形成"拱架"状态。多见于卸料口较小或卸放夹着有棱角的粗粒子和大块的粉粒状物料时。如图4-1-1（b）所示，物料积存在机械的溜槽部分或料仓的圆锥形底部。这种形式最常见，难预防。如图4-1-1（c）所示，物料只在卸料口上部近乎垂直方向向下落，形成洞穴状。多见于粉状物料黏附性较强的情况。如图4-1-1（d）所示，物料附着在料仓圆锥底部表面，形成漏斗状。当锥部倾斜角过小、仓壁对物料的附着性较好及物料黏结性较强时容易发生。

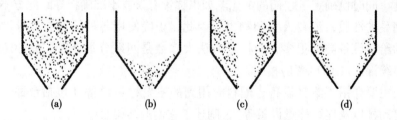

（a）　　　　　（b）　　　　　（c）　　　　　（d）

图4-1-1　成拱现象的种类

2. 成拱的原因

实际情况表明，物料粒度越小、粒子形状越复杂、物料内摩擦力越大、密度越小、物料水分越多、黏附性越大时，成拱现象越容易发生且越严重。料仓壁面越粗糙，圆锥部倾角越不够大，卸料口越小时，成拱的可能性越大。

产生成拱现象可归纳为以下三个方面：（1）物料颗粒之间及颗粒与料仓壁面之间的摩擦力；（2）物料颗粒之间及颗粒与仓壁之间的黏附力；（3）物料的黏结力。

此外，方形料仓棱角处，特别是方锥的棱角处成拱的可能性很大，也比圆锥形大。

3. 预防和消除成拱的措施

物料成拱会影响到设备运行和正常使用，预防和消除成拱通常有以下几方面措施：

（1）在一定限度范围内加大卸料口。（2）将料仓内壁加工成光滑的。（3）适当加大圆锥底部倾斜角。（4）将料仓圆锥底部做成非对称型。（5）在料仓内部加装纵向隔板。（6）在料仓内部悬挂钢丝绳或链条，可解决轻微的成拱现象。（7）因上层物料将卸料口物料压实黏结而产生成拱时，减小卸料口承受的物料压力。（8）将圆锥底壁面做成抛物线形的曲面或采用几个直的斜面来代替。（9）安装打击装置。这对粒度较粗、黏附黏结性较小的物料有效。（10）安装仓壁振动器。这对多种物料是适用的。（11）采取防潮措施。（12）对料仓保温。（13）鼓入压缩空气。这种办法对于粉料极为有效。（14）安装机械搅拌装置或仓内振荡格栅。这对防止各种物料的成拱都有效。（15）开设手孔或人孔，采取强迫耙落办法。

4. 料仓料位测量

在料仓中物料的堆积高度和表面位置称为料位。

为了准确地测知料仓中物料的体积或质量，监视料位高低变化的情况，对料位的上、下限发出报警信息，需要对料位进行测量。

测量料位的仪器称为料位计。料位计种类很多，可分为接触式和非接触式两类。接触式是料位计的检测元件与物料直接接触，有电极式、电容式、重锤式、回转叶轮式数种。非接触式料位计的检测元件不与物料直接接触，有称重式、核辐射式、光电式、超声波式等。部分料位计的安装方式如图4-1-2所示。

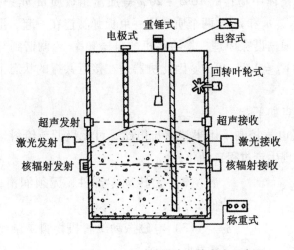

称重式料位计

图4-1-2 料位计安装方式示意图

考虑到物料的性质（电阻、介电系数、料堆中存在空洞等）、使用中的安全可靠性、经济性等因素，选用的料位信号器主要有回转叶轮式料位计、薄膜式料位计、吹气式料位计以及可随时测量料位高度的重锤探测式料位计。

项目二 电磁振动给料机

电磁振动给料机已在工业部门广泛应用，炭素工业从原料加工到配料以及处理过程中都已广泛应用电磁振动给料机。电磁振动给料机是一种新型的、定量给料设备。

任务一　电磁振动给料机结构及工作原理解析

如图4-2-1所示，电磁振动给料机由槽体、振动器、减振器和电气控制器四部分组成，其中电磁振动器（即衔铁）为主要组成部分。电磁振动给料机的电磁振动器是一种机电合一的设备，将电能转变为机械能。常见的电动机输出的是旋转运动，而电磁振动器输出的是高频振动。

电磁振动给料机

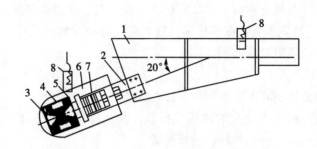

图4-2-1　电磁振动给料机示意图

1—料槽；2—连接叉；3—Ⅲ字形铁芯；4—线圈；5—衔铁；6—机壳；7—板弹簧；8—减振器

电磁振动给料机是一个双质点定向强迫振动的弹性系统（图4-2-2、图4-2-3）。由槽体、连接叉、衔铁和槽体中物料的10%～20%等质量组成质量m_1；振动器壳体、铁芯、线圈等组成质量m_2。m_1和m_2这两个质量用一束板弹簧连在一起，形成一个双质量定向振动的弹性系统。根据谐振原理，将给料机的自振频率W_0调谐到与电磁激振力W相近，使其比值$Z = W/W_0 = 0.85～0.9$。因此机器是在接近共振的状态下工作，具有消耗功率小的特点。

电磁振动给料机的特点如下：

（1）电磁振动给料机电气控制采用半波整流电路，可无级调节给料量，可用于自动控制的生产流程中，实现生产过程自动化；

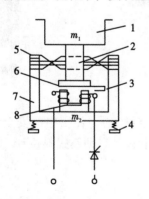

（2）无转动零部件，无须润滑，结构简单，维修方便；

（3）电磁振动给料机物料是微抛运动，料槽磨损小；

（4）电磁振动给料机可采用合适板材制成的料槽，可适用于输送高温磨损严重及有腐蚀性的物料等。

电磁振动器的电磁线圈是由单相交流电源经过整流器供电的。当线路接通电源后，电源电压经整流后在正半周内有半波电压加在电磁线圈上，因而电磁线圈就有电流通过，在衔铁和铁芯之间便产生一个脉冲电磁力互相吸引，槽体便向后运动，这时板弹簧变形储存一定的势能，在衔铁和

图4-2-2　电磁振动给料机工作原理图1

1—槽体；2—连接叉；3—空气隙；4—减振器；
5—板弹簧；6—衔铁；7—壳体；8—铁芯

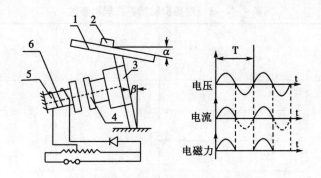

图 4 – 2 – 3 电磁振动给料机工作原理图 2

1—给料槽；2—物料；3—主振弹簧；4—衔铁；5—铁芯；6—线圈

铁芯朝相反方向移开时，槽体即向前运动，这种运动以交流电流 50 Hz（3000 次/分钟）的频率进行往复振动，使物料在给料槽上向前运动。

电磁振动给料机既可以输送松散物料，也可输送 500 mm 以下的块状及粉状物料。无相对运动部件，几乎没有机械摩擦，无润滑点，密封性好，功率消耗低，可在湿热环境下工作，易于安装，操作简便，维修方便，管理费用低，便于自动控制，可实现生产过程自动化。

任务二　电磁振动给料机的主要参数

电磁振动给料机的主要参数如下。

（1）振幅 a。给料机的给料能力与振幅成正比，提高振幅可以提高给料能力，但会增加物料颗粒破坏的可能性，所以，振幅一般控制在 0.5 ~ 1.5 mm。

（2）振动角 β。最佳振动角 β 与机械指数 K 是相对应的。振动角的选择范围一般为 20° ~ 45°。目前使用的多为 20° ~ 25°。

（3）电源频率 f。在振动角一定时，给料能力取决于频率与振幅的乘积。电磁振动给料机振动频率有 3600 次/min（电源频率为 60 Hz）和 3000 次/min（电源频率为 50 Hz）。

（4）机械指数 K。机械指数 K 是用给料槽最大加速度与重力加速度的比值来表示的：

$$K = 4\pi^2 f^2 a / g \qquad (4 – 2 – 1)$$

式中，f——电源频率，次/分钟；

$\quad\quad a$——给料槽振幅，mm。

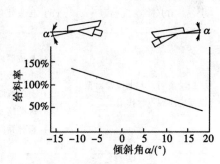

图 4 – 2 – 4 安装角与给料能力的关系

（5）安装角度。电磁振动给料机槽体可以水平安装，也可以倾斜安装。对于流动性好的物料可向下倾斜 12°，以便于输送。

如图 4 – 2 – 4 所示，给料能力与下倾角度成正比。倾斜角在 – 12° ~ 12°，每变化 1°，将使给料能力变化 3%；但倾斜角过大时会增加槽体的磨损。电磁振动给料机的规格参数见表 4 – 2 – 1。

表 4 - 2 - 1 电磁振动给料机规格参数

型号	给料粒度/mm	生产能力/(t·h⁻¹)	电机功率/kW	激振频率/(次·分钟⁻¹)	槽体双振幅/mm	质量/t
DZ1	0~50	5	60	3000	1.76	0.07
DZ2		10	150		1.9	0.16
DZ3		25	200		1.8	0.23
DZ4		50	450		1.9	0.46
DZ5	0~100	100	650		1.8	0.63
DZ6	0~300	150	1500			1.14
DZ7	0~400	250	3000		1.5	2.02
DZ8	0~400	400	4000			2.99

任务三　电磁振动给料机故障处理

电磁振动给料机常见的故障、原因及处理方法见表 4 - 2 - 2。

表 4 - 2 - 2　电磁振动给料机常见故障及处理方法

故障	原因	处理方法
通电后机器不振动	（1）保险丝断了； （2）线圈导线短路； （3）接头处有断头	（1）换保险丝； （2）检查线圈； （3）接通接头
振动微弱，调电位器对振幅反应小或不起作用	（1）整流器被击穿，失去整流作用； （2）电流表中一保险丝断了，电压下降； （3）有的线圈极性接错，使电流上升； （4）气隙堵塞，电流上升； （5）板弹簧间有杂物卡住，振幅减小	（1）换整流器； （2）换保险丝； （3）检查线圈并调整； （4）清理气隙； （5）清理板弹簧间隙
机器的噪声大，调整电位器后反应不规则，有猛烈的撞击声	（1）板弹簧有断裂； （2）槽体与连接叉的连接螺钉松动或损坏	（1）更换板弹簧； （2）拧紧螺钉或更换螺钉

表 4 - 2 - 2（续）

故障	原因	处理方法
机器间歇地工作	线圈导线损坏	修理或更换线圈
机器受料仓压力振幅减小	料仓排料口设计不妥，使槽体承受过多压力	修改料仓排料口，消除料仓对机器的压力
产量正常但电流过大	气隙太大	调整气隙间距

使用电磁振动给料机时应注意以下几方面：

（1）开动电磁振动给料机前，应先将电位器调到最小位置，接通电源后，转动电位器的旋钮使振幅逐渐达到 1.5 ~ 1.75 mm 的额定值，这时电流也达到额定值。该设备允许在额定电压下带负荷直接启动与停车。

（2）给料机生产量的调节，一般可采用的方法有：调节给料机槽体的倾斜度，以增减生产量，但倾角最大不能超过 - 20°；调节贮料斗出料闸门的大小，以增减槽体料层的厚度；给料机生产量随其振幅的大小而变，而振幅的大小可通过调节电流大小来实现。

（3）在给料机运行过程中，经常注意观察电流的变化情况，如发现变动较大，则必须进行检查。

项目三 机械式给料机

机械式给料机可以代替人们的体力劳动，实现生产过程综合机械化和自动化，可在短距离内输送物料，是料仓与粉碎系统中不可分割的组成部分。

按给料机的结构和操作原理，可分为回转式（圆盘和叶轮给料机）、带式（皮带和钢板给料机）、强制式（螺旋给料机）和往复式（薄层和柱塞式给料机）4 类。

机械式给料机选择，是依据物料的物理化学性质、颗粒大小和形状，以及给料的工艺要求来决定的。对给料机的基本要求是：

（1）加料量要准确，符合工艺要求，在一定范围内能调节，操作方便；

（2）结构简单合理，可适应工艺要求，机件磨损小，不粘料。

任务一 圆盘给料机认知

圆盘给料机主要用来将干燥的或含少量水分的粉状物料、粒状物料及块状物料均匀连续地加入受料装置，具有结构简单、坚固和操作方便的特点，是应用最广泛的加料机械之一。

如图 4 - 3 - 1 所示为敞口式圆盘给料机，它的操作原理是：物料由固定的刮板 1 从转盘 2 上推卸下来，料仓卸料口外套有可活动的金属套筒 3，借螺杆 4 可以调节套筒的高度来调节料量。如图 4 - 3 - 2 所示为机体与料槽连接处示意图。

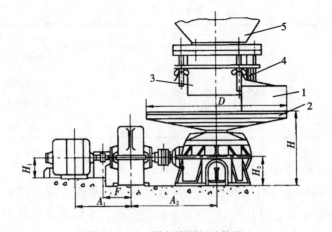

门式链斗卸车机

图 4 – 3 – 1　圆盘给料机结构图

1—固定的刮板；2—转盘；3—套筒；4—螺杆；5—料仓

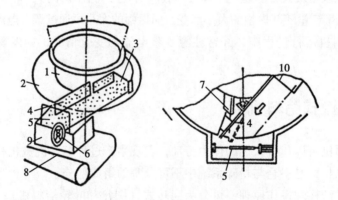

图 4 – 3 – 2　机体与料槽连接处示意图

1—圆盘套筒；2—圆盘；3—闸门；4—刮板；5—调整板；

6—调整闸门用手柄；7—固定螺栓；8—胶带；9—槽；10—闸门

任务二　叶轮给料机认知

如图 4 - 3 - 3 所示，叶轮给料机也称作星形给料机，当叶轮给料机的叶轮不动时，物料不能流出，在叶轮转动时物料便可被准确地卸出，它适用于气力输送系统的卸料。在旋风收尘器和袋式收尘器等设备上，它是一个组成部分。叶轮给料机结构简单，造价便宜，容易维修，封闭性好。

叶轮给料机具有一个能与料仓及受料设备衔接的机壳，中间为叶轮，叶轮由单独的电机用链轮传动。

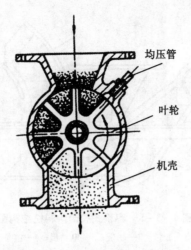

叶轮给料机

图4－3－3　叶轮给料机示意图

任务三　胶带给料机认知

胶带给料机用来转移颗粒状物料和粉状物料，其结构及工作原理与带式运输机相似，如图4－3－4所示，胶带2由主动轮1和从动轮6撑起，并由支承轮3支承。料仓4中的物料卸出量由闸板5来控制。

根据衡量给料量方法的不同，胶带给料机又可分为容积式和重力式两类。

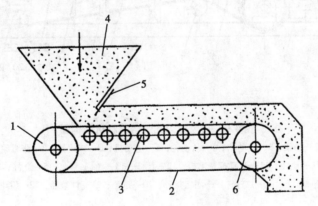

胶带给料机

图4－3－4　胶带给料机示意图

1—主动轮；2—胶带；3—支承轮；4—料仓；5—闸板；6—从动轮

容积式胶带给料机构造简单，图4－3－5中胶带1由两个毂轮支承，闸板2可活动调节，电动机3经链轮、链条4带动主动轮运动。

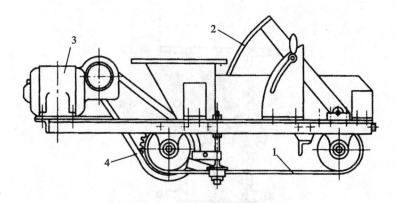

图4-3-5　容积式胶带给料机结构图

1—胶带；2—闸板；3—电动机；4—链条

重力式胶带给料机结构复杂些。图4-3-6中胶带1由装在支架2上的主动轮3和从动轮4来支撑。主动轮由电动机5经减速器6带动。

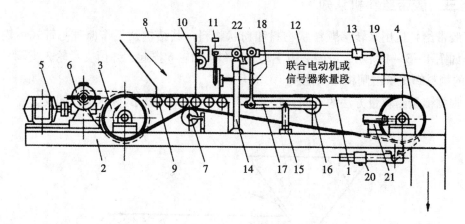

联合电动机或
信号器称量段

图4-3-6　重力式胶带给料机结构图

1—胶带；2—支架；3—主动轮；4—从动轮；5—电动机；6—减速器；7—张紧轮；8—料斗；

9—支承滚轮；10—闸板；11—自动控制闸板；12—秤杆；13—游码；14，15—立柱；16—滚轮；

17—杠杆；18—拉杆；19—固定指针；20—重锤；21—计数器；22—继电器

胶带松紧由张紧轮7来调节，料斗8装在料仓卸料口下面，在料仓下面的一段胶带由一组支承滚轮9支承。在胶带上面有两道闸板控制给料量。第一道闸板10安装在料斗口处，自动控制闸板11安装在秤杆12的一端，另一端带游码13，秤杆由立柱14支持。支架上立柱15上支有带滚轮16的杠杆17，杠杆另一端铰接拉杆18与秤杆相连，由最末一个支承滚轮到从动轮之间胶带上物料的重力压在滚轮16上，并与秤杆12上的游码13平衡，平衡的标志是秤杆12的端部对准固定指针19。

胶带的松紧程度由张紧轮7调节，不要过紧或过松，否则将会影响给料的准确性，从动轮4下面有刷子来清除胶带上的残留物料。刷子受重锤20的作用而紧贴在胶带上。计数器21以计算毂轮的转速来表示总的给料量，给料量大小由移动秤杆上的游码位置和调节自动控制闸板11的高度决定。给料的精确度随物料粒度由粗到细而提高。一般给料误差不超过 1% 。

这种给料机的称量机构一般情况下可以自动控制给料量。当料仓堵塞或料仓中无料时，秤杆急速下降触及继电器 22 而发出信号，与此同时电动机停止转动。

任务四　螺旋给料机认知

螺旋给料机用于给料量不太大但需强制给料的场合，其特点是本身容易封闭，不产生灰尘，适用于细粉状物料的转移。

如图 4 - 3 - 7 所示，螺旋给料机从料仓的卸料口到卸料点构成了一个物料的溜子装置。金属槽 1 内部装有轴 2，在轴的全长上固定螺旋铰刀 3。当轴旋转时，物料从进料口 4 进入槽体，并被轴上的螺旋面沿着槽体推送到另一端，经卸料口 5 排出，物料移动的原理如螺母在没有轴向移动的螺杆上旋转移动一样。

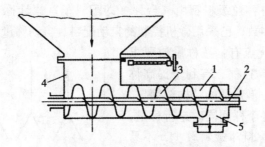

螺旋给料机

图 4 - 3 - 7　螺旋给料机示意图

1—金属槽；2—轴；3—螺旋铰刀；4—进料口；5—卸料口

任务五　槽式给料机认知

槽式给料机适用于处理块状、粒状和粉状物料，属于运动给料机械。如图 4 - 3 - 8 所示，钢板槽 1 倾斜地放在可转动的 4 个滚轮 4 上，滚轮 4 安装在机架 2 的臂上。槽体由电动机 7 经过减速器 8 和两只偏心轮 6 及连杆 5 来带动做往复运动，当槽体向前运动时，物料由于重力作用由料仓卸料口流入槽体中，当槽体向后运动时，整个槽中的物料被卸料口后壁阻挡而不能与槽体一起返回，处于给料机嘴处的物料便从给料机嘴落下。一次往复运动，物料就向给料机嘴移动一个槽体行程的距离。通过改变连杆 5 与偏心轮 6 的铰接位置或改变给料机偏心轮转速，可以调节槽式给料机的给料能力。

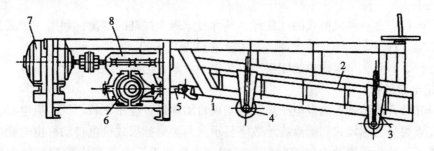

图 4 - 3 - 8　槽式给料机示意图

1—槽；2—机架；3—臂；4—滚轮；5—连杆；6—偏心轮；7—电动机；8—减速器

项目四　称量和称量设备

任务一　称量方法的特点分析

要合理选用秤的称量范围，称量值接近秤的全量程时误差较小。如用大秤称量小料易造成较大误差。

并列称量是指配方料的各种原料及各种粒度由并列着的秤单独进行称量。目前炭素厂广泛采用的称量方式如图4-4-1所示，料仓S作直线或并列的双直线状排列，各料仓的料由各自的配料秤进行称量，再用带式输送机C集料送入混捏（合）机M。这种方式在预焙阳极的配料称量时普遍采用。

累计称量是指所有各粒级料都由一台秤（即配料车）累计称量，目前除少数炭素厂仍用此方法外，大多数厂已采用微机控制的自动配料、自动称量系统。

采用并列称量的优点有：按称量值要求各自选用量程相称的单独秤，有利于提高称量精确度，减小误差；单独秤的结构较简单，有利于实现自动化；各个秤间同时进行称量，缩短了总称量时间；称料斗载料较少，不易粘料和起拱，便于卸料。但并列称量的缺点是投资大，控制与操作不方便。

采用累计称量的优点是：设备简单，操作容易，投资少。缺点是：大秤称量小料，量程相差较大，称量误差较大；累计误差不易消除；自动化的累计秤在技术实现上尚有困难。

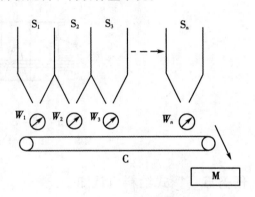

图4-4-1　并列称量示意图

任务二　间歇称量设备类型选用

称量设备按称量的过程可分为间歇称量设备、连续称量设备及自动称量装置等。

间歇称量设备有台秤、机电自动称、电子自动称等。

1. 台秤

俗称磅秤，是一种机械式的杠杆秤，其称量原理为杠杆的平衡，利用一个或几个平衡杠杆来实现称量。它的最大允许误差为全量程的1/1000。

以台秤、料斗、小车构成的配料车，在中小炭素厂仍在使用。

2. 机电自动秤

它是在台秤的基础上加设电子装置，实现自动称量，应用比较广泛。机电自动秤按其结构特点可分为标尺式和圆盘指示数字显示式两类。标尺式机电自动秤由电磁振动给料和卸料器、称量装置及电气控制箱等组成，主要用于工业生产中粉粒状物的配料计量。圆盘指示数字显示式机电自动秤以XSP型配料自动秤为代表，其主要由电磁振动加料和卸料器、称量系统、圆盘指示机构、数字显示系统及自动控制系统等组成，在生产中可以由几台台秤组合成配料秤组来完成各种物料的配料，也可由一台秤自动配置四种以下不同配合比的物料。其称量准确性高，操作方便，能做远距离控制。

3. 电子自动秤

电子自动秤采用传感器作为测量元件，以电子装置自动完成称量、显示和控制，是一种新型的称量设备。电子自动秤是新发展起来的一种自动秤，它结构简单，体积小、质量轻，适用于远距离控制，用于自动化配料的工厂。

电子自动秤完全脱离了机械杠杆的称量原理，它由多种不同规格的电阻式测力传感器作为称量参数变化器，用以代替机械秤中的杠杆系统，利用电位计及二次仪表自动称量物料质量。已被应用的 DCZ 型电子自动秤的工作原理如图 4 - 4 - 2 所示。

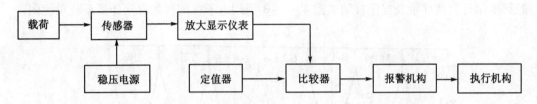

图 4 - 4 - 2　DCZ 型电子自动秤工作原理图

电子自动秤由传感器和稳压电源组成一次仪表，当载荷作用于传感器后，机械量随即由一次仪表转换成电量，输出一个微弱的电压信号，经滤波后馈送到下一级晶体管放大器放大后，输出一个足以推动可逆电机转动的功率。可逆电机转轴带动测量桥路中滑线电阻的滑臂，改变滑线电阻的接触点位置，从而产生一个相位相反的电压来补偿一次仪表的电压差值，由此使测量系统重新获得平衡。由于一次仪表输出的电压正比于载荷大小，测量桥路又是一个线性桥，标尺刻度又同滑线电阻触头在同一位置上，因此标尺将线性地指示出载荷的量。

为实现自动称量，还设置程序控制装置。系统中的比较器对上述放大后的信号和定值器送来的给定信号进行比较，在物料量到达给定值时立即停止加料。当被测质量超出给定值时，比较器将输出脉冲记号给报警机构，并通过执行机构动作。

称量的显示部分又称二次仪表，它包括额定电压单元、三级阻容滤波晶体管放大器和可逆电机、刻度盘等。其工作原理与通常的电子电位差计一样。

DCZ - 1 系列电子自动秤的主要品种见表 4 - 4 - 1。仪表的测量范围为 10 kg ~ 70 t，其分度范围为 10，20，30，50，70 kg 等五种（或 100 ~ 700 kg，1000 ~ 7000 kg，10 ~ 70 t）。

表 4 - 4 - 1　DCZ - 1 系列电子秤类别

型号	传感器数	桥压	附加装置	电源
DCZ - 1/01	1	20 V	两点给定或电阻比例	380 V 或 220 V
DCZ - 1/03	3	6 V × 3	两点、四点给定或电阻比例	220 V
DCZ - 1/04	4	6 V × 3	两点、四点给定或电阻比例	220 V

与该电子秤配用的传感器有三种：（1）BLR-1型拉压式传感器，为应变筒式，其测量范围为 100 kg~100 t；（2）BHR-4 型梁压式传感器，它的测量范围为 0~100 kg，或 0~100 t；（3）BHR-7 型梁式传感器，它的测量范围为 0~100 kg。

这类由承重传感器和二次数字仪表组合成的电子自动秤，还有 SDC 数字式电子起重吊秤、电子轨道衡及电子皮带秤等。

任务三　连续称量设备认知

连续称量设备主要有皮带秤和核称量装置，均可自动控制进行称量。核称量技术利用物料对核辐射能量吸收的作用原理进行称量，也是在皮带输送机上进行称量。理想的配料操作是自动计量及程序控制。图 4-4-3 为用电子秤配料的自动计量系统示意图。

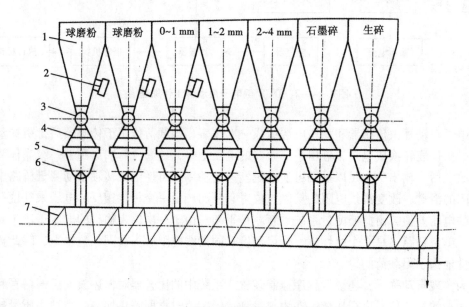

图 4-4-3　电子自动秤的自动计量系统示意图

1—贮料斗；2—仓壁振动器；3—格式结料器；
4—称料斗；5—电子秤传感器；6—液压扇形阀；7—螺旋输送机

电子皮带称重

除配料车外，其他称量设备都可采用微机控制，自动配料称量。目前炭素厂多数采用电子自动秤和自动称量装置。

项目五　微机自动控制配料系统设计

任务一　微机自动控制配料系统构成认知

自动配料是利用安装于每个贮料仓下的特制磅秤称量机构，再增设一些控制机构系统来实现的，该系统按作用包括控制部分、称重部分、执行机构、显示部分、声光报警部分、运输部分以及电源等。

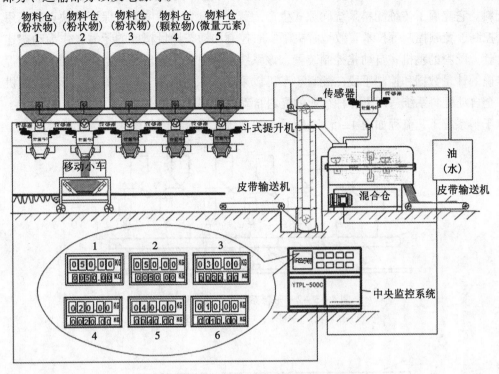

图 4-5-1 微机自动控制配料系统生产线

如图 4-5-1 所示，该系统可自动根据配方要求控制移动配料称量车在 8~12（可以更多）个料仓下完成多种料的计量配料，到每个排料口自动卸料，控制室内采用工控计算机及 PLC 系统（DCS），移动配料称量车上安装称重专用控制仪表（简称下位机）和电子秤，上、下位机之间通过通讯线连接。上位机操作使用汉字菜单和图形显示，屏幕动态显示移动配料称量车位置，动态显示配料重量，自动监测系统是否正常，整个配料线 移动混合配料生产线

状态在工控计算机屏幕上可一目了然，系统还可记录打印各次配料结果，打印日报表、月报表，电脑可存储 1000 个配方，配料精度达 0.15%。适用于定型耐火材料，金属加工、炭素等行业对小颗粒及粉状多种物料按预定比例配方进行计重配料，多种物料需要分别放置，并同时起运输作用的计量设备。

生产过程中它可以按工艺流程要求，根据预定配方，对多种物料按固定比例质量值将物料加入料斗内，当称量显示到量（即完成每一种物料的称重计量）后，再按照卸料程序将物料一次或分步多次卸入指定混合机入料口。配料小车既可以由人工操作，组成半自动配料系统，也可与微机 PLC 配料监控系统组合成全自动配料系统。全自动配料系统具有设备全自动控制功能和称重数据管理功能，可以记录所有配料数据和统计报表，便于信息化管理。主要用于对粉状、散粒状物料进行连续输送、动态计量、自动配料的配料小车和微机 PLC 监控系统。配料小车以电机驱动进行物料接收、计量和输送。

自动称重称量装置由料斗、传感器、称重仪表组成。称量能力最大为 10000 kg。微机监控系统和 PLC 对加载到自动小车的物料进行称重、流量控制，从而实现精确计量和配料。它克服了传统配料系统间隙式生产、劳动强度大、精度无法保证的缺点，采用 PLC 控制、变频控制等技术有效地解决了实时控制和动态计量精度的矛盾。作为动态连续计量、配料的整机式自动化控制装置，该系统可为各种工业现场的生产控制、管理提供准确的计量数据和控制手段。配料小车可以采用单斗、双斗、三斗等防尘形式。微机 PLC 全自动配料系统适用于各种行业的配料自动化控制。

干料系统工艺流程如图 4-5-2 所示。油系统工艺流程图如图 4-5-3 所示。

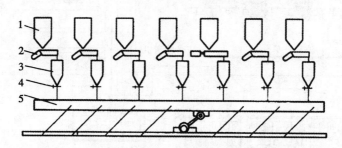

图 4-5-2　干料系统工艺流程图

1—料仓；2—给料机；3—料斗；4—排料插板；5—振动输送机

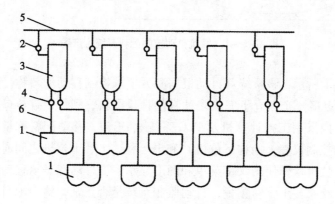

图 4-5-3　油系统工艺流程图

1—混捏锅；2—喂料阀；3—称量斗；4—排油阀；5—喂油总管路；6—排油管

任务二　配料操作

配料操作是在工艺配方计算后进行称量的过程，按计算好的工艺配方分别从各贮料斗准确称取各种粒子料、粉子、生碎等，然后由输送设备输送至指定位置放在一起。

为了保证产品配料粒度组成的正确稳定性，一方面要不定期地从各贮料漏斗抽取某粒度的料进行筛分分析，检查其纯度是否有波动，如波动过大则要及时采取措施解决；另一方面要定期从各贮料漏斗取各种粒度的物料，按配方的百分组成进行筛分分析，检查是否符合技术要求，如不符合要求应立即停止配料，并根据新的筛分结果重新调整工作配方，或把不合格的料放出去，直至符合要求，才能继续配料。

在配料生产操作中，要定期检查配料设备，保持其准确性，以免导致配料误差，影响产品质量。

在配料中，必须避免多灰、少灰料的混杂。当用一个系统生产多灰和少灰的不同产品时，一定要注意设备清扫工作，即当多灰产品换成少灰产品时，一定要注意清扫干净设备上使用过的产品；即使都是少灰产品，采用螺旋输送的，当产品由大直径换成小直径时，也要清洗干净螺旋后再使用。

在配料过程中，工作配方一般不要变动；非变动不可的，也要严格控制其变动次数，并严格按要求进行。

项目六 配料实操技能训练

1. 实训目的

（1）使学生掌握配料计算、配料过程及注意事项；

（2）使学生养成勤于思考、认真做事的良好作风，具有良好的沟通能力及团队协作精神，具有良好的分析和解决问题的能力，具有安全规范操作意识。

2. 实训内容

（1）配料计算；

（2）配料过程及配料操作中的注意事项。

表4-6-1 配料计算及配料实操技能训练任务单

【看一看】	设备型号	
	技术参数	
【想一想】	设备用途	
	准备工作	
【做一做】	配料计算和称量	
	使用注意事项和维修	
【说一说】	发生的故障及排除方法	
	安全操作要求	
【问一问】	思考题	请对比各组配料计算结果，说明黏结剂煤沥青的用量对配方和制品性能的影响
试验结论		
试验成员		日期	

【课后进阶阅读】

料仓巡检需谨慎，跌入料仓险丧命

某年，溧阳市某饲料厂 5 号楼里，一名工人不慎跌入 10 米深的半成品料仓。

附近的城北救援中队立即赶到现场，发现被困男子还在 10 米深的料仓内，脚被硬化的饲料半成品压住，难以脱身。两名工友正在努力用电钻把半成品打碎，助其脱险。由于男子被困 30 分钟后才报警，加上料仓约有 10 米深，空气不流通，气味难闻，被困人员情绪波动很大。料仓口的救援队员一边耐心沟通，一边准备救援器材。因料仓的进口比较狭小，救援设备不好架设，救援队员只能只身带着救援绳索下料仓。到达料仓底后，救援人员立即将绳索固定在被困男子身上，料仓口的消防人员与群众合力将其拉出，被困男子成功脱险。

事后经了解，被困人员在清理仓壁上的半成品饲料时，不慎被结成块的饲料从软梯上压落下去，被困在料仓内。工友们听到呼救声才赶来帮忙，庆幸的是被困男子身体并无大碍。

复习思考题

1. 料仓的作用是什么？粉状物料成拱的原因是什么？怎样防止和消除粉状物料成拱？

2. 电磁振动给料机的特点是什么？

3. 电磁振动给料机常见的故障有哪些？

4. 机械式给料机的分类方式有哪几种？分别包括哪些给料机械？试比较其各自的特点及适用范围。

5. 称量设备的种类有哪些？

6. 电子自动秤与台秤的区别是什么？画出电子自动秤的工作原理图。

模块五

除尘环保设备

【学习目标】

（1）掌握常用除尘设备的结构、工作原理及特点，掌握炭素厂最常用的电捕焦油器的结构、工作原理、类型及特点，掌握粉尘爆炸的类型、条件及危害，掌握有效的粉尘爆炸预防措施。

（2）能够看到除尘环保设备实物指认设备结构，并说出具体结构及作用。能够熟悉除尘环保设备的点检要点、要求及安全操作规程。能够对设备进行简单的维护。能够根据实际情况进行设备选型。会正确分析除尘环保设备用于实训装置中的配置与作用。

（3）养成安全环保意识，能够举一反三，具有分析问题和解决问题的能力，具有一丝不苟的设备点检和防护意识，具有预防为主的设备运行管理与维护思维，具有团队协作能力。

在炭素材料生产中，原料的贮存、粉碎、筛分、运输、配料、成型、焙烧与石墨化装出炉、机械加工等工艺操作都会产生粉尘；沥青的熔化、混捏、浸渍、煅烧、焙烧等操作易产生沥青烟气。在炭素材料生产过程中，产生含有大量悬浮固体颗粒（烟或尘）的气体。将固体颗粒从气体中分离出来，实现气固分离的操作过程称为除尘。对沥青焦油的捕集利于环保。

粉尘会加速机械磨损、引起腐蚀，破坏电器绝缘，排至厂外会污染环境，影响居民健康和农牧业生产，因此必须采取有效的防尘措施。除尘在工业生产中可以净化气体，将烟气中的固体物质分离出来，使排出的气体中烟尘含量低于国家规定的标准，控制空气污染，保护环境，利于生产，有益于工人的身体健康。

来自焙烧炉的烟气首先进入冷却塔进行喷雾降温；冷却后烟气温度在 $(90 \pm 2)℃$，进入电捕焦油器；经电捕焦油器净化后达到要求的烟气，再通过氧化铝吸附系统去除 HF 及粉尘，净化达标后由主排烟风机送入烟囱排入大气。电捕焦油器捕集下来的焦油物质应定期处理；氧化铝吸附后的含氟氧化铝供电解使用。这里对于炭素厂的烟尘治理就用到了各种除尘设备。

本模块主要结合炭素生产特点，介绍除尘设备类型、工作原理、基本结构及特点等。

项目一　常用除尘设备类型和收尘效率

任务一　常用除尘设备类型特点分析

除尘设备按是否用水作为媒介来促进除尘效果，可分为干式和湿式两大类。

干式除尘设备包括重力沉降室、惯性除尘器、旋风除尘器、袋式收尘器和干式电除尘器5种。干法回收的粉尘便于处理，但大多数干式除尘器只能收集大于1.0 μm的粉尘。

湿式除尘设备包括喷淋式洗涤器、填料式洗涤器、离心水膜除尘器、惯性水膜除尘器、鼓泡式除尘、文氏管除尘器以及湿式电除尘器等。湿法除尘可以收集0.01 μm的粉尘，但湿法收集易形成泥浆，较难处理。各种除尘器的性能列于表5-1-1中。

目前炭素厂中常用的除尘设备有：旋风除尘器、袋式收尘器、电除尘器及喷淋洗涤塔等。

表5-1-1　常用除尘设备的类型、性能及其适用范围

型式	除尘原理	除尘器的种类		适用范围				不同粒径收尘效率			适用净化程度
				烟尘粒径/μm	烟气含尘量/(g·m⁻³)	温度/℃	阻力/Pa	<1 μm	1~5 μm	5~10 μm	
干式除尘器	惯性力、重力	惯性除尘器		>15	>10	<400	50~100	<5%	<16%	<40%	粗净化
	重力	重力沉降室		>20	>10	<450	50~100		<10%	<10%	
	离心力、惯性	旋风除尘器	小型	>5	<1.5或>20	<400	500~1500	<10%	<40%	60%~90%	中细净化
			大型				400~1000		<20%	40%~70%	
	惯性力、过滤	袋式过滤器	简易袋式	<5	3~5	按滤料：棉布70，玻璃纤维280，合成纤维130	400~800	<30%	<80%	<95%	
			机械振打				800~1000				
			脉冲	>1.0			800~1200	<90%	<99%	<99%	
			气环		5~10		1000~1500				
		颗粒层过滤器		>1.0	<10	450	800~2000				
湿式除尘器	静电惯性凝聚	干式电除尘器		>0.01	<30	<350	100~200	<90%	<99%	≈100%	
		湿式电除尘器				<80		<95%			

任务二　计算收尘效率

收尘效率反映了除尘设备对粉尘物料的回收能力，一般用除尘器的进、出气体含尘浓度之差与进口处气体含尘质量浓度的比值来表示：

$$\eta = \frac{G_1 - G_2}{G_1} = \left(1 - \frac{G_2}{G_1}\right) \times 100\% \qquad (5-1-1)$$

式中，η——收尘效率；

　　G_1——除尘器进口处气体含尘质量浓度，mg/m^3；

　　G_2——除尘器出口处气体含尘质量浓度，mg/m^3。

而从环保的观点看，除尘器回收多少粉尘并不重要，重要的是净化后排放出去多少粉尘。

项目二　重力除尘器与惯性除尘器

任务一　重力除尘器认知

利用烟尘受重力作用而自然沉降的原理，将烟尘与气体分离的方法称为重力收尘。

如图 5-2-1（a）所示，含尘气体由管道进入比管道宽大得多的沉降室时，流速突然减低，使颗粒在沉降室内停留的时间增加，因此颗粒在水平流动的过程中由于重力影响，下沉的距离逐渐变大，最终落入底部的灰斗中。

沉降室还可以做成多层的，如图 5-2-1（b）所示，在多层沉降室的气速与单层沉降室的气速保持相同时，由于颗粒沉降到底面的距离短了，所以多层沉降室的效率比单层的高。重力除尘器结构简单，操作方便，能有效地除去 50 μm 以上的颗粒，是初步除尘设备。

多层沉降室

重力除尘捕集微小颗粒效率低，一般用它分离较大的颗粒，作为预收尘器，以改善后面其他收尘器的条件。一般沉降室的阻力损失为 50 ~ 100 Pa，收尘效率为 40% ~ 60%。

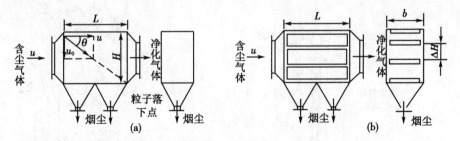

图 5-2-1　重力沉降室

任务二　惯性除尘器认知

含尘气流进入惯性收尘器内与挡板相遇时，气流方向急剧改变，而颗粒因惯性力和离心力的作用，不能与气流同样改变方向，同挡板碰撞与气流分离，从而被捕集下来。这种利用颗粒惯性使其与气流分离的收尘方法称为惯性收尘。原理如图 5 - 2 - 2 所示。

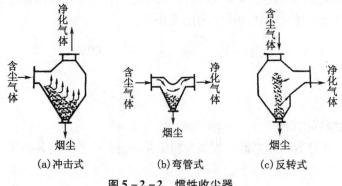

(a)冲击式　　　　　(b)弯管式　　　　　(c)反转式

图 5 - 2 - 2　惯性收尘器

惯性收尘器有冲击式、弯管式和反转式，其效率一般比沉降室高，能有效地捕集 10 ~ 20 μm 的颗粒，通常为第一级处理设备。阻力损失依收尘器类型和气速而异，流速一般为 2 ~ 30 m/s，这时阻力损失约为 100 ~ 1000 Pa，其占地比重力收尘器小而紧凑，一般也作为预收尘器使用。

项目三　袋式除尘器

任务一　袋式除尘器工作原理及特点分析

袋式除尘器是一种利用纤维纺织品布制成的滤袋过滤气体中的粉尘的设备，依靠滤料表面形成的粉尘过滤层和集尘层进行过滤。它适用于捕集非黏结性、非纤维性的干的工业粉尘。

袋式收尘器的结构主要包括布袋及其骨架、清灰装置、滤袋吊架、滤布支撑板、进气管、排气管、灰斗、排灰阀以及排灰口几个部分，如图 5 - 3 - 1 所示。

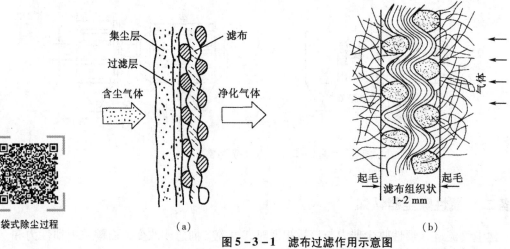

袋式除尘过程

(a)　　　　　　　　　　　　　　　　(b)

图 5 - 3 - 1　滤布过滤作用示意图

滤布袋主要由纤维纺织品制成，是袋式收尘器的主要部分，采用布袋的个数主要取决于过滤面积。滤布的选择是布袋收尘的关键性问题。滤袋寿命长，不仅可以降低费用，而且可以提高收尘效率和改善劳动条件。

如图 5-3-1 所示，含尘气体通过滤布时，粉尘被阻留在滤布表面上，通过一定方式被捕集下来，干净空气则通过滤布纤维的缝隙排出。滤布经过起绒和缩绒处理，使其表面多绒毛且相互交织，多绒毛纤维布好似"多层筛子"，受气流摩擦的绒毛有静电作用，对微小的粉尘有一定的吸附力作用。当尘粒逐渐增多形成一个过滤层时，使滤布变得更致密，提高了捕集微细尘粒的能力。当尘粒的黏附达到一定量时，滤布两侧的压力差过大，净化效率逐渐降低。因此，为了保证稳定的处理能力，必须清灰。因为滤布绒毛的黏附作用，滤布上总有一定厚度的粉尘层清理不下来，成为滤布外的第二过滤介质。

气体中大于滤布孔眼的尘粒被滤布阻留，空气则通过滤布纤维间的孔眼排出。在空气排出时，小于孔眼的 $1 \sim 10~\mu m$ 的尘粒随着气流外逸时，尘粒由于本身的惯性作用，撞在纤维上失去能量贴附于滤布上。小于 $1~\mu m$ 的微粒，则由于尘粒本身的扩散作用及静电作用，通过孔眼时，因孔径小于热运动的自由径，微粒与滤布纤维相撞而黏附在滤布上，因此微小尘粒也能收下来。

一般气体含尘，其粒径大小不一，虽然滤布纤维间一般为 $20 \sim 50~\mu m$（短纤维起毛滤布为 $5 \sim 10~\mu m$），但对 $1~\mu m$ 甚至 $0.1~\mu m$ 的颗粒也能捕集下来，往往收尘效率在99% 以上。这是因为烟气通过滤布时，烟尘受筛分效应、钩住效应、惯性碰撞、静电效应和扩散效应等不同效应作用（如图 5-3-2 所示）。

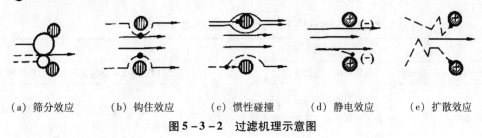

⑪ 纤维横断面

（a）筛分效应　　（b）钩住效应　　（c）惯性碰撞　　（d）静电效应　　（e）扩散效应

图 5-3-2　过滤机理示意图

清灰方式可分为间歇式与连续式两大类，间歇式将布袋收尘器分为若干个清灰区，各清灰区间歇轮流清灰，进行清灰区暂停处理烟气，因此收尘效率较高；而连续式为不间断处理烟气，每隔一定时间进行清灰，适用于处理烟尘浓度较高的烟气。

清灰装置可分为机械振动型、逆气流型、吹灰圈型和脉冲反吹型 4 种，如图 5-3-3 所示。

清理滤布采用机械振打和气流反吹法时，要停止原过滤方向的气流，否则滤出的颗粒不易落下，并且绒毛空隙中的微小粉尘易被过滤气流吹过滤布，混入清洁气流中。采用气流反吹时，只要能克服过滤气的全压作用，即使过滤气流不停，也能达到清理滤布的作用。用振打抖动的方法，是利用整个颗粒层的惯性力来使颗粒与滤布脱开。

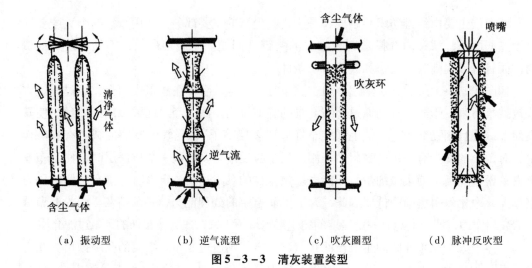

（a）振动型　　　　（b）逆气流型　　　　（c）吹灰圈型　　　　（d）脉冲反吹型

图 5 - 3 - 3　清灰装置类型

目前应用最多的是脉冲反吹型清灰装置。这种装置是一种周期性地向滤袋内或滤袋外喷吹压缩空气以清除滤袋集灰的滤袋收尘器，其优点是自动化程度和处理能力均较高，已广泛应用于生产。脉冲气源的发生，可用机械脉冲控制器、气动脉冲控制器或电气控制器，后者具有寿命长、体积小、重量轻、工作稳定、调节灵活、可远距离控制等优点。

由于各种清除滤布堵塞的方法不同，各种袋式除尘器能适应的最高含尘浓度有差别，一般希望含尘质量浓度为 $3 \sim 20 \ g/m^3$ 时，可作为第二级净化设备。有的气环反吹袋式除尘器的最高含尘质量浓度允许达到 $70 \ g/m^3$，玻璃纤维滤布的最高工作气温可达到 523 K。过滤式收尘器的分类及其主要特征列于表 5 - 3 - 1 中。

表 5 - 3 - 1　过滤式收尘器分类及特点

类型	优点	缺点
自然落灰和人工拍打	结构简单，易操作	过滤速度低，滤袋面积大，占地面积大
机械振打	比自然落灰和人工拍打清灰效果好，改善了清灰条件，提供了处理能力，简化了操作	滤袋受到机械力作用，损坏较快，对于自动循环振打，维修工作量较大
压缩空气振打	维修量比机械振打小，投资和漏气量也比机械振打小	工作受压缩空气气源限制
反吸风循环清灰	可用玻璃滤布处理温度较高的烟气，烟尘较易集中，并能自动操作	烟气部分循环，动力消耗稍大
气环移动反吹清灰	与其他清灰方式的滤袋相比，单位面积处理能力更强	滤袋和气环摩擦影响滤袋的寿命，气环箱传动结构和软管耐温等问题尚需进一步解决
脉冲喷吹清灰	可用玻璃滤布处理温度较高的烟气，烟气流速较大，可实现自动操作	要求较高管理水平

袋式除尘器是炭素材料工业中应用最广的一种除尘设备。它具有较高的净化效率，在允许的流速范围内工作性质比较稳定，若滤布选择和结构设计得当，对 5 μm 以下的粉尘除尘效率高达 99% 以上。与旋风除尘器相比，它的收尘效率高，可稳定在 98%。与同样收尘效率的电收尘器相比，袋式除尘器结构较简单，投资少，操作简单可靠。与湿式除尘器相比，粉尘的回收利用方便，不需要冬季防冻。因此是一种比较简单和便宜的高效率净化设备。它的缺点是：耗费较多的织物；当气体中含水蒸气以及处理易吸水的亲水性粉尘（如 CaO 粉尘）时容易使滤布黏着粉尘导致堵塞，因此限制了其使用范围。由于它是过滤除尘，对气流的含尘浓度有一定的限制。它适合在低含尘浓度的条件下工作（与旋风除尘器不同）。当含尘浓度高时，滤布很快被堵塞，会使滤布过滤的压降显著增高。另外，气体若含湿量高则容易堵塞滤布孔眼，造成收尘阻力加大，净化能力降低。袋式除尘器阻力损失大；纤维织袋易破损，需经常检查更换；由于使用合成纤维织物，气体温度不能过高，合成纤维织物允许气体温度不超过 160 ℃，无机纤维织物允许气体温度达 260 ℃。

任务二 除尘器布袋更换

一般情况下，除尘滤袋是逐渐磨损的。引起磨损的主要原因是粉尘的磨削力，高温引起的滤料变质和化学物质的腐蚀。当粉尘的磨削力很强时，除尘滤袋底部磨损最严重，系统容量的增加引起过滤速度增高也能加速磨损。这时，为保证除尘效率，就需要更换滤袋。

安装袋笼和布袋是全部安装中最要小心的工作，因此应在最后进行安装。安装时，除尘滤袋切不可与尖硬物碰撞、钩划。即使是小的划痕，也会使滤袋的寿命大大缩短。安装除尘滤袋的方法是：首先将滤袋从箱体花板孔中放入袋室；然后将袋口上部的弹簧圈捏成凹形，放入箱体的花孔板中，再使弹簧圈复原，使其紧密地压紧在花孔圆周上；最后将袋笼从袋口轻轻插入，直到袋笼上部的护盖确实压在箱体内花板孔上为止。为防止滤袋踩坏，要求每装好一个布袋，就装一个袋笼。

除尘器布袋更换过程

如果更换除尘滤袋时除尘器不能停止工作，则应将各个室分别离线隔离，然后分室进行更换滤袋。被隔离的室，应是提升阀处于关闭状态，同时脉冲阀不工作（将该室脉冲阀电源切断）。在拆装除尘滤袋时，因袋口有小量负压，应特别小心不要使袋子掉入灰斗。

更换滤袋时有以下几点注意事项：

（1）单节式除尘骨架，一般都会有空间进行换袋的作业，先将除尘骨架布袋一同取出，用刀或使用其他工具将附着在除尘骨架上的滤袋去除。（工作中切勿损伤除尘架）

（2）多节式除尘骨架结构，可在接头处割开滤袋将除尘骨架拆分，移到开阔地后将滤袋移除。

（3）滤袋安装中务必保证滤袋的尺寸与安装尺寸一致。布袋除尘器的加工不完善也是滤袋易产生问题的所在。滤袋安装好后，滤袋的口部密封严密，手很难转动。

（4）滤袋口部完全弹开，安装好后没有余量。

（5）滤袋带有卡箍吊帽结构的，要做好紧固工作，以防掉落或漏气。

任务三　常用袋式除尘器选用

1. 脉冲喷吹袋式除尘器

如图5-3-4所示为脉冲喷吹袋式除尘器，机体上部由喷吹管和把压缩空气引进滤袋的文氏管、压缩空气贮存气包、脉冲阀、控制阀和净化气体出口组成；中部由滤袋和滤袋支撑框架组成；下部由排灰斗和排灰装置及含尘气体进口组成。

含尘气体由进口管进入中部除尘箱，通过滤袋时，粉尘被阻留在滤袋的外侧，净化后的气体透过滤袋，经上部文氏管和箱体，然后从排气口排出。在滤袋外部附着的粉尘，一部分借重力落至下部集灰斗内。留在滤袋上的粉尘会造成设备阻力，为使设备正常运转，每隔一段时间须用压缩空气喷吹一次，使粉尘脱落下来。落进集尘斗的粉尘经排尘阀排出。

脉冲喷吹袋式
除尘器

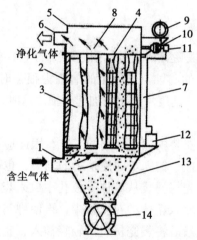

图5-3-4　脉冲喷吹袋式除尘器工作原理图

1—气体入口；2—中部箱体；3—滤袋；4—文氏管；5—上箱体；6—排气口；7—框架；
8—喷吹管；9—空气仓；10—脉冲阀；11—控制阀；12—脉冲控制仪；13—集尘斗；14—排尘阀

图5-3-5所示为脉冲喷吹袋式除尘器的滤尘和清尘过程。图5-3-5（a）为过滤初期，滤袋表面黏附粉尘很少；图5-3-5（b）为过滤末期，滤袋表面黏附着一层较厚的粉尘，含尘气流由外向内通过滤袋，由于有钢丝框架支承，滤袋呈多角星形。图5-3-5（c）为喷吹清灰过程，气流由内向外反吹，将黏附在滤袋表面的粉尘吹落，此时滤袋呈圆形。每次清灰只有一排滤袋受到喷吹，时间仅0.1 s，清灰周期控制在60～120 s为佳。整个除尘器是连续工作的，且工作状态稳定。

脉冲喷吹袋式除尘器用脉冲阀作为喷吹气源开关，先由控制仪输出信号，通过控制阀实现脉冲喷吹。常用的脉冲阀为QMF-100型。根据控制仪的不同，控制阀有电磁阀、气动阀和机控阀3种。

脉冲阀

脉冲袋式除尘器的滤袋可用工业涤纶绒布（901或208）、工业毛毡制

  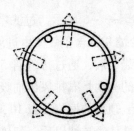

（a）过滤初期　　　　　（b）过滤末期　　　　　（c）喷吹清灰

图5－3－5　脉冲喷吹袋式除尘器滤尘和清灰周期

作。这种滤料具有处理能力大、阻力小、除尘效率高等优点。脉冲除尘器的技术规格见表5－3－2。

表5－3－2　脉冲除尘器的技术规格

型号	滤袋数/条	过滤面积/m²	滤袋规格/mm	阻力/kPa	除尘效率	风量/(m³·h⁻¹)	质量/t
DMC－24	24	18	Φ120×2000	1~1.2	99%~99.5%	2160~4320	0.85
DMC－36	36	27				3240~6480	1.12
DMC－48	48	36				4320~8640	1.26
DMC－60	60	45				5400~10800	1.57
DMC－72	72	54				6480~12960	1.78
DMC－84	84	63				7560~15120	2.03
DMC－96	96	72				8640~17280	2.18
DMC－120	120	90				10800~21600	2.61

2. 中部振打袋式除尘器

国产的中部振打袋式除尘器又叫 ZX 型袋式除尘器，共分八种型号，其技术性能见表5－3－3。其所用的滤袋标准直径为210 mm，长度为2820 mm，过滤面积为1.8 m²，振打周期为6 min，振打时间为10 s。

表5－3－3　ZX 型袋式除尘器的技术性能

型号	滤袋有效面积/m²	袋数/个	室数/个	最大含尘浓度/(g·m⁻³)	过滤风速/(m·min⁻¹)	风量/(m³·h⁻¹)
ZX50－28	50	28	2	70~50	10~15	3000~4500
ZX75－42	75	42	3	70~50	10~15	4500~6750
ZX100－56	100	56	4	70~50	10~15	6000~9000
ZX125－70	125	70	5	70~50	10~15	7500~11200
ZX150－84	150	84	6	70~50	10~15	9000~13500
ZX175－98	175	98	7	70~50	10~15	10500~15700
ZX200－112	200	112	8	70~50	10~15	12000~18000
ZX225－126	225	126	9	70~50	10~15	13500~20250

如图 5 - 3 - 6 所示，过滤室根据除尘器的规格不同分成 2～9 个分室，每个分室内挂有 14 个滤袋，含尘气体由进风口 3 进入，经过隔风板 4，分别进入各室的滤袋中，气体经过滤袋以后，通过排气管 5 排出，排气时，排气管闸板 6 打开，回风管闸板 7 关闭。气体的流动是靠排风机抽吸作用。滤袋上口悬挂在挂袋铁架 8 上，滤袋下口固定在花板 9 上，顶部的振打装置 10，通过摇杆 11、打棒 12 与框架 13 相连接。

含尘气体经过滤以后，气体中的粉尘大部分吸附在滤袋的内壁上，有一小部分粉尘滞留在滤袋纤维缝中，根据一定的振打周期，振打装置的拉杆将排气管 5 的闸板关闭、回风管 14 的闸板打开，同时摇杆通过打棒 12 带动框架前后摇动，滤袋随着框架的摇动而摇动，袋上附着的粉尘随之脱落，同时由于回风管 14 的闸板打开后，回风管有一部分回风，还能将滤袋纤维缝内滞留的粉尘吹出，一起落入下部的集尘斗中，由螺旋输送机 15 和分格轮 16 送走。电热器 17 在气温低或湿度大时使用。

机械振打方式

机械振打袋式
除尘器

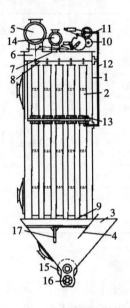

图 5 - 3 - 6　中部振打袋式除尘器

1—过滤室；2—滤袋；3—进风口；4—隔风板；5—排气管；6—排气管闸板；
7—回风管闸板；8—挂袋铁架；9—滤袋下口花板；10—振打装置；11—摇杆；
12—打棒；13—框架；14—回风管；15—螺旋输送机；16—分格轮；17—电热器

各室的滤袋是轮流振打的，即在其中的一室振打清灰时，含尘气体通过其他各室。因此每室的滤袋虽然间歇地清理，但整个收尘器却在连续工作。

3. 气环反吹袋式除尘器

如图 5 - 3 - 7 所示，气环反吹袋式除尘器与脉冲袋式除尘器几乎是同时发展的新型高效除尘器。该除尘器是由反吹装置、滤袋、泄尘装置和机体组成的。在滤袋外部紧套着气环箱，并做上下往复运动，气环箱内侧紧贴滤布处开有一条环形细缝，称为气环喷管。

含尘气体由上部进风口 1 进入除尘器顶部的气体分布室 2，然后气体分布到过滤室

3 的滤袋 4 内，净化后的气体经排气口 5 排入大气中。吸附在滤袋内壁和滤袋纤维间的粉尘被气环箱 6 喷出的高速空气吹落在集尘斗 7 中，由螺旋输送机 8 送走。气环箱由胶管 9 与气源相连接，可沿着滤袋上下移动，当它从上向下移动一次后，滤袋上的积灰即被清除，也就是完成一次清灰过程。如图 5 – 3 – 8 所示是气环吹风的情形，当气环从上向下移动时，环缝吹出的气流吹落粉尘，形成干净滤袋 1。

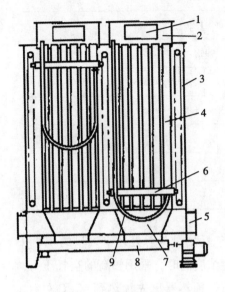

图 5 – 3 – 7　气环反吹袋式除尘器

1—进气口；2—气体分布室；3—过滤室；
4—滤袋；5—排气口；6—气环箱；
7—集灰斗；8—螺旋输送机；9—胶管

气环反吹袋式
除尘器

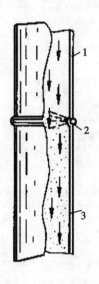

图 5 – 3 – 8　气环吹风示意图

1—干净滤袋；2—气环；3—除尘滤袋

　　气环的吹风速度和风量以及气环的移动速度是根据经验设计的。对于轻粉尘如煤炭、焦粉等，气环箱的移动速度为 6 m/min 左右；对于密度较大的粉尘，气环箱的移动速度可增加到 13 ~ 15 m/min，气环吹气缝宽度一般为 0.5 ~ 0.6 mm，反吹量为处理风量的 8% ~ 10%。气环反吹滤袋的过滤阻力应在 2000 Pa 以下，经常选用 760 ~ 1270 Pa。当过滤阻力小于 250 Pa 时，由于滤袋四周的张力不够，滤袋就不可能充分鼓起来紧靠吹气环，就会降低清灰的效果。如果过滤阻力高于 2000 Pa，则滤袋受到的张力过大，加上气环移动时的摩擦，影响滤袋使用寿命。

　　含尘气体从入口处引入机体后，进入滤袋内部。粉尘被阻留在滤袋表面上。被净化的气体则透过滤袋，经出口管排出机体。贴附在滤袋表面的粉尘，由气环喷管喷射高压气流而吹落。由于气环箱靠机械传动装置做周期性往复运动，因而清灰效果好，空气阻力恒定，过滤速度也较快。目前，大多采用外部反吹风机，以便操作和维修。

　　气环反吹袋式除尘器的技术规格见表 5 – 3 – 4。

表 5 – 3 – 4 气环反吹袋式除尘器的技术规格

型号	QH – 24	QH – 36	QH – 48	QH – 72
过滤面积/m²	2.30	34.5	46.0	69.0
滤袋数量/条	24	36	48	72
滤袋规格/mm	$\Phi 120 \times 2540$			
阻力/kPa	1 ~ 1.2			
除尘效率	99%			
风量/(m³·h⁻¹)	5760 ~ 8290	8290 ~ 12410	11050 ~ 16550	16550 ~ 24510
气环箱内压/kPa	3.5 ~ 4.5			
反吹风量/(m³·min⁻¹)	720	1080	1440	2160
电机功率/kW	5.5	5.5	7.5	7.5
设备质量/kg	1170	1480	1880	2200

气环反吹用的空气一般由专用高压风机供给，空气耗用量为总处理空气量的 8% ~ 10%，风压为 8 ~ 10 kPa，空气量可自由调节。当含尘浓度高时，采用较高的空气压力；当处理较潮湿的粉尘或黏性粉尘时，反吹空气可用空气预热器事先预热到 60 ℃左右，用热风吹，以提高清灰效果，因而适用范围较广。

气环反吹袋式除尘器具有下列优点：（1）除尘效率高（99%以上）；（2）适用于高浓度和较潮湿的粉尘，应用范围广；（3）以小型高压风机作反吹气源，不受气源限制；（4）不需要高精度的控制仪表和较高的管理水平，造价低廉；（5）工作时气流比较均匀稳定，过滤阻力波动小；（6）清灰效果好，过滤风速一般比振打约大两倍，除尘器体积小。主要的缺点是滤袋容易磨损。

项目四 旋风除尘器

任务一 旋风除尘器结构及工作原理解析

旋风除尘器是利用含尘气流旋转产生的离心力作用，将粉尘从气流中分离出来的干式净化设备。旋风除尘器是各种收尘设备中应用比较广泛的一种。

旋风除尘器的基本结构有进气管、筒体及排气中心。排气管插入壳体内，形成内圆筒，见图 5 – 4 – 1（a）。壳体上部多为圆柱形，下部多为圆锥形，进气管与壳体上部的圆柱部相切。含尘气体从圆筒上侧的进气管以

旋风除尘器工作原理

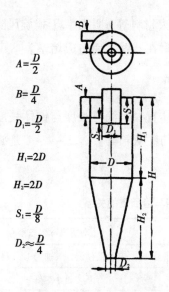

$A = \dfrac{D}{2}$

$B = \dfrac{D}{4}$

$D_1 = \dfrac{D}{2}$

$H_1 = 2D$

$H_2 = 2D$

$S_1 = \dfrac{D}{8}$

$D_2 \approx \dfrac{D}{4}$

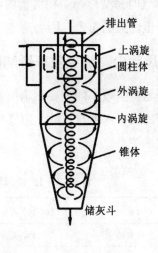

排出管

上涡旋

圆柱体

外涡旋

内涡旋

锥体

储灰斗

旋风除尘器结构

（a）旋风除尘器结构简图　　　　（b）旋风除尘器工作原理简图

图 5 - 4 - 1　旋风除尘器

切线方向进入。旋风除尘器各部分的尺寸都有一定比例。图 5 - 4 - 1（a）中所示标准型旋风除尘器 $H_1 = 2D$，$H_2 = 2D$，此种长径比较大的除尘器除尘效率高，但气体阻力也大。

　　如图 5 - 4 - 1（b）所示，当含尘气流由进气管进入旋风除尘器时，气流由直线运动变为圆周运动，旋转气流的绝大部分沿器壁和圆筒体螺旋形向下，朝锥体流动，器底是密封不漏气的，这是外旋流。当气流到达锥体下端某一位置时，便以同样的旋转方向在旋风除尘器中自下回转而上，继续做螺旋运动。最后，净化气体经排气管排出除尘器外，这是内旋流。气流中所夹带的尘粒由于惯性离心力的作用，在随气流旋转时逐渐趋向器壁，碰到器壁后就落下，滑向出灰口经锁气阀后排出。进口气流中的少部分气流在排气管附近沿筒体内壁旋转向上，达到顶盖后又继续沿排气管外壁旋转向下，最后到排气管下端附近被上升的内旋流带走，这是上旋流。除尘作用主要由外旋流产生。

　　图 5 - 4 - 1（b）表明，进气碰到壳体分成上下两股。向上的一股受到上壁的阻力形成了上部的涡流区，涡流区中的粉尘没有出路，浓度大了以后容易短路进入排气中心管。为了减少这种气流的短路，排气管的插入深度约与进气管的下边齐平或稍低。

　　旋风除尘器能适应粒径大于 5 μm 的粉尘，收尘效率高达 90% 以上。设备本身无运动部件，能够连续作业，结构简单，体积小而对含尘气体的处理量大，造价和运行费用低，可用于高温高压及有腐蚀性气体中，可以回收干烟尘等。旋风除尘器的维护、修理简单，镶嵌耐磨材料内衬的旋风除尘器还经久耐用，其结构可用各种适当材料制造，以适于防腐、耐磨、高温的作业条件。

　　旋风除尘器的缺点是对气流流动的阻力大，处理易磨损物料时易被磨损；处理

250 ℃ 以上烟气时易变形，需在器壁内部镶砌耐火材料等。此外，干式旋风除尘器不能适应纤维及吸湿性强的粉尘，因为这些粉尘易黏附在器壁上而造成堵塞。

任务二 旋风除尘器除尘效率影响因素探析

旋风除尘器除尘效率的主要影响因素有：筒体直径、筒体长度与锥体长度、排灰口直径、排气管的插入深度与尺寸、阻气排尘装置与贮灰箱等。表 5 - 4 - 1 是旋风除尘器性能与诸因素的关系。

表 5 - 4 - 1 旋风除尘器性能与诸因素的关系

序号	因素	对减小压力损失 ΔP	对提高除尘效率
1	进口气速	越小越好	有一最佳值，气速为 12 ~ 24 m/s
2	相似尺寸	几何尺寸没有影响	越小越好
3	出口管径	越大越好	越小为好
4	圆柱体直径	偏小为好	偏小为好
5	圆柱体长度	越长越好	有一最佳值
6	圆锥体长度	越长越好	偏长为好（圆锥角20°）
7	入口面积	偏小为好	影响小，有一最佳值
8	粉体密度	几乎无影响	越大越好
9	气体温度	越高越好	越低越好
10	气体黏度	越大越好	越小越好
11	气体密度	越小越好	几乎无影响
12	内部障碍物	越大越好	越小越好
13	入口粉尘浓度	越大越好	稍偏大为好
14	集尘室空气密度	几乎无影响	要求绝对气密

任务三 旋风除尘器类型及组合选用

旋风除尘器按其性能可分为以下四大类：（1）高效旋风除尘器，其筒体直径较小，用来分离较细的粉尘，除尘效率在95%以上；（2）大流量旋风除尘器，筒体直径较大，用于处理很大的气体流量，其除尘效率为 50% ~ 80%；（3）通用型旋风除尘器，处理风量适中，因结构形式不同，除尘效率在 70% ~ 85%；（4）防爆型旋风除尘器，本身带有防爆阀，具有防爆功能。

旋风除尘器根据结构形式，可分为长锥体、圆筒体、扩散式、旁路型等。而结构形式与除尘的工作原理没有关系。

旋风除尘器的类型

旋风除尘器按组合、安装情况分为内旋风与外旋风除尘器、立式与卧式除尘器以及单筒与多管旋风除尘器。

按气流导入情况、气流进入旋风除尘后的流经路线，以及带二次风导入的形式可概括地分为切流反转式旋风除尘器（吸入式）[如图5-4-2（a）所示]和轴流式旋风除尘器（压下式）[如图5-4-2（b）所示]两种。

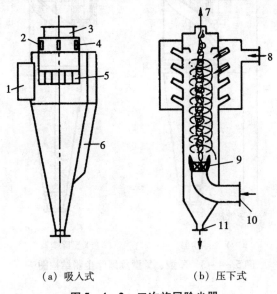

（a）吸入式　　　　　　　　（b）压下式

图5-4-2　二次旋风除尘器

1—含尘气入口；2—15%干净空气进气孔；3—排气管；4—套管；5—导流板；
6—旁路；7—净化气出口；8—二次风入口；9—导向片；10—含尘进气口；11—出灰口

图5-4-2（a）在排气管的外面装有一套管，干净空气在大气压下进入套管以后，由叶片缝隙沿切向进入除尘器，增加了外旋流的动能和排气管口附近气流的旋转，防止进气与排气的短路。多吸入了占总风量15%的气体，可提高15%效率，减少30%压降。图5-4-2（b）的压入式二次风，主要气流（一次风）为含尘气，它以10~15 m/s的速度流向导向叶片带动旋转上升。二次风以50~100 m/s的速度经导向叶片从侧壁的斜切向喷入，并以高速旋转向下。二次风与一次风轴向对流，旋向一致，转速差别很大。在二次风的影响下，一次风越往上转速越高。一次风的内旋流在下部把大颗粒抛出后，到上部时，由于转速增加很大，所以能把微小尘粒分离出来。二次风形成的外旋流把粉尘抛向外壁然后顺壁向下落入贮灰箱中，但是二次风需要3000~6000 Pa的导入压力，动力消耗较多。

按出风口的连接方式可分为带出口蜗壳式（X型）和不带出口蜗壳式（Y型）两大类。如图5-4-3所示，按气流的旋向又可分为左旋（N型）和右旋（S型）两类。分左右两种旋向是为了并联组合使用时便于连接。因此各种结构的旋风除尘器可分为XN型、XS型、YN型和YS型四大类。表5-4-2列出了部分旋风除尘器的规格和技术性能。

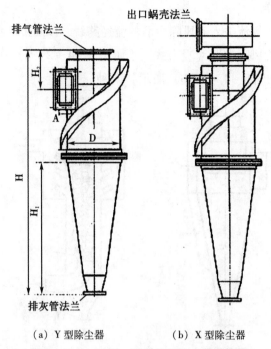

（a）Y 型除尘器　　　　（b）X 型除尘器

图 5 - 4 - 3　X 型、Y 型旋风除尘器结构图

表 5 - 4 - 2　部分旋风除尘器规格和技术性能

型号	进气速度 /(m·s⁻¹)	风量 /(m³·h⁻¹)	阻力/Pa	
			X 型除尘器	Y 型除尘器
CLT/A - 1.5	12 ~ 18	170 ~ 250	755 ~ 1705	90 ~ 98
CLT/A - 2.0	12 ~ 18	300 ~ 400	755 ~ 1705	90 ~ 98
CLT/A - 2.5	12 ~ 18	460 ~ 690	755 ~ 1705	90 ~ 98
CLT/A - 3	12 ~ 18	670 ~ 1000	755 ~ 1705	90 ~ 98
CLT/A - 3.5	12 ~ 18	910 ~ 1360	755 ~ 1705	90 ~ 98
CLT/A - 4.0	12 ~ 18	1180 ~ 1780	755 ~ 1705	90 ~ 98
CLT/A - 4.5	12 ~ 18	1500 ~ 2250	755 ~ 1705	90 ~ 98
CLT/A - 5.0	12 ~ 18	1860 ~ 2780	755 ~ 1705	90 ~ 98
CLT/A - 5.5	12 ~ 18	2240 ~ 3360	755 ~ 1705	90 ~ 98
CLT/A - 6.0	12 ~ 18	2670 ~ 4000	755 ~ 1705	90 ~ 98
CLT/A - 6.5	12 ~ 18	3130 ~ 4700	755 ~ 1705	90 ~ 98
CLT/A - 7.0	12 ~ 18	3630 ~ 5440	755 ~ 1705	90 ~ 98
CLT/A - 7.5	12 ~ 18	4170 ~ 6250	755 ~ 1705	90 ~ 98
CLT/A - 8.0	12 ~ 18	4750 ~ 7130	755 ~ 1705	90 ~ 98

　　为了获得较高的净化效率，可以把除尘器串联使用。为了适应大的气流处理量，可以把多个除尘器并联使用。

当要净化含微小粉尘的含尘气时，要用小直径的旋风分离器，但小直径的旋风分离器的允许流量很小，为了增加处理流量，必须把多个小直径的旋风除尘器并联，具有统一的进气总管和出气总管，构成所谓组合除尘器。

串联使用是为了提高净化效率，越是设置在后段的除尘器，其处理气体的含尘浓度越低，细颗粒粉尘含量越多，对净化效率的要求也越高。串联旋风组的总处理风量为单个除尘器所处理的风量，总阻力为各单个除尘器阻力之和。串联时通过每一段的流量是相同的，所以需流量相同、净化程度有差别的几个除尘器串联使用（见图 5 - 4 - 4）。同类型或不同类型的旋风除尘器均可串联使用；同直径或不同直径的旋风除尘器也可串联使用，其中同类型、同直径旋风除尘器的串联除尘效果最差，故很少采用。串联方式以组成机组式为最好，节省动力消耗，也可以分开设置。串联使用时，因连接管件增加了阻力，要根据总阻力乘以系数（1.1 ~ 1.2）以后作为选择风机的依据。图 5 - 4 - 4 所示为同直径、不同锥体长度的三段串联的旋风除尘器组合，这种方式布置紧凑，阻力消耗较小，第一级锥体部较短，阻力和除尘效率却较低，可净化粗颗粒粉尘，第二、三级除尘器锥体较长，可依次净化较细颗粒的粉尘。

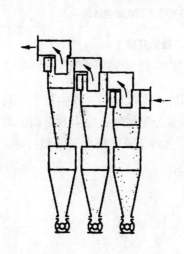

图 5 - 4 - 4　三段串联式旋风除尘器

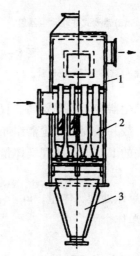

图 5 - 4 - 5　多管并联除尘器
1—壳体；2—单元体；3—集灰头

并联使用是为了增加对气体的处理量，或是在处理量相同的条件下，用多个小直径的旋风除尘器并联，来代替大直径的除尘器，也可以提高净化效率。并联的原则是要求每个组合件具有完全一致的性能，否则将使平均的工况变坏。即不同类型或同类型但型号不同的旋风除尘器不能并联使用。例如图 5 - 4 - 5 并联组合的多管除尘器，当其中一单元的阻力较其他的大时，空气不按照正常的情况在其中通过，而是由总灰斗中通过单元的排灰口进入单元的出气管，自集灰斗中带走一部分已经分离了的灰尘，这是各单元旋风筒制造不一致或者积灰黏附的结果。如图 5 - 4 - 6 所示，这两种组合方式的共同特点是布置紧凑，风量分配均匀，实际应用效果好。

处理量大且要求收尘效率高时，采用个数较多的小直径旋风除尘器并联比个数少的

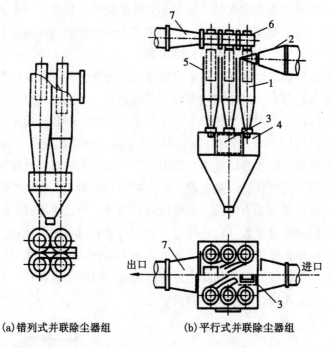

(a) 错列式并联除尘器组　　　(b) 平行式并联除尘器组

图 5 – 4 – 6　旋风除尘器的并联

1—旋风除尘器；2—进口管；3—人孔；4—灰斗；5—排气管；6—出口连接管；7—出口管

大直径旋风除尘器并联效率要高。直径小的旋风除尘器流速高，收尘效率也高，当然阻力损失要大，故并联旋风除尘器组布置紧凑，风量分配均匀，除尘效率高。阻力损失为每个单体损失的 1.1 倍，处理气体量 Q（m³/h）为每个单体处理量之和：

$$Q = nq \tag{5 – 4 – 1}$$

式中，q——单体处理气体量，m³/h；

　　　n——单体个数。

项目五　电除尘器

任务一　电除尘器原理解析

含尘气体通过电除尘器时，电极间产生不均匀电场，气体被电离，粉尘在电场荷电作用下到达电极，通过清灰装置，粉尘振落至灰斗中。

电除尘是使含尘气体通过高压直流静电场，利用静电分离原理分离烟尘和气体的过程。电除尘一般分为 4 个过程：气体电离、颗粒核电、核电烟尘运动和核电颗粒放电。

图 5 – 5 – 1 所示为电除尘器的工作原理。在高压电场作用下，阴极（−）不断放出电子，在两极间产生电晕放电现象，使在电极通过的气体发生电离，与粉尘颗粒相碰撞而使其带电。这些带负荷的尘粒在电场力作用下趋向阳极（＋），与阳极接触后，放出的负电与阳极的正电中和，失去电荷成为中性粒子黏附在其表面，然后借助于振打装置

抖落至集尘斗中。因此，阴极又称为放电电极或电晕电极，阳极称为沉淀电极。

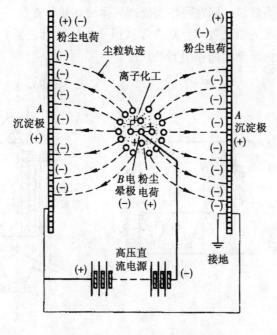

电除尘器工作原理

图 5 – 5 – 1　电除尘器的工作原理图

炭素生产中，烟气中的粉尘粒度是极小的，粒径 5 μm 以下的尘灰具有相当的数量，这样的粒径选用旋风除尘器收集是不行的。由于烟气量大而且温度高，采用袋式除尘器也是不行的。为此，捕集烟气中的尘灰采用电除尘器较为适宜。

在电收尘操作中，如果气体含尘浓度过大，使大部分电荷附着在颗粒上，由于荷电颗粒运动速度较气体离子运动速度小得多，故单位时间内转移的电荷减少，即电离电流减少，甚至等于零。但随着空间电荷的增加，电晕区电场强度减小，电晕被削弱，收尘情况恶化，这种现象称为电晕封闭。为了防止这种现象的发生，进入电收尘器的烟尘一般先经重力沉降与旋风收尘进行预处理，使入口含尘质量浓度降至 60 g/cm³ 以下。

任务二　电除尘器类型及特点

电除尘器的结构由电晕电极、沉淀电极、气流分布装置、清灰装置、外壳和供电设备等组成。由于各部分的分类不同，所以收尘器也有不同类型。

电除尘器的分类方法很多，主要有以下几种。

（1）按清灰方式分为干式、半湿式、湿式电除尘器及雾状粒子捕集器。干式电除尘器易产生粉尘二次飞扬。湿式电除尘器增加了含尘污水的处理工序，需进行二次处理，所以只有当气流含尘浓度低而效率要求很高时才采用。

（2）按烟气在电除尘器内的运动方向分为立式和卧式电除尘器。

烟气在电除尘器内沿水平方向运动的称为卧式电除尘器。其气流方向平行于地面，占地面积大，但操作方便，如图 5 – 5 – 2（a）所示。卧式电除尘器可根据需要分为几个室（一般为两个）和几个供电电压不同的区域，前者叫除尘室，后者叫电场。图

5－5－2（a）为二室三电场卧式除尘器的简图。卧式电除尘器的特点是可根据粉尘性质和净化要求，增加电场数量，同时可根据处理气体增加粉尘室数量，每个电场可供不同的电压，以便获得更高的净化效率。现在干式卧式电除尘器已系列化设计，定型生产。卧式收尘器可根据收尘需要增加收尘器的长度。

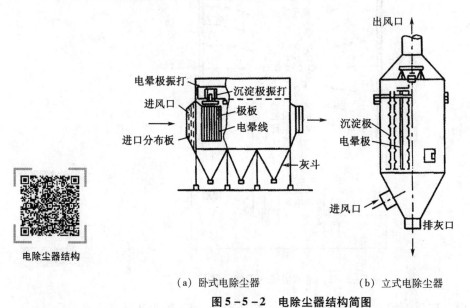

電除尘器结构

（a）卧式电除尘器　　　　（b）立式电除尘器

图 5－5－2　电除尘器结构简图

含尘气体由下部进入，垂直向上经过电场的，称为立式电除尘器，如图 5－5－2（b）所示。气流方向垂直于地面，通常由下而上，目前管式电收尘均采用立式。由于电场力竖向布置，气流方向与粉尘自然沉降方向相反，净化效率差，高度较高，安装及维修不便；且常在正压下操作，风机在除尘器前面磨损严重。

（3）按电除尘器的形式分为管式和板式电除尘器。管式电除尘器主要用于处理烟气量小的场合。板式电除尘器应用广泛，如图 5－5－3 所示。板式电收尘器的沉淀极板和电晕线形式种类很多。常用的沉淀极板有袋形、C 形、Z 形、鱼鳞板形、波浪形以及棒帷式等；常用的电晕线形式有圆形线、菱形线、星形线、芒刺线以及螺旋线等。

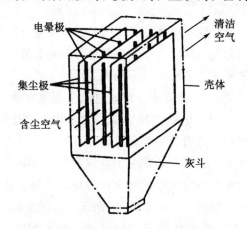

板式双区电除尘器

图 5－5－3　板式电除尘器结构示意图

（4）按收尘板和电晕极的配置分为单区和双区电除尘器。收尘极与电晕极布置在同一区域内的为单区电除尘器，其应用最为广泛。收尘极与电晕极布置在两个不同区域内的为双区电除尘器。

（5）按振打方式分为侧部振打和顶部振打电除尘器。

任务三 电捕焦油器结构及工作原理解析

电捕焦油器由电捕焦油器主体和供给高压直流电的整流设备组成。电捕焦油器均由筒体、沉淀极、电晕极和电气绝缘箱四大部分组成，如图 5-5-4 所示。

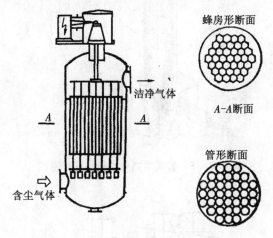

图 5-5-4 管式电捕焦油器结构示意图

筒体是圆筒形的（内径根据煤气流量决定），并带有封头，筒体上部设有出气管，下部设有进气管，并设有两个人孔和一个防爆阀。

沉淀极管束由管束组成，并与筒体上、下部相通。

电晕电极装置通过吊杆悬吊在顶部的绝缘箱内，它由上部吊杆及拉杆、上下框架、电晕电极导线、重锤组成。

绝缘箱设在筒体顶部，它是悬吊电晕电极装置的圆形箱体。内部设有悬吊支架、高压瓷瓶、加热夹套。

按电场理论，正离子吸附于带负电的电晕极，负离子吸附于带正电的沉淀极；所有被电离的正负离子均充满电晕极与沉淀极之间的整个空间。当含焦油雾滴等杂质的沥青烟气通过该电场时，吸附了负离子和电子的杂质在电场库仑力的作用下，移动到沉淀极后释放出所带电荷，并吸附于沉淀极上，从而达到净化气体的目的，通常称为荷电现象。当吸附于沉淀极上的杂质量增加到大于其附着力时，会自动向下流淌，从电捕焦油器底部排出，净气体则从电捕焦油器上部离开并进入下道工序。

电捕焦油（电除尘）器是利用直流负高压电源产生的强电场使气体电离，产生电晕放电，进而使悬浮沥青胶体荷电，并在强电场力的作用下，将悬浮沥青胶体从气体中分离出来并加以捕集的净化装置。通常情况下气体不导电，但在高压电场作用下气体内部的电子便会获得足够的能量成为自由电子而导电，称为自发性电离现象。气体的自发性电离建立在非均匀性电场中。在均匀性电场中，随着电压的增加，只要任何一点发生电离，两极间将立即充满带电离子，整个空间的气体被击穿。此时电流急剧增加而形成火花放电。而在非均匀性电场中，电场强度则随两极间的距离增大而迅速下降。

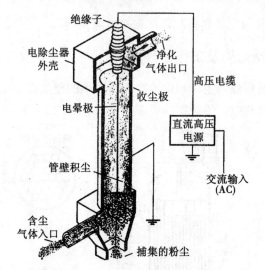

单管双区电除尘器

图 5 - 5 - 5　管式电捕焦油器结构示意图

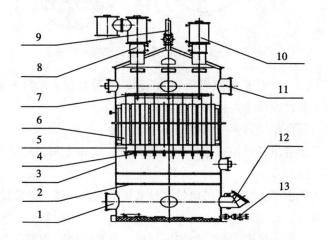

图 5 - 5 - 6　C - 72 管式电捕焦油器结构示意图

1—气体进口；2—气流分布板；3—筒体；4—下部吊架；
5—电晕极线；6—沉淀极；7—上部吊架；8—引电绝缘子箱；9—放散管；
10—绝缘子箱；11—净化气出口；12—防爆阀；13—焦油出口

　　图 5 - 5 - 5 和图 5 - 5 - 6 所示为管式电捕焦油（电除尘）器工作原理示意图。图中的接地金属圆管叫收尘极（沉淀极），与直流高压电源输出端相连的金属线叫电晕极（放电极）。电晕极置于圆管的中心，靠下端的重锤张紧。在两个曲率半径相差较大的电晕极和收尘极之间施加足够高的直流电压，两极之间便产生极不均匀的强电场，电晕极附近的电场强度最高，使电晕极周围的气体电离，产生电晕放电。电压越高，电晕放

电越强烈。在电晕区气体电离生成大量自由电子和正离子，在电晕外区（低场强区）由于自由电子动能的降低，不足以使气体发生碰撞电离而附着在气体分子上形成大量负离子。当含沥青胶体气体从电捕焦油（电除尘）器下部进气管引入电场后，电晕区的正离子和电晕外区的负离子与胶体碰撞并附着其上，实现了胶体的荷电。荷电胶体在电场力的作用下向电极性相反的电极运动，并沉积在电极表面，当电极表面上的沥青沉积到一定厚度时，在重力的作用下顺沉淀极流下从部锥体中排出，而净化后的气体从电捕焦油（电除尘）器上部出气管排出，从而达到净化含沥青胶体气体的目的。

电捕焦油器的结构形式有同心圆式、管式和蜂窝式等三种。无论哪种结构，其工作原理即在金属导线与金属管壁（或极板）之间施加高压直流电，以维持足以使气体产生电离的电场，使阴阳极之间形成电晕区。

根据供电极性的不同，电晕有阴电晕和阳电晕之分。在工业生产中，大多采用阴电晕，因为在相同的条件下，阴电晕可以获得比阳电晕高的电流，而且其闪络电压也远比阳电晕放电要高。

由于影响电捕焦油器操作性能的因素很多，选型时需考虑粉尘与雾滴的密度、黏度、电阻率、气体温度、压力、湿度、流速与杂浓度等。

任务四　电捕焦油器结构形式分析

电捕焦油器的结构形式有 TD 套筒式（同心圆式）、GD 管式、FD 蜂窝式和 SJD 湿管四种。四种结构的本体均主要由筒体、放电极（电晕极）以及吸捕极（沉淀极）组成。

无论哪种结构，其工作原理即在金属导线与金属管壁（或极板）间施加高压直流电，以维持足以使气体产生电离的电场，使阴阳极之间形成电晕区。都是由机械本体和供电电源两大部分组成的，都是按照同样的基本原理设计的，如图 5-5-7 所示。

四种结构的电捕焦油器均由壳体、沉淀极、电晕极、上下吊架、气体再分布板、蒸汽吹洗管、绝缘箱和馈电箱等部件组成，其主要区别是沉淀极的形式、电晕极的排布方式、绝缘箱和馈电箱。

1. 同心圆电捕焦油器

同心圆电捕焦油器又叫套筒式电捕焦油器，它由数个不同直径的钢板圆筒组成，以同一垂直轴为圆心，并以同一间距套在一起而组成沉淀极。电晕极之间同性相斥，会使电场出现空位小空洞，即场强洞穴。易造成气体在洞穴中短路流失，降低捕集效果，同时，同心圆电捕焦油器的制造精度要求高、安装调试极为严格，在制造、安装和运输中较易使同心度、水平度和垂直度产生变化，均会造成阴阳极之间或其他部件间产生放电现象，难以达到要求的电压，直接影响焦油的捕集效率，还易使电瓷瓶击穿毁坏。因场强的电压变化值为 400 V/mm，所以，阴阳极间即使出现 1 mm 的偏差，其场强电压的变化值也可高达 400 V。同心圆电捕焦油器具有流通面积大、气体流速低和耗钢材少等优点。

2. 管式电捕焦油器

由于钢管与电晕线单独组成电场，其场强电压取决于钢管的半径，其值为 $400R$。

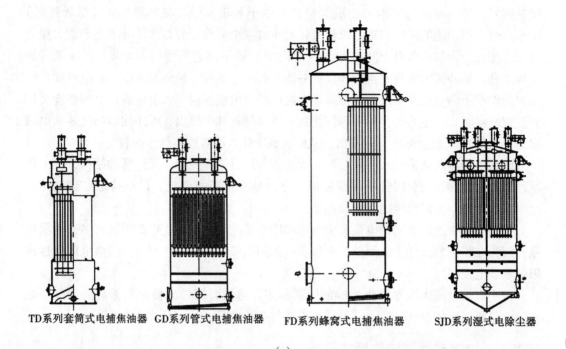

TD系列套筒式电捕焦油器　GD系列管式电捕焦油器　　FD系列蜂窝式电捕焦油器　　SJD系列湿式电除尘器

(a)

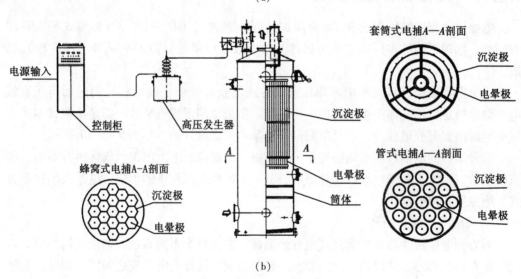

(b)

图 5 – 5 – 7　电捕焦油器的类型

由于管式电捕焦油器在每个管截面内形成等极间距电场，而管与管之间则是空位，由管板盲区堵住这些空穴，这就降低了圆筒内有效空间的利用率，减少了净化通道的截面积。这种形式的电捕焦油器的耗钢材量较大，但由于具有制造容易、等极间距电场、材料易得和安装调试比较方便等优点，广泛应用于大中型气体净化厂。

截面呈圆形的电晕线安装在管子中心，含沥青胶体气体自下而上从管内通过。

3. 蜂窝式电捕焦油器

蜂窝式与管式的结构相同，只是将通道截面由圆形改为正六边形。两个相邻正六边形共用一条边，即靠中间的正六边形的六条边均被包围它的六个正六边形所共用。用2～3 mm的钢板制成的蜂窝板即可满足工艺和机械强度的要求。蜂窝式电捕焦油器具有结构紧凑合理、没有电场空穴、有效空间利用率高、质量轻、耗钢材少和捕集特性好等优点，但存在制造难度大、在运输安装过程中易产生误差等缺点。随着设备制造工艺水平的提高，蜂窝式电捕焦油器的优点会越来越受到人们的重视，必将逐步取代同心圆式和管式电捕焦油器。

4. SJD湿式电捕焦油器

蜂窝式、列管式和套筒式只用于含焦油、轻油较高的气体净化，湿式主要用于含尘量较高的气体的净化。

任务五　电捕焦油器特点分析

1. 电捕焦油器的优点

（1）除尘效率高。电捕焦油器可以通过加长电场长度、增大电场截面积、提高供电质量和对烟气进行调质等手段来提高除尘效率，以满足要求。对于常规电捕焦油器，在正常运行时其除尘效率大于99%是极为普遍的。对于粒径小于0.1 μm的微细粉尘，电捕焦油器仍有较高的除尘效率。

（2）设备阻力小，总的能耗低。电捕焦油器的总能耗包括设备阻力损失、供电装置、加热装置、振打和卸灰电动机等。电捕焦油（电除尘）器的阻力损失一般为150～300 Pa，约为袋式电捕焦油器的1/5，在总能耗中所占份额较低。一般处理1000 m³/h烟气量，需消耗电能0.2～0.8 kW·h。

（3）处理烟气量大。电捕焦油器由于结构上易于模块化，因此可以实现装置大型化。目前单台电捕焦油器最大电场截面积超过了400 m²，处理烟气量达200万m³/h。

（4）耐高温，能捕集腐蚀性大、黏附性强的气溶胶颗粒。一般常规电捕焦油器用于处理350 ℃及以下的烟气，如果进行特殊设计，可以处理350 ℃以上的高温烟气。对于硫酸雾和沥青雾等腐蚀性大和黏附性强的气溶胶颗粒，电捕焦油器仍能保持良好的捕集性能。

2. 电捕焦油器的缺点

（1）一次性投资和钢材消耗量较大。据统计，常规电捕焦油器（一般设置4～5个电场），平均每平方米（指截面积）消耗钢材3.0～3.6 t。

（2）占地面积和占用空间体积较大。

（3）对制造、安装和运行水平要求较高。由于电捕焦油器结构复杂、体积庞大、控制点多和自动化程度高，所以对制造质量、安装精度和运行水平都有严格要求，否则不能达到预期的除尘效果。

（4）易受工况条件的影响，对粉尘的电阻率有一定的要求（10^4～10^{10} Ω·cm）。虽然电捕焦油器对烟气性质和粉尘特性有较宽的适应范围，但当某些工况参数偏离设计值较多时，电捕焦油器性能会发生相应的变化。对粉尘电阻率最为敏感，当粉尘电阻率过高或过低时，都会引起除尘效率降低，最适宜的粉尘电阻率范围为10^4～10^{10} Ω·cm。

粉尘性质中粉尘的电阻率可看作能否用电除尘器来除尘的条件，粉尘的电阻率是一种导电性能，在 $10^4\ \Omega \cdot cm$ 以上者导电性好，荷电粒子与沉淀极接触时立即放出电荷，同时获得与沉淀极相同的电荷，受到同性电荷的排斥而脱离沉淀极表面，返回到气流中。电阻率在 $10^{10}\ \Omega \cdot cm$ 以上者，附着沉淀极上的粉尘放电过于缓慢，使粉尘沉积越来越多，覆盖成层，产生所谓反电晕现象，恶化电除尘的操作。电阻率在 $10^4 \sim 10^{10}\ \Omega \cdot cm$ 的粉尘，基本能正常地为电除尘器所捕集。

粉尘电阻率与温度、湿度有密切关系。因此在处理高电阻率粉尘时，可采取以下办法进行处理：（1）保持电极表面尽可能清洁；（2）采用较好的供电系统；（3）烟气调质，增加烟气湿度，或向烟气中加入 SO_3，NH_3 及 Na_2CO_3 等化合物，使粒子导电性增加，最常用的化学调质剂是 SO_3；（4）改变烟气温度，向烟气中喷水，同时增加烟气湿度和降低温度；（5）发展新型电除尘器。

影响电除尘器净化效率的因素很多，气体的参数（如温度、湿度、流速）、粉尘性质（浓度、分散度、黏性及电阻率等）、结构形式以及操作条件（尤其是电压、比电流值、电极干净程度、气体压力、卸尘状况等）都直接影响净化结果。其中气体参数（温度、湿度）和粉尘性质是设计和使用电除尘器的主要因素。因此在选择除尘设备时必须掌握这方面的特征。

任务六　电捕焦油器故障处理

电捕焦油器运行注意事项：

（1）恒流控制柜和高压发生器均不允许开路运行。

（2）及时清扫所有绝缘件上的积灰，检查接触器开关、继电器线圈、触头的动作是否可靠。保持设备的清洁干燥。

（3）经常检查电除尘器壳体、高压发生器外壳、高压电缆外皮、电缆头和各控制盘铁构架、钢网门等接地部分，确保无松动，无严重锈蚀。

（4）每年测量一次，高压发生器和恒流控制柜的接地电阻不大于 $2\ \Omega$。

（5）每年更换一次高压发生器呼吸器的干燥剂。

（6）每年进行一次变压器油耐压试验，其击穿电压不应低于交流有效值 40 kV/2.5 mm。

（7）在北方低温条件下运行的高压发生器，冬天应检查一次油面位置。方法是用探针插入注油口，接触到油箱内的隔板后取出，看探针上有无油迹，如无油迹，则应加些油，使探针触到油面即可，使用的变压器油一般为沪产 45 号油。有油标的变压器查看油标即可。

电捕焦油器的常见故障及其排除方法（与本体断开）见表 5 - 5 - 1。

表 5 - 5 - 1　电捕焦油器故障处理

故障现象	原因分析	排除方法
合上电源，指示灯不亮	接触不良，FU3 烧断，电源内部有短路	改善接触，排除短路点
合上电源，指示灯亮，按自检无效	门开关联锁未接线，过氧端子短路	检查接线端子

表 5 – 5 – 1（续）

故障现象	原因分析	排除方法
工作不稳定，过电压经常跳闸	外部连线有松动或断开	接好松动或断开的连线
	电网输入电压太高	适当减少输出电流
	工况变化，电场呈高阻状态	适当减少输出电流
电压表的指示数为几千至 2 万伏	高压硅堆坏	换硅堆
	高压绕组有击穿点	送回制造厂修理
合闸后开机自检正常，电流选择开关合上后电压表无读数	恒流控制柜输出短路，或高压回路有短路故障	排除短路点
电压表到一定值后不再增大，反而下降	变压器瓷套管坏	换变压器套管
	高压绕组软击穿	送回制造厂修理
电压表无读数，仅电流表有读数	高压回路有短路故障，绝缘部件击穿或电场短路	排除短路点，换绝缘部件

任务七　电除尘器安全要点剖析

随着电除尘器的广泛应用，防止事故发生、确保安全运行具有重要意义。

在燃烧和爆炸的火源、可燃物、氧气 3 个条件中，火源是避免不了的，因为电除尘器的电晕放电过程会有火花放电，此时即形成着火源。所以电除尘器燃烧爆炸的关键在于可燃气体或粉尘的存在，以及一定的含氧量。

防止在电除尘器内形成粉尘燃烧爆炸的安全措施如下。

（1）防止粉尘凝聚。

（2）防止徐燃现象。徐燃现象是收集在电极上的粉尘缓慢燃烧的现象。徐燃现象通常伴有炭末及冷凝碳氢化合物的燃烧。实践表明，徐燃现象在电除尘器的第二、三电场更为严重，因为第二、三电场中的细粉尘和气溶胶比第一电场多。

产生徐燃现象的原因是：含尘烟气中一般含有氧；电除尘器中的电火花时有发生；集尘极粉尘层中炭末及冷凝碳氢化合物很容易被点燃，徐燃现象缓慢产生。产生徐燃现象的电除尘器往往被用于烧结厂、焦化厂、炭素厂、铝厂等。

防止徐燃现象首先应减少炭末及冷凝碳氢化合物的含量。

（3）防止可燃气体和氧气超过限度。用于净化回转窑烟气的电除尘器，最忌烟气中 CO 气体超量。CO 的爆炸极限为气体体积分数的 12.5%，实际生产时则更低。

回转窑的燃烧一般都难以做到自动调控，不能确保 CO 浓度不超过限度，所以，在电除尘器之前，要安装 CO 自动分析仪，并与电除尘器供电装置连锁。当 CO 超过限定值时，电除尘器自动断电，防止电除尘器爆炸事故的发生。

（4）抗爆结构。将电除尘器设计成能够承受可燃物质爆炸而不被破坏的结构形式，这对于处理可燃气体和可燃粉尘的场所是可取的，也是比较安全、经济合理的。

此外，用特殊支承框提高集尘极的刚性，可以防止电极在徐燃时变形，也是普通电除尘器设计中的结构改进方法。

（5）泄压措施。对于电除尘器来说，简单而有效的防爆措施是在固定的开口进行及时泄压，使除尘器避免危险的高压。这样，只要除尘器能抵御泄压后的剩余压力就可以了。泄压时的瞬时压力比爆炸压力小得多。常用的泄压装置有泄压膜和泄压阀两类。

项目六 湿式除尘器

任务一 湿式除尘器类型分析

湿式除尘主要利用水或其他液体与含尘气接触来捕集粉尘。

湿式除尘器的净化效率高，能除掉 0.1 μm 以下的尘粒，容易捕集微小粉尘，在除尘同时也能冷却，但是需要消耗液体，粉尘回收困难，有防腐防冷问题。

湿法除尘器按其结构来分有以下几种：（1）重力喷雾湿式除尘器，如喷洗塔；（2）旋风式湿式除尘器，如旋风水膜式除尘器、水膜式除尘器；（3）自激式湿式除尘器，如冲击式除尘器、水浴式除尘器；（4）填料式湿式除尘器，如填料塔、湍球塔；（5）泡沫式湿式除尘器，如泡沫除尘器、旋流式除尘器；（6）文丘里湿式除尘器，如文丘里除尘器；（7）机械诱导除尘器，如拨水轮除尘器。实际上还有它们的组合，类型繁多。主要湿式除尘装置的性能和操作范围如表 5 - 6 - 1 所示。

表 5 - 6 - 1 主要湿式除尘装置的性能和操作范围

装置名称	气体流速/(m·s^{-1})	液气比/(L·m^{-3})	压力损失/Pa	分割直径/μm
喷淋塔	0.1 ~ 2	2 ~ 3	100 ~ 500	3.0
填料塔	0.5 ~ 1	2 ~ 3	1000 ~ 2500	1.0
旋风洗涤器	15 ~ 45	0.5 ~ 1.5	1200 ~ 1500	1.0
转筒洗涤器	(300 ~ 750 r/min)	0.7 ~ 2	500 ~ 1500	0.2
冲击式洗涤器	10 ~ 20	10 ~ 50	0 ~ 150	0.2
文丘里洗涤器	60 ~ 90	0.3 ~ 1.5	3000 ~ 8000	0.1

任务二 湿式除尘器类型结构和特点分析

如图 5 - 6 - 1 所示，利用雨后空气清新的道理，使含尘气流通过设备内部的人造雨雾区域，达到除尘的目的，根据喷淋的方向、含尘气流的流动方向又可以分为不同类型。此法中水滴靠重力沉降，风速一般为 1 ~ 2 m/s，以免把水吹走。由于相对速度低和水滴间距大，一般只用于捕集 5 μm 以上的大颗粒粉尘。突出的优点是结构简单、阻力小，因为内腔没有装填料，又称为空塔洗涤器。

如图 5 - 6 - 2 所示，填料洗涤器比空塔洗涤器净化效率更高，风速可达 2 ~ 3 m/s，但不超过 4 m/s。压降取决于填料情况，一般为 200 ~ 400 Pa。当填料空隙度小，层厚时，净化效率高，但压降也大。填料可用陶瓷、塑料、玻璃、砾石等材料制成的环、球等。

旋风除尘器用水冲洗内壁，有立式（见图 5 - 6 - 3）与卧式（见图 5 - 6 - 4）两种。进口风速取 15 ~ 23 m/s，速度过高，阻力激增，还可能破坏水膜层，出现严重的出风带水现象，除尘器的筒长度对净化效率影响较大，立式的一般高度不小于 5 倍筒径。其净化效率一般可达到 90% ~ 95%。

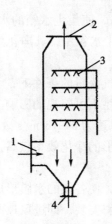
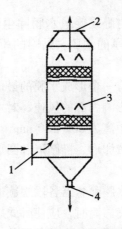

喷淋洗涤塔

填料塔

图 5 - 6 - 1 喷淋洗涤塔示意图

1—含尘气体进口；2—净化气体；

3—喷嘴；4—污水出口

图 5 - 6 - 2 填料洗涤除尘器示意图

1—含尘气体进口；2—净化气体；

3—喷嘴；4—污水出口

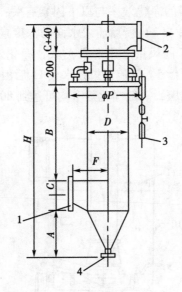

图 5 - 6 - 3 立旋风膜除尘器示意图

1—含尘气体进口；2—净化气体出口；3—进水口；4—污水排出口

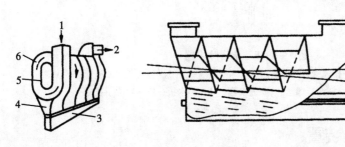

（a）外形 （b）切面

卧式旋风水膜除尘器

图 5 - 6 - 4 卧式旋风水膜除尘器示意图

1—含尘气体进口；2—净化气体进口；3—集尘冰箱；4—供水口；5—内筒壁；6—外筒壁

图 5 -6 -4 所示为卧式旋风水膜除尘器，利用气流冲击，使集尘水箱的水面扬起，在筒内形成 3 ~ 5 mm 厚的水膜，黏附的粉尘被水膜带入集尘水箱中，其净化效率可达 90%。

当水位一定时，有一个形成水膜的最低风速。在固定空气流量的条件下，水位影响内部的通风断面积，影响内部的风速，对水膜的形成情况发生不可忽视的影响。国内经验，以内筒与水面的距离为 80 ~ 150 mm，螺旋通道内断面风速为 8 ~ 18 m/s 效率较高。

卧式的断面有倒置卵形、椭圆形和圆形三种，以倒置卵形的净化效率较高，但压降也较大。

为了使卧式旋风水膜除尘器各段螺旋通风道的风速适当，使各段的水膜形成情况良好，在采用等螺距螺旋内筒时，应使卧式旋风水膜除尘器倾斜安装，即进风口的一端略低，因为在运动风速作用下，内部各段的水面会形成如图所示的阶梯形，这样就可控制各段的通风断面，要求在运动时各断面面积相等。

如图 5 -6 -5 所示，水浴除尘器是利用含尘气流通过水层形成泡沫水花，从而起到黏附粉尘的作用。水浴除尘器的净化效率与以下因素有关：(1) 气速愈大，净化效率愈高，一般气速为 8 ~ 24 m/s；(2) 喷嘴插入水面的深度愈大愈能净化，但阻力增加；(3) 喷嘴与水面接触的周长 S 同风量之比 S/Q 愈大，净化效率愈高。所以在图中可以看到在喷嘴 4 的下面装了反射盘 5。气流经过挡水板 11 后由排风管 2 排出。水浴除尘器构造简单、造价和运输费用低廉，一般净化效率均可达到 80%。

湿式除尘器

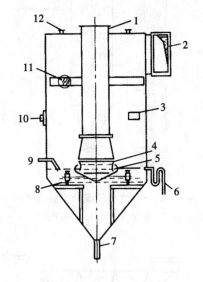

图 5 -6 -5　水浴除尘器

1—进气管；2—排风管；3，10—人孔；4—喷嘴；5—反射盘；6—溢流管；
7—排水管；8—调节螺丝；9—进水管；11—挡水板；12—冲洗小孔

项目七　除尘器卸尘装置

卸尘装置是除尘设备的重要组成部分，它的性能直接影响除尘器净化效率。若卸尘出口处吸入大量空气，将破坏除尘器的气流运动，大大降低除尘效率；或者造成排灰口

处吸入大量空气，将破坏除尘器的气流运动，大大降低除尘效率；或者造成排灰口堵塞，使除尘系统瘫痪。若旋风除尘器卸尘装置漏风为15%，除尘器净化效率趋近于零。其他型式的除尘器漏风对净化效率均有重大影响，因而卸尘装置的作用是不容忽视的。

任务一　干式卸尘装置认知

干式卸尘器装置用于干式除尘器。干式卸尘装置有手动式、机械式和电动式等。

1. 斜板式卸尘器

斜板式卸尘器是一种最简单的卸尘器，它分为单层和双层卸尘阀，单层卸尘阀的严密性较差，一般很少采用。双层卸尘阀如图5-7-1（a）所示，它是由两层斜板装置组成的。斜板与杠杆系统连接，固定在轴上，在轴的另一端杠杆上配有平衡重锤，使斜板紧贴排灰口。当斜板上粉尘达到一定量时，斜板被压下，粉尘自动排出，然后依靠重锤作用复位，两层斜板交替工作，同时在与排灰口接触的一面粘有橡胶板，这样提高了密封程度。

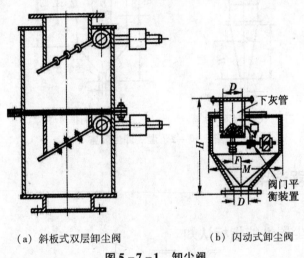

（a）斜板式双层卸尘阀　　　　　　（b）闪动式卸尘阀

图5-7-1　卸尘阀

2. 闪动式卸尘阀

闪动式卸尘阀是一种较好的机械式卸尘阀，应用极为广泛。

闪动式卸尘阀如图5-7-1（b）所示。阀板是一个伞形斜斗，用钢板制成，斜斗设在杠杆机构的顶针尖上，可以自由颤动，但因为有制动板，不会掉落。

当积尘管积有一定粉尘时，积尘不匀或除尘器内压力稍有波动，就使锥形阀产生颤动，粉尘便从阀板环缝连续排出，而不能使阀板突然开启。阀的严密性主要靠灰柱高度来保证，并用重锤的距离加以调节。卸尘阀和杠杆系统在严密的外壳内，设有视孔和密封门，因而严密性较好。干式卸尘阀还有真空式、电动（星形）式和电动螺旋式。

任务二　湿式卸尘阀认知

湿式卸尘阀适用于湿式除尘器或干式除尘器采用水力排灰口场合。

1. 满流排水管

满流排水管是一种最简单的卸尘装置，使用对象必须排灰连续和用水量稳定。该阀结构简单，操作方便，因而应用很广泛。

满流排水管［如图5-7-2（a）所示］的一个圆锥形短管用法兰直接与除尘器相接，除尘器工作时，在锥形管内始终形成一定高度的水封，除尘器主要依靠水封来密封。

2. 水封排污箱

水封排污箱的结构如图5-7-2（b）所示。它的特点是排浆管与进水口同心，且排水速度较大，不易堵塞，箱体上部为敞开口，也易清理。这种卸尘器装置多用于水量较大的除尘器。湿式卸尘器还有水封排浆阀、水冲式卸尘阀、水沉淀池等。

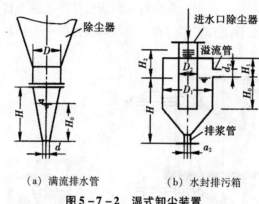

（a）满流排水管　　　　　（b）水封排污箱

图5-7-2　湿式卸尘装置

项目八　除尘器选用

任务一　不同除尘器性能指标认知

除尘器的主要性能指标还包括除尘效率、压力损失、处理气体量与负荷适应性等几个方面。各个除尘器的指标见表5-8-1。

表5-8-1　除尘器性能指标

除尘器名称	适用粒径范围/μm	效率	阻力/Pa	设备费用	运行费用
惯性除尘器	20~50	50%~70%	300	少	少
旋风除尘器	5~15	60%~90%	800	少	中
袋式除尘器	0.5~1	95%~99%	50	中上	多
电除尘器	0.5~1	90%~98%	1000	多	中上
水浴除尘器	1~10	80%~95%	600	少	中下
文丘里除尘器	0.5~1	90%~98%	1000	少	多

任务二　不同除尘器选用因素分析

在选择除尘器时，需要考虑以下几个方面：（1）除尘器的除尘效率（各种除尘器对不同粒径粉尘的除尘效率）。（2）选用的除尘器是否满足排放标准规定的排放浓度。（3）注意粉尘的物理特性（例如黏性、电阻率、润湿性等）对除尘效能有较大的影响；另外，不同粒径粉尘的除尘器除尘效率有很大的不同。（4）气体的含尘浓度较高时，在静电除尘器或袋式除尘器前应设置低阻力的初净化设备，去除粗大粉尘，以使设备更好地发挥作用。（5）气体温度和其他性质也是选择除尘设备时必须考虑的因素。（6）所捕集粉尘的处理问题。（7）设备位置，可利用的空间、环境条件等因素。（8）设备的一次性投资（设备、安装和施工等）以及操作和维修费用等经济因素。

项目九　除尘系统组成分析

任务一　除尘系统组成设置

如图 5 - 9 - 1 所示，除尘系统主要由密闭罩、抽风罩、管道、除尘器及风机等组成。在除尘系统中，一般将风机置于除尘器之后，可以减轻风机的磨损和避免风管接头处粉尘外逸。

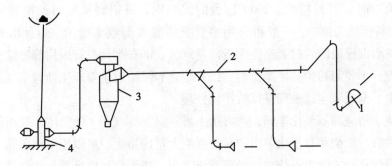

图 5 - 9 - 1　除尘系统示意图

1—局部抽风罩；2—管道；3—除尘器；4—风机

密闭罩的作用是将散尘处密闭起来。目前国内通常采用的密闭型式主要有局部密闭、整体密闭和密闭室三种。抽风罩是将风管与密闭罩连接起来的接头，其形状和位置对除尘性能有直接影响。管道设计的合理性直接影响到除尘系统的除尘效果。除尘器是除尘系统的主体设备。风机是除尘系统的动力源，直接关系到除尘系统的正常运行。

在磨粉、除尘及某些控制系统中，需要输送气体。按产生压力的高低，可把气体输送机分为通风机（$P \leqslant 15$ kPa）、鼓风机（15 kPa $< P \leqslant 350$ kPa）和压缩机（$P > 350$ kPa）三类。

炭素材料生产过程中易造成粉尘飞扬，可单独设置除尘器进行局部处理，也可以多个扬尘点抽风共用一级或两级除尘处理，组成一个除尘系统。

一般设置除尘系统应考虑：（1）除尘抽风点应尽量靠近，尽量采用短管道以便减少管道阻力。（2）除尘系统内除尘风量要比较稳定，除尘风量不稳定将降低除尘效率。（3）除尘系统的除尘总风量不要过大，一般不超过 20000～25000 m^3/h。（4）除尘系统应尽可能与生产设备进行连锁。

任务二　炭素厂除尘系统设置和参数设定

在原料场或原料仓，原料的卸料、转仓、预碎、输送均会产生粉尘，一般可采用自然通风的方式，在厂房上部开高侧窗及设排风机排风。通常在预碎机和运输机进出料口安装风罩，采用一级旋风除尘器的除尘系统。

破碎、筛分、磨粉、运输设备、料仓和配料阀门（放料时），均会产生大量粉尘。若破碎、筛分、运输为单生产系统，可作为一个除尘系统，但一般总除尘风量不超过20000～25000 m^3/h，若除尘总风量超过 25000 m^3/h，可设两个或多个除尘系统。若破碎、筛分、运输为多生产系统，则每个生产系统作为一单独的除尘系统。一般料仓和配料阀门扬尘点的除尘可附到破碎、筛分除尘系统中，但不放料时，抽风罩门应关闭。磨粉设备可单独作为除尘系统。破碎、筛分和磨粉的除尘系统，一般应设置一级旋风除尘器加袋式除尘器除尘，且除尘系统应尽可能与生产设备进行连锁。

在混捏和压型过程中，除产生粉尘外，还有沥青烟气。混捏时，配料料斗往混捏锅里加料，搅拌时会散发粉尘。2000 L/台的混捏锅，每锅料从加料到搅拌完毕要损失20～30 kg，料损均为细粉，一般可采用多管旋风除尘器收集粉尘，返回混捏锅中再利用。加沥青后混捏及凉料时会产生大量沥青烟气，沥青烟气最好采用静电除尘或湿式除尘单独处理，不要与粉尘共用除尘器。沥青熔化和浸渍时主要产生沥青烟气，此时可采用静电除尘、湿式除尘或采用排风机排风处理。

在煅烧、焙烧和石墨化车间，有害物主要是沥青烟气和 CO 气体，采用静电除尘或湿式除尘为宜。焙烧和石墨化装出炉时会产生大量的粉尘，可以用由旋风除尘器和袋式除尘器组成的移动式除尘系统进行局部抽风除尘，或用排风机排风。焙烧填充料、石墨化电阻料及保温料的处理过程中产生的粉尘，可分别作一个除尘系统，可采用一级旋风除尘后采用袋式除尘。

机械加工也易产生大量粉尘，除尘系统数量应依据机床的种类和台数，确定总除尘风量后再作决定。一般，同一流水生产线上设备的粉尘除尘为一个除尘系统，一般采用两级除尘：第一级为旋风除尘，第二级为袋式除尘。

实验室各粉尘点可统一作为一个除尘系统，可采用一级多管旋风除尘器除尘。

由于空气的流动而造成的粉尘飞扬，采用密闭罩将产生或扬起粉尘的部位封闭起来，并对它抽气，使罩内产生负压（相对于大气压），则罩内的含尘气流就不会逸出罩外，达到除尘的目的。但是，对于各种除尘设备及不同的密度罩，要求的抽风量是不同的，否则满足不了密闭罩所要求的最小负压，表 5-9-1 中列出了几种设备所要求的最小负压值。

表 5 - 9 - 1　常用设备密闭罩所需最小负压值

设备名称	密闭方式	最小值 Δp/Pa（mmH$_2$O）
胶带输送机	局部密闭上部罩	5（0.5）
	下部罩；整体密闭	8（0.8）；5（0.5）
振动筛	局部密闭；整体密闭与密闭室	1.5（0.15）；1.0（0.10）
颚式破碎机	上部罩；下部罩（胶带机）	2.0（0.20）；8.0（0.8）
圆盘给料机	上部局部密闭，下部密闭室	6（0.6）；8（0.8）
电振给料机	给料机与受料机整体密闭	2.5（0.25）；2.5（0.25）
	与受料胶带机整体密闭	

常用设备密闭罩抽风量的经验数据见表 5 - 9 - 2，可供设备选用时参考。

表 5 - 9 - 2　常用设备密闭罩抽风量的经验数据

设备名称或规格	抽风量 /(m^3·h^{-1})	设备名称或规格	抽风量 /(m^3·h^{-1})
颚式破碎机 250×400 及以下者	1000～1200	振动筛	2000～2500
400×600 及以下者	1200～1800	回转筛或圆筒筛	2000～2200
对辊破碎机 Φ300 及以下者	1000～1200	混捏锅 1200 L 及以上	1000～1500
Φ400 及以下者	1500～1600	混捏锅 800 L 及以下	800～1000
狼牙破碎机	1500～1600	沥青熔化槽	1500～1600
雷蒙磨 3R	3000～6000	回转炉排料口	20000～22000
雷蒙磨 4R	5000～6000	罐式炉排料口	1000～1200
雷蒙磨 5R	80000～10000		
带筛球磨机	2000～2500		
2500 t	25000～30000	圆盘式给料机	600～800
2000 t 挤压机圆盘凉料台	20000～25000	槽式给料机	900～1000
1500 t	18000～20000	电磁振动式给料机	1000～1200
1000 t	15000～18000		
卧式浸渍罐	7000～8000	料仓上	500～600
立式浸渍罐	20000～25000	料仓下	500～600
斗式提升机上部	600～800	C630 车外圆车内孔	4000～4500
斗式提升机下部	900～1000	车螺纹	3500～3600
螺旋输送机	500～600	C620 车接头	3000～3500
皮带运输机水平 B = 500 mm	1000～1200	电极加工组合机床	6000～7000
移动式	1200～1500	牛头刨床	2500～2800

表 5 - 9 - 2（续）

设备名称或规格	抽风量 /(m³·h⁻¹)	设备名称或规格	抽风量 /(m³·h⁻¹)
反击式破碎机1000×700 及以下	1800~2200	炭块铣槽床	3000~3200
1000×700 及以上	2200~2520	龙门刨床	8000~10000
		钻床	500~600
		砂轮机	800~900
锤式破碎机600×400 及以下	1300~1600	实验室，分样台	800~1000
600×400 及以上	1800~2000	化验分析橱	1500~2000
		磨块用砂轮机	1000~1200
风动球磨机Φ1.5 m 及以下者	3000~3500	捣料机	1000~1100
Φ1.5 m 及以上者	3500~5000	马弗炉	1200~1500
		焙烧炉	2400~2600

项目十　炭素厂污染物排放标准解析

任务一　粉尘及烟气排放标准

粉尘及烟气排放标准如表 5 - 10 - 1 所列。

表 5 - 10 - 1　粉尘烟气排放标准

类型		浓度
粉尘		≤150 mg/cm³
沥青烟尘		≤50 mg/cm³
SO_2	45 m 烟囱	≤91 g/h
	60 m 烟囱	≤140 g/h
	80 m 烟囱	≤230 g/h
CO	30 m 烟囱	≤160 g/h
	60 m 烟囱	≤620 g/h
一般烟尘净化后排放标准		≤150 mg/cm³
通风除尘设备粉尘排放标准		≤150 mg/cm³
工业锅炉烟尘最大允许浓度		≤400 mg/cm³

任务二　生产现场空气中有害物含量排放允许浓度

生产现场空气中有害物含量允许质量浓度见表 5 - 10 - 2。

表5-10-2　生产现场空气中有害物含量允许质量浓度

类型	允许质量浓度/(mg·cm^{-3})
空气中有害物含量	≤10
粉末状沥青	≤1
含有10%以上的游离二氧化硅的粉尘量	≤2
CO	≤30
沥青烟尘	≤5
SO_2	≤15
氯气	≤1（生产高纯石墨时）
氟气	≤1（生产高纯石墨时）

任务三　生产现场环境噪声标准

生产现场环境噪声标准不得超过115 dB。接触噪声时间见表5-10-3。

表5-10-3　接触噪声时间

每日接触噪声时间/h	允许接触噪声强度/dB
≤8	90
≤4	93
≤2	96
≤1	99
生产现场经常性噪声	85

任务四　废水排放标准

pH值，6~9；悬浮物，不大于300 mg/L；挥发性酚，不大于200 mg/L；挥发物，不大于0.5 mg/L；硫化物，不大于1.0 mg/L；油类，不大于10 mg/L。

项目十一　粉碎、筛分、分离及除尘综合流程设计

任务一　炭材料生产的破碎筛分流程类型设计

物料的粉碎、筛分、分离和除尘过程通常是综合连续进行的，这样可以缩短生产流程和生产周期，充分发挥机械设备的生产能力，减少辅助设备，减少设备投资，节约劳动力，便于科学管理，利于生产连续化和自动化。

一般破碎与筛分是联合使用的，粉磨与分离（分级）联合使用。而在破碎、筛分、粉磨作业中都需要除尘设备。除尘可回收原料，保护设备、环境以及工人的身体健康，是非常重要的环保措施。

炭材料生产的破碎筛分流程主要有以下几种。

1. 先中碎、后筛分的流程

此流程适用于绝大部分炭质物料的制备。例如，煅后石油焦块度一般在0~50 mm，

而配料需要的粒度为 4~2，2~1，1~0.5 和 0.5~0 mm，因此煅后焦必须先中碎后筛分。

2. 先筛分、后中碎的流程

适用于针状焦粒度料的制备。由于针状焦原料中的大颗粒较少，因此为获得更多的大颗粒，减少二次破碎造成的小颗粒料增多，保留针状焦大颗粒的优良性能，可先筛分后再中碎，以获得尽量多的大颗粒供配料使用。针状焦先经过一台双层振动筛，取出大于首层筛孔尺寸及首层与第二层筛孔尺寸之间的大颗粒，小于第二层筛孔尺寸的颗粒进入对辊破碎机，对辊间隙根据需要粒度大小进行调整，破碎后的物料经提升机送入第二台双层振动筛，其又可以将物料分为 3 个级别，其中根据需要可将小颗粒送入颗粒料贮料仓或磨前仓供磨粉使用。

3. 石墨碎中碎筛分流程

该流程由一台双层振动筛、一台破碎机和一台斗式提升机组成。来自机加工车间的石墨切削碎屑，先提升然后加入双层振动筛，第一层筛网为 4 mm，第二层筛网为 2 mm，取出 4~2 mm 及 2~0 mm 两种颗粒料进入贮料仓供配料使用。大于 4 mm 的颗粒送入破碎机进行破碎，破碎后的物料由提升机提到振动筛进行筛分。

4. 生碎破碎流程

该流程由一台残极破碎机、一台反击式破碎机、一台对辊破碎机、两台斗式提升机和一台皮带输送机组成。先将来自成型车间产生的废品、切头和糊渣等大块生碎吊运到残极破碎机破碎，破碎后的块度在 100~200 mm，然后经皮带输送机送入反击式破碎机进一步破碎至块度 50 mm 以下，经斗式提升机提升后加入对辊破碎机，继续破碎至块度 20 mm 以下，然后运入生碎贮料仓供配料使用。此流程也可作为焙烧碎的破碎流程，且可根据需要在其流程中串联上振动筛等设备，以达到筛分需要。

任务二　炭材料生产的破碎筛分流程案例分析

【例 5-11-1】中碎筛分系统一般由两台对辊破碎机（或其他破碎机，如反击式破碎机）、两台振动筛、斗式提升机、贮料斗、料仓等组成。磨粉系统通常与中碎筛分系统置于同一车间内，并统称为中碎车间，如图 5-11-1 所示。

煅后焦 1 由提升机 2 提升到储料斗 3，再由振动给料机 4 加到大对辊破碎机 5，破碎后由提升机 6 提升到贮料斗 7，再由振动给料机加到振动筛 9（筛网筛孔宽度由产品粒度要求决定），第一层筛网上的料进入小对辊破碎机 11，破碎后的料再进入斗式提升机 6。振动筛 9 的一、二层筛网间的料进入颗粒料仓 12，第二层筛网下的料进入筛分机 10，分级出的三种颗粒进入料仓 12 中各料斗。料仓 12 中各料斗的不平衡料进入磨粉料料斗 13，经溜子和星形给料机加到雷蒙磨 15 内进行磨粉，磨细后由鼓风机鼓入的风带着经分析器进入大旋风分离器 16，分离出来的粉料进入粉料料仓，分离后由气流经鼓风机，大部分鼓入磨机循环使用，一部分进入小旋风除尘器、袋式除尘器，经除尘后由抽风机抽出排放到空气中。中碎筛分各设备产生粉尘处经抽风除尘后，排放到空气中。

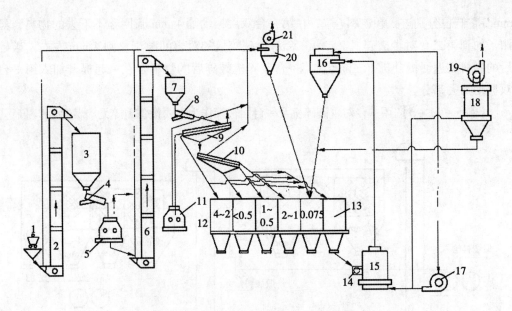

图 5 - 11 - 1　中碎筛分系统工艺流程图

1—煅后焦；2，6—提升机；3—储料斗；4，8—振动给料机；5，11—大、小对辊破碎机；

7—贮料斗；9，10—双层振动筛；12—分级颗粒料仓；13—磨粉料斗；14—星形给料机；

15—雷蒙磨；16，20—大、小旋风分离器；17—鼓风机；18—袋式除尘器；19，21—抽风机

【例 5 - 11 - 2】用两台对辊破碎机及两台双层振动筛筛分石油焦，其流程如图 5 - 11 - 2 所示。

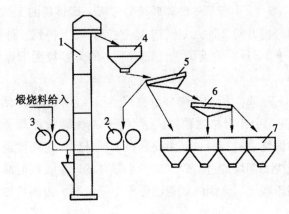

图 5 - 11 - 2　石油焦破碎、筛分流程图

1—提升机；2，3—对辊破碎机；4—料斗；5，6—振动筛；7—筛分后颗粒料仓

煅烧后的石油焦最大块度约为 50 mm，先加入第一台对辊破碎机 3，对辊间隙调整至 20 mm 左右，破碎后的物料由提升机 1 提升到高位贮料槽，经过给料机均匀加入第一台双层振动筛 5（上层安装 4 mm 筛网，下层安装 2 mm 筛网）。筛出的 4 ~ 2 mm 颗粒直接进入颗粒料仓 7。小于 2 mm 的颗粒落到第二台双层振动筛 6（上层安装 1 mm 筛网，下层安装 0.5 mm 筛网）上，又得到三种颗粒，即 2 ~ 1 mm，1 ~ 0.5 mm，小于 0.5

mm。它们也分别进入颗粒料仓7，在第一台双层振动筛4 mm筛网筛不下去的物料，经溜子加到第二台对辊破碎机2，第二台对辊破碎机的对辊间隙调整到4 mm左右。破碎后的物料又返回提升机1，与经过第一台破碎机破碎后的物料合在一起提升加入第一台双振动筛去筛分。

【例5-11-3】 用一台对辊破碎机及一台回转筛作为主要设备破碎无烟煤的生产流程。

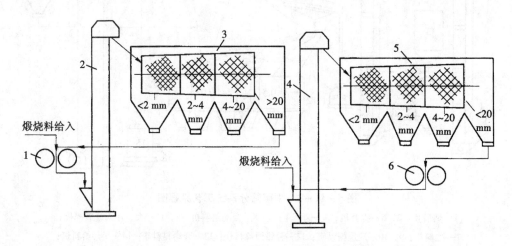

（a）无烟煤先破碎后筛分流程图　　　　　（b）无烟煤先筛分后破碎流程图

图5-11-3　无烟煤破碎、筛分流程

1，6—对辊破碎机；2，4—提升机；3，5—回转筛

（1）如图5-11-3（a）所示先破碎后筛分流程。煅烧后的无烟煤连续加入对辊破碎机，破碎后的物料经提升机2加入回转筛3。在回转筛下得到三种不同粒度（如20~4 mm、4~2 mm、小于2 mm）的无烟煤，筛不下去的大颗粒无烟煤经溜子返回对辊破碎机进行第二次破碎。

（2）如图5-11-3（b）所示先筛分后破碎流程，是将煅烧后的无烟煤直接经提升机2给入回转筛3，先筛分出合格的颗粒，筛不下去的大颗粒经溜子加入对辊破碎机破碎，破碎后的物料和煅烧后的物料一起由提升机2提升到一定高度进入回转筛3进行筛分。这种流程可以减少无烟煤的过粉碎，减少小颗粒的产量，同时减轻对辊破碎机的工作；但该流程只适用于煅烧后无烟煤颗粒已经较小的情况，否则将加重筛子的负担。

项目十二　粉尘爆炸与防护

任务一　粉尘爆炸与粉尘爆炸条件学习

粉尘爆炸

　　炭素厂很多生产工序都会产生大量粉尘，在现场一定要有预防意识，避免粉尘堆积，严格按要求进行操作。

　　粉尘爆炸，是指可燃粉尘在受限空间内与空气混合形成的粉尘云，在点火源作用下，形成的粉尘空气混合物快速燃烧，并引起温度压力急骤升高的化学反应。

粉尘爆炸一般需要五个条件：

（1）粉尘本身具有可燃性或者爆炸性；

（2）粉尘必须悬浮在空气中并与空气或氧气混合达到爆炸极限；

（3）有足以引起粉尘爆炸的热能源，即点火源；

（4）粉尘具有一定的扩散性；

（5）粉尘在密封空间会发生爆炸，如制粒烘箱、沸腾干燥机都会发生乙醇、水粉尘爆炸。

任务二　可燃性粉尘类型与粉尘爆炸发展过程认知

一般比较容易发生爆炸事故的粉尘大致有：铝粉、锌粉、硅铁粉、镁粉、铁粉、铝材加工研磨粉、各种塑料粉末、有机合成药品的中间体、小麦粉、糖、木屑、染料、胶木灰、奶粉、茶叶粉末、烟草粉末、煤尘、植物纤维尘等。这些物料的粉尘易发生爆炸燃烧，其原因是它们都有较强的还原剂 H、C、N、S 等元素存在，当它们与过氧化物和易爆粉尘共存时，便发生分解，由氧化反应产生大量气体，或者气体量虽小但释放出大量的燃烧热。例如，铝粉只要在二氧化碳气氛中就有爆炸的危险。

通常不易引起爆炸的粉尘有：土、砂、氧化铁、研磨材料、水泥、石英粉尘以及类似于燃烧后的灰尘等。这类物质的粉尘化学性质比较稳定，不易燃烧；但是，如果这类粉尘产生在油雾以及 CO、CH_4、煤气之类可燃气体中，也容易发生爆炸。

粉尘爆炸可视为由以下三步发展而成：第一步，悬浮的粉尘在热源作用下迅速干馏或气化而产生可燃气体；第二步，可燃气体与空气混合而燃烧；第三步，粉尘燃烧放出的热量以热传导和火焰辐射方式传给附近悬浮的或被吹扬起来的粉尘，这些粉尘受热气化后使燃烧循环地进行下去。随着每个循环的逐次进行，其反应速度逐渐加快，通过剧烈的燃烧，最后形成爆炸。这种爆炸反应以及爆炸火焰速度、爆炸波速度、爆炸压力等将持续加快和升高，并呈跳跃式发展。

任务三　粉尘爆炸影响因素和特点分析

1. 粉尘爆炸影响因素

粉尘爆炸主要有以下几方面影响因素：

（1）物理化学性质。物质的燃烧热越大，其粉尘的爆炸危险性就越大，例如煤、碳、硫的粉尘等；越易氧化的物质，其粉尘就越易爆炸，例如镁、氧化亚铁、染料等；越易带电的粉尘（如合成树脂粉末、纤维类粉尘、淀粉等），就越易引起爆炸。粉尘在生产过程中，由于互相碰撞、摩擦等作用，产生的静电不易散失，造成静电积累，当达到某一数值后便出现静电放电。静电放电火花能引起火灾和爆炸事故。粉尘爆炸还与其所含的挥发物有关。当煤粉中挥发物低于 10% 时，就不再发生爆炸，因而焦炭粉尘没有爆炸危险性。

（2）粉尘颗粒大小。粉尘的表面吸附空气中的氧。粉尘颗粒越细，吸附的氧就越多，因而越易发生爆炸。而且，发火点越低，爆炸下限也越低。随着粉尘颗粒直径的减小，不仅化学活性增加，而且容易带上静电。

（3）粉尘浓度。与可燃气体相似，粉尘爆炸也有一定的浓度范围，也有上下限之分。但在一般资料中多数只列出粉尘的爆炸下限，因为粉尘的爆炸上限较高。

2. 粉尘爆炸特点

粉尘爆炸的特点主要表现在以下几个方面：

（1）多次爆炸是粉尘爆炸的最大特点。第一次爆炸的气浪，会把沉积在设备或地面上的粉尘吹扬起来，在爆炸后短时间内爆炸中心区会形成负压，周围的新鲜空气便由外向内填补进来，与扬起的粉尘混合，从而引发二次爆炸。二次爆炸时，粉尘浓度更高。

（2）粉尘爆炸所需的最小点火能量较高，一般在几十毫焦耳以上。

（3）与可燃性气体爆炸相比，粉尘爆炸压力上升较缓慢，较高压力持续时间长，释放的能量大，破坏力强。

任务四　粉尘爆炸主要危害和防护措施分析

1. 粉尘爆炸主要危害

粉尘爆炸的主要危害体现在以下几方面：

（1）具有极强的破坏性。粉尘爆炸涉及的范围很广，煤炭、化工、医药加工、木材加工、粮食和饲料加工等部门都时有发生。

（2）容易产生二次爆炸。第一次爆炸的气浪把沉积在设备或地面上的粉尘吹扬起来，在爆炸后的短时间内爆炸中心区会形成负压，周围的新鲜空气便由外向内填补进来，形成所谓"返回风"，与扬起的粉尘混合，在第一次爆炸的余火引燃下引起第二次爆炸。第二次爆炸时，粉尘浓度一般比第一次爆炸时高得多，故爆炸威力比第一次大得多。例如，某硫磺粉厂，磨碎机内部发生爆炸。爆炸波沿气体管道从磨碎机扩散到旋风分离器，在旋风分离器发生了二次爆炸。二次爆炸波通过爆炸后在旋风分离器上产生的裂口传播到车间，扬起了沉降在建筑物和工艺设备上的硫磺粉尘，又发生了爆炸。

（3）能产生有毒气体。一种是一氧化碳，另一种是爆炸物（如塑料）自身分解的毒性气体。毒气产生往往造成爆炸过后的大量人畜中毒伤亡，因此必须充分重视。

2. 粉尘爆炸防护措施

采用有效的通风和除尘措施，严禁吸烟及明火作业。在设备外壳设泄压活门或其他装置，采用爆炸遏制系统等。对有粉尘爆炸危险的厂房，必须严格按照防爆技术等级进行设计，并单独设置通风、排尘系统。要经常湿式打扫车间地面和设备，防止粉尘飞扬和聚集。保证系统要有很好的密闭性，必要时对密闭容器或管道中的可燃性粉尘充入氮气、二氧化碳等气体，以减少氧气含量，抑制粉尘爆炸。

常用的防护措施或方案主要有四种：遏制、泄放、抑制、隔离。其中，泄放分为正常情况下的压力泄放和无火焰泄放；隔离分为机械隔离和化学隔离。主要防护设备包括：防爆板、防爆门、无焰泄放系统、隔离阀和抑爆系统。在实际应用中，并不是每种防护措施单独使用，往往是多种防护措施组合运用，以达到更可靠更经济的防护目的。

任务五 粉尘治理技术与粉尘爆炸扑救措施分析

1. 粉尘治理

粉尘治理主要采用综合抑尘技术，主要有：生物纳膜抑尘技术、云雾抑尘技术及湿式收尘技术等。

生物纳膜是层间距达到纳米级的双电离层膜，能最大限度增加水分子的延展性，并具有强电荷吸附性。将生物纳膜喷附在物料表面，能吸引和团聚小颗粒粉尘，使其聚合成大颗粒状尘粒，因自重增加而沉降。生物纳膜抑尘技术的除尘率最高可达 99% 以上，平均运行成本为 0.05 ~ 0.5 元/吨。

云雾抑尘技术是通过高压离子雾化和超声波雾化，可产生 1 ~ 100 μm 的超细干雾。超细干雾颗粒细密，充分增加与粉尘颗粒接触面积，水雾颗粒与粉尘颗粒碰撞并凝聚，形成团聚物。团聚物不断变大变重，直至最后自然沉降，达到除尘目的。所产生的干雾颗粒，30% ~ 40% 粒径在 2.5 μm 以下，对大气细微颗粒污染的防治效果明显。

湿式收尘技术通过压降来吸收附着粉尘的空气，在离心力以及水与粉尘气体混合的双重作用下除尘。独特的叶轮等关键设计可提供更高的除尘效率。适用于散料生产、加工、运输、装卸等环节，如矿山、建筑、采石场、堆场、港口、火电厂、钢铁厂、垃圾回收处理等场所。

2. 粉尘爆炸扑救措施

扑救粉尘爆炸事故的有效灭火剂是水，尤以雾状水为佳。它既可以熄灭火焰，也可以湿润未燃的粉尘，驱散和消除悬浮的粉尘，降低空气浓度。但是，忌用直流喷射的水和泡沫，也不宜用有冲击力的干粉、二氧化碳、1211 灭火剂，以防止沉积的粉尘因受冲击而悬浮引起二次爆炸。

对一些金属粉尘（忌水物质），如铝粉、镁粉等，遇水反应，会使燃烧更剧烈，因此禁止用水扑救，可以用干沙、石灰等（不可冲击）。对于堆积的粉尘，如面粉、棉麻粉等，明火熄灭后内部还可能阴燃，也应引起足够重视。对于面积大、距离长的车间内粉尘火灾，要注意采取有效的分割措施，防止火势沿沉积粉尘蔓延或引发连锁爆炸。

任务六 粉尘爆炸案例分析

【例 5 – 12 –1】2018 年 12 月 26 日，北京某大学实验室发生爆炸事故。经核实，该校市政环境工程系学生在环境工程实验室做垃圾渗滤液污水处理科研实验期间，实验现场发生爆炸，事故造成 3 名参与实验的学生死亡。学生在使用搅拌机对镁粉和磷酸搅拌、反应过程中，料斗内产生的氢气被搅拌机转轴处金属摩擦、碰撞产生的火花点燃爆炸，继而引发镁粉粉尘云爆炸。爆炸引起周边镁粉和其他可燃物燃烧，导致现场 3 名学生被烧死。事故调查组同时认定，该校有关人员违规开展实验、冒险作业，违规购买、违法储存危险化学品，对实验室和科研项目安全管理不到位。

【例 5 – 12 –2】2019 年 3 月 31 日，昆山某机加工车间外一个存放镁合金碎屑废物的集装箱发生爆燃事故，导致 7 人死亡、5 人受伤。事故直接原因是，企业在镁合金铸件机加工过程中使用了含水量较高的乳化切削液,对收集的镁合金碎屑废物未进行有效的除水作业,镁与水发生放热反应,释放氢气。又因镁合金碎屑堆垛过于集中,散热不良,致使放热反应加剧,瞬间引发集装箱内氢气发生爆燃。爆燃的冲击波夹带着燃烧的镁合金碎屑冲破集装箱对面机加工车间的卷帘门,导致机加工车间内卷帘门附近的员工伤亡。事故暴露出该车间的一些问题:对镁合金碎屑废物的危险性辨识和风险评估不到位,事故隐患排查治理不到位,废物暂存仓库设置不合理以及现场管理不到位等。

【例5-12-3】 2021年2月24日,新加坡Stars Engrg公司发生马铃薯淀粉粉尘爆炸事故,导致三死五伤。这家公司制造的产品使用了马铃薯淀粉,而这种淀粉是可燃的粉尘。在搬运淀粉后,如果清洁工作不到位,或在封闭的空间中,这样粉尘就会随着时间而累积。一旦封闭空间累积到足够多的粉尘而又遇火源,就会引起爆炸。

项目十三　除尘器实操技能训练

任务一　布袋除尘器试验装置技能实操训练

1. 实训目的

(1)使学生掌握布袋除尘器操作过程及注意事项;掌握布袋除尘器试验装置的工艺流程,并能根据实物装置指认流程走向,绘制出生产工艺流程图。

(2)使学生养成勤于思考、认真做事的良好作风,具有良好的沟通能力及团队协作精神,具有良好的分析问题和解决问题能力,树立良好的劳动意识。

2. 实训内容

(1)布袋除尘器试验装置的操作;

(2)布袋除尘器试验装置的使用操作规程;

(3)布袋除尘器试验装置操作中的注意事项;

(4)绘制布袋除尘器试验装置工艺流程图。

表5-13-1　布袋除尘器试验装置实操技能训练任务单

【看一看】	试验装置型号	
	技术参数	
【想一想】 【画一画】	设备用途	
	试验装置工艺流程	
【做一做】	启动步骤	
	使用注意事项和维修	

表 5 – 13 – 1（续）

【说一说】	发生的故障及排除方法		
	安全操作要求		
【问一问】	思考题	影响布袋除尘器除尘效率的因素有哪些？是怎样影响的？	
试验结论			
试验成员		日期	

任务二　旋风除尘器试验装置技能实操训练

1. 实训目的

（1）使学生掌握单管旋风除尘器和多管旋风除尘器试验装置的操作过程及注意事项；掌握旋风除尘器试验装置的工艺流程，并能根据实物装置指认流程走向，绘制出生产工艺流程图。

（2）使学生养成勤于思考、认真做事的良好作风，具有良好的沟通能力及团队协作精神，具有良好的分析问题和解决问题能力，树立良好的劳动意识。

2. 实训内容

（1）单管旋风除尘器和多管旋风除尘器试验装置的操作；

（2）单管旋风除尘器和多管旋风除尘器试验装置的使用操作规程；

（3）单管旋风除尘器和多管旋风除尘器试验装置操作中的注意事项；

（4）绘制单管旋风除尘器和多管旋风除尘器试验装置工艺流程图。

表 5 – 13 – 2　单管旋风除尘器和多管旋风除尘器试验装置实操技能训练任务单

【看一看】	试验装置型号	
	技术参数	
【想一想】【画一画】	设备用途	
	试验装置工艺流程	
【做一做】	启动步骤	
	使用注意事项和维修	

表 5 - 13 - 2（续）

【说一说】	发生的故障及 排除方法		
	安全操作要求		
【问一问】 【比一比】	思考题	（1）请对比单管旋风除尘器和多管旋风除尘器对粉尘捕集的主要区别。 （2）影响旋风除尘器除尘效率的因素有哪些？是怎样影响的？	
试验结论			
试验成员		日期	

任务三　电除尘器试验装置技能实操训练

1. 实训目的

（1）使学生掌握管式电除尘器和板式电除尘器试验装置的操作过程及注意事项；掌握电除尘器试验装置工艺流程，并能根据实物装置指认流程走向，绘制生产工艺流程图。

（2）使学生养成勤于思考、认真做事的良好作风，具有良好的沟通能力及团队协作精神，具有良好的分析问题和解决问题能力，树立良好的劳动意识。

2. 实训内容

（1）管式电除尘器和板式电除尘器试验装置的操作；

（2）管式电除尘器和板式电除尘器试验装置的使用操作规程；

（3）管式电除尘器和板式电除尘器试验装置操作中的注意事项；

（4）绘制管式电除尘器和板式电除尘器试验装置工艺流程图。

表 5 - 13 - 3　管式电除尘器和板式电除尘器试验装置实操技能训练任务单

【看一看】	试验装置型号	
	技术参数	
【想一想】 【画一画】	设备用途	
	试验装置工艺 流程	
【做一做】	启动步骤	
	使用注意事项 和维修	
【说一说】	发生的故障及 排除方法	
	安全操作要求	

表 5 - 13 - 3（续）

【问一问】 【比一比】	思考题	1. 请对比管式电除尘器和板式电除尘器对粉尘捕集的主要区别。 2. 影响电除尘器除尘效率的因素有哪些？是怎样影响的？	
试验结论			
试验成员		日期	

任务四　除尘器用于生产工艺流程中的技能实操训练

1. 实训目的

（1）使学生掌握除尘器用于生产工艺流程中的操作过程及注意事项；掌握除尘器用于生产的工艺流程，并能根据实物装置图指认流程走向，绘制出生产工艺流程图。

（2）使学生养成勤于思考、认真做事的良好作风，具有良好的沟通能力及团队协作精神，具有良好的分析问题和解决问题能力，树立良好的劳动意识。

2. 实训内容

（1）除尘器用于生产工艺流程中的操作；

（2）除尘器用于生产工艺流程中的使用操作规程；

（3）除尘器用于生产工艺流程中的操作注意事项；

（4）绘制实物装置工艺流程图。

表 5 - 13 - 4　干燥工艺流程试验装置实操技能训练任务单

【看一看】	试验装置中 设备名称		
	技术参数		
【想一想】 【画一画】	设备用途		
	试验装置工艺 流程		
【做一做】	启动步骤		
	使用注意事项 和维修		
【说一说】	发生的故障及 排除方法		
	安全操作要求		
【问一问】	思考题	1. 请说明在试验装置中除尘器的配置顺序，并说明原因。 2. 简述导致干燥实训试验误差的因素有哪些	
试验结论			
试验成员		日期	

【课后进阶阅读】

昆山工厂爆炸事故

2014 年 8 月 2 日 7 时 34 分，位于江苏省苏州市昆山经济技术开发区的某金属制品有限公司抛光二车间发生特别重大铝粉尘爆炸事故，当天造成 75 人死亡、185 人受伤。依照《生产安全事故报告和调查处理条例》规定的事故发生后 30 日报告期，共有 97 人死亡、163 人受伤（事故报告期后，经全力抢救医治无效而陆续死亡 49 人，尚有 95 名伤员在医院治疗，病情基本稳定），造成直接经济损失 3.51 亿元。

事故原因：

（1）直接原因。事故车间除尘系统较长时间未按规定清理，导致铝粉尘集聚。除尘系统风机开启后，打磨过程中产生的高温颗粒在集尘桶上方形成粉尘云。1 号除尘器集尘桶锈蚀破损，桶内铝粉受潮，发生氧化放热反应，达到粉尘云的引燃温度，引发除尘系统及车间的系列爆炸。因没有泄爆装置，爆炸产生的高温气体和燃烧物瞬间经除尘管道从各吸尘口喷出，导致全车间所有工位操作人员直接受到爆炸冲击，造成群死群伤。

（2）管理原因。该公司无视国家法律，违法违规组织项目建设和生产；苏州市、昆山市和昆山开发区对安全生产重视不够，安全监管责任不落实，对该公司违反国家安全生产法律法规、长期存在安全隐患治理不力等问题失察；负有安全生产监督管理责任的有关部门未认真履行职责，审批把关不严，监督检查不到位，专项治理工作不深入、不落实；江苏省某建筑设计研究院、某工业大学、某环境检测技术有限公司和某机电环保设备有限公司等单位，违法违规进行建筑设计、安全评价、粉尘检测、除尘系统改造。

复习思考题

1. 简述除尘设备的常用类型。
2. 旋风除尘器有哪些类型？各有何优缺点？
3. 袋式除尘器的清灰方式有哪些？各有何特点？
4. 试比较三种袋式除尘器的区别。

三种袋式除尘器的区别表

除尘器类型	滤袋清理方式	粉尘位置	特点
脉冲袋式除尘器			
中部振打袋式除尘器			
气环反吹袋式除尘器			

5. 旋风除尘器选型时需要考虑的要素：粉尘性质（干湿程度、硬度、易燃性）、含尘质量浓度（g/m³）、总处理量（m³/h）、收尘前的粒度分布（各粒级的含量）等。请填入下列条件合适的除尘布置：(1) 小直径旋风除尘器；(2) 几种直径旋风除尘器串联；(3) 大直径旋风除尘器；(4) 小直径旋风除尘器并联。

条件	选型
含尘浓度大、处理量大、净化要求不高	
含尘浓度小、粉尘粒径较小、净化要求高	
处理量大，净化要求也高	
对各种粒度颗粒有分别收集的要求	

6. 简述旋风除尘器、袋式除尘器和电除尘器的除尘原理、特点及适用范围。

7. 说明电捕焦油器的捕集原理，并指出有哪几种类型，它们的特点和区别分别是什么。

8. 干式收尘器和湿式收尘器各有哪些优缺点？

9. 常用除尘器的选型需要考虑哪些因素？

10. 炭材料生产破碎与筛分的主要流程有哪几种？

11. 请举例说明粉尘爆炸的案例，并进行详细分析。

模块六
沥青熔化、贮存设备

【学习目标】

（1）掌握沥青熔化目的和条件、输送方法及工艺流程控制，掌握沥青贮罐的结构和沥青贮存系统的组成。

（2）能够看到沥青熔化、贮存设备实物指认设备结构，并说出具体结构及作用。能够熟悉沥青熔化、贮存设备的点检要点、要求及安全操作规程。熟悉沥青熔化、贮存设备的故障类型及处理方法，能够对设备进行简单的维护。

（3）养成安全环保意识，具有分析问题、解决问题的能力和一丝不苟的设备点检和防护意识。

炭素厂购买回来的沥青一般是固态，需要进行熔化才可以运送到混捏机内与配好的料一起进行混捏使用，起到良好的黏结剂效果和混捏效果。

贮存在沥青熔化库贮仓内的固态煤沥青，经计量皮带给料机给料、破碎机破碎至符合粒度后，由斗式提升机向沥青快速熔化器内加料。熔化后的液体沥青进入缓冲槽，经沥青过滤器过滤后由输送泵送入液体沥青大贮槽贮存，排出水分，沉淀除去杂质，使用时用沥青泵输送至生阳极工段用于配料。沥青熔化工段产生的沥青烟采用静电捕集器进行收集。

项目一　沥青熔化、输送装置

任务一　沥青熔化目的和条件解析

将固体沥青送入熔化器或熔化槽中，在加热介质的作用下进行熔化的过程称为沥青熔化。沥青熔化的主要目的是：（1）排出沥青中的杂质，降低灰分含量；（2）排除水分；（3）降低沥青黏度，增加沥青的流动性及对干料的浸润性。

预焙阳极生产用的改质沥青，软化点是 100 ~ 150 ℃，加热介质为导热油；中温沥青，软化点是 75 ~ 90 ℃，加热介质一般为蒸汽。沥青黏度一般随温度升高而下降。

由于生产预焙阳极所采用的改质沥青软化点较高，使用蒸汽作为加热热媒，不仅需提高厂内现有蒸汽管网的使用压力，而且由于蒸汽使用压力太高不利于安全生产，所以一般采用导热油作为沥青的加热热媒。

一般沥青熔化的工艺技术条件见表 6 - 1 - 1。

表 6 - 1 - 1　沥青熔化的工艺技术条件

制品	预焙阳极	干式阳极
沥青软化后温度	180 ~ 220 ℃（热媒温度 290 ℃）	(190 ± 10)℃
储槽中沥青温度	170 ~ 190 ℃（热媒温度 220 ℃）	
熔化后沥青灰分	< 0.3%	< 0.3%
熔化后沥青水分	< 0.3%	< 0.3%
熔化后沥青软化点	100 ~ 115 ℃	100 ~ 115 ℃

任务二　沥青熔化器结构认知

沥青熔化按照熔化速度分为快速熔化和慢速熔化。快速熔化器示意图如图 6 - 1 - 1 所示。加热介质为导热油。熔化器由钢板焊接而成，形状为圆筒形，分内外两层，并且在底部相通。

破碎后的沥青加入内层，熔化好后流向外层夹套，经溢流管流出。为提高熔化速度，内层中装有搅拌装置，以便固体沥青和液体沥青充分混合，增加传热过程，缩短熔化时间，达到快速熔化的目的。在熔化器内设有加热螺旋管，外壁衬有保温层。

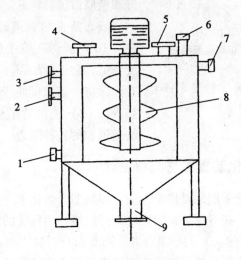

图 6 - 1 - 1　沥青熔化器示意图
1—热媒油进口；2—沥青出口；3—沥青溢流口；4—沥青烟气出口；
5—固体沥青进口；6—观察口；7—热媒油出口；8—搅拌器；9—排渣口

反应釜运转

沥青慢速熔化要求介质的加热温度不太高，一般高于沥青软化点 60 ~ 80 ℃，熔化速度慢，周期较长。为了满足生产需要，一般多个熔化器并联使用。沥青的加料方式为间断式，当一个熔化器加满后，停止加料，待沥青熔化后熔化器内沥青液面下降，再补充加料 2～3 次。熔化后的沥青静置一段时间，经取样分析后投入生产使用。

快速熔化器熔化好的沥青由沥青泵输送到沥青贮槽贮存静置，贮槽中配有导热油加热管束，保持沥青温度在 150～180 ℃。慢速熔化器的贮存是在熔化器内静置。

任务三　沥青输送条件和输送方式选用

沥青的输送一般分为压缩空气输送和沥青泵输送两种方式。压缩空气的输送是将沥青先放入压力罐中，然后将压力罐上的沥青进口阀门关闭，从压力罐顶部通入压缩空气（压力一般为 0.59 MPa）。在压力的作用下，沥青从压力罐底部流出，输送到沥青高位贮槽，然后根据生产工艺要求进入混捏前段。采用沥青泵输送时，将熔化器内沥青输送至混捏或浸渍处沥青高位槽。与压缩空气输送相比，采用输送泵将液体沥青输送到生阳极制造车间，可避免沥青老化，操作简便。目前多数采用沥青泵直接输送方式。

沥青的输送管线是夹层管道，内层输送沥青，外层流动保温介质，如导热油、蒸汽等。管道用保温材料保温。为防止管道沥青积存于管中，在安装时沥青管道一般保持一定的坡度，有利于沥青停止输送时能自动流回贮槽。

沥青熔化和输送流程如图 6-1-2 所示，由熔化器、压力罐、空压机或泵、高位槽（储罐）、管道及阀门组成，沥青经熔化并除去水分和杂质后进行输送。

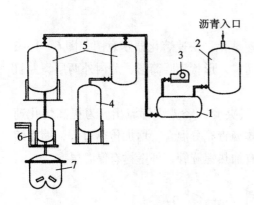

图 6-1-2　沥青熔化和输送流程图
1—压力罐；2—沥青熔化器；3—空气压缩机；
4—浸渍罐；5—高位槽（贮罐）；6—称量装置；
7—混捏机

液态沥青的管道输送需满足两个基本条件：（1）沥青在输送过程中会损失热量，温度降低，黏度增加以至凝固，为使沥青保持液态并保持一定温度便于流动，必须对沥青补充热量；（2）向沥青供给足够的动能以便克服输送过程的各种阻力。

任务四　沥青快速熔化装置工艺流程设计

以往炭素厂沥青熔化采用的是传统方法，即用沥青熔化槽来熔化沥青，其加热介质通常是饱和蒸汽或采用一些专用炉窑的废气进行加热。用传统的沥青熔化方法只能熔化软化点在 70～80 ℃（环球法）的中温沥青。随着用户对炭素制品使用电流密度要求的逐步提高及要求进一步降低单耗，以及适应炭素制品生产过程环境保护的要求，目前炭素厂已大量使用软化点为 100～110 ℃（环球法）的高温沥青。从发展趋势看，在炭素制品的生产过程，高温沥青将逐渐取代中温沥青。因沥青的导热性能不好，要加热沥青并使其完全熔化，使用原有的沥青熔化装置需要花费很长时间。提高加热介质的温度可使沥青迅速熔化，但加热温度过高会使沥青产生局部的化学变质。因此，需要一种新的工艺，能够避免沥青熔融时出现局部过热，并且能够连续、高效地获得大量温度符合要求的熔融沥青。

沥青快速熔化装置应该是一种能使大量的沥青既不发生分解，又能迅速、连续地熔化，并能达到预定温度的有效装置。

沥青快速熔化装置的三种工艺流程如图6-1-3所示。图6-1-3（a）中的主要设备有沥青熔化槽、沥青加热槽、沥青保温贮槽，用导热油作加热介质。通过连通管把分别配备有加热装置的沥青熔化槽、沥青加热槽的上部及下部连接起来。在沥青熔化槽的顶部设有固体沥青进料口；在沥青加热槽的上部设有熔融沥青溢流口。在沥青加热槽内设置了边搅拌边把内部的熔融沥青向上提升的装置，大部分的熔融沥青在沥青熔化槽和沥青加热槽之间循环，沥青熔化槽及沥青加热槽内设置有将其中熔融沥青加热到适当温度的加热盘管；槽筒体利用夹套保温。固体沥青的熔化是在保持既定温度的大量熔融沥青中进行的，不存在局部过热的问题，不必担心由于过热而造成沥青变质。固体沥青在被加热的熔融沥青中处于分散状态，与熔融沥青一起被搅拌而熔化，其熔化进行得均匀而且迅速。熔融沥青在熔化装置内形成的循环是靠搅拌装置来保证的，装置出现故障的概率较小，能连续、高效地熔化大量沥青。

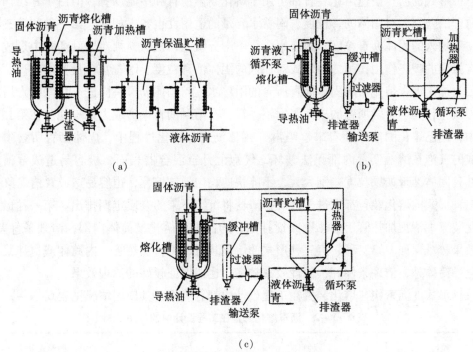

（a）

（b）

（c）

图6-1-3 沥青快速熔化装置

图6-1-3（b）的主要设备有沥青熔化槽、沥青缓冲槽、沥青保温贮槽、沥青循环泵、沥青输送泵，用导热油作加热介质。沥青熔化槽的上部设置钻有许多小孔的沥青混合器，固体沥青和熔融沥青在此容器内混合。沥青熔化槽筒体内设置有导向的内筒体；沥青熔化槽内布置有大面积的盘管，用来加热熔融沥青；沥青熔化槽筒体上部外侧配有沥青液下循环泵，用来循环熔融沥青。熔融沥青在沥青熔化槽上部沥青混合器内"淋"向固体沥青，沥青的熔化是在保持既定温度的大量熔融沥青中进行的，因而能很

快地实现熔化过程。沥青保温贮槽内的液体沥青由沥青循环泵来保证不断的循环，从而有效地保证了槽内沥青的均质性。

图 6 - 1 - 3 (c) 的主要设备有沥青熔化槽、沥青缓冲槽、沥青保温贮槽、沥青循环泵、沥青输送泵，用导热油作加热介质。沥青熔化槽的顶部设有固体沥青进料口，在沥青熔化槽的上部设有熔融沥青溢流口，沥青熔化槽筒体内设置有导向的内筒体，在沥青熔化槽中心位置设置了边搅拌边把内筒体中的熔融沥青推向下方的搅拌装置。沥青熔化槽内布置有大面积的盘管，用来加热熔融沥青。经过破碎的固体沥青加入沥青熔化槽的内筒体中，在沥青熔化槽内和大量的熔融沥青一起边被搅拌，边缓慢地在沥青熔化槽的内筒体中旋转，沿着导向内筒体下降。在此过程中，固体沥青由于熔融沥青所含热量及搅拌的效果，完全变成熔融状态，到达沥青熔化槽的下部。然后，熔融沥青经沥青熔化槽导向内筒体外围上升，由沥青熔化槽上部沥青溢流口进入沥青缓冲槽，经沥青输送泵输送至沥青保温贮槽，再经沥青输送泵输送给用户。熔融沥青的均质性由沥青循环泵来保证。

三种形式的沥青快速熔化装置都可用于熔化高温沥青和中温沥青；但由于其结构和工作原理的差别，对固体沥青粒度、附着水含量的适用性也各不相同。第一种和第三种形式，对加入的固体沥青粒度、附着水含量不十分敏感，机械搅拌对熔融沥青中形成的气泡有强烈的破坏作用；第二种形式对加入的固体沥青粒度、附着水含量要求较严。这主要因为加入沥青熔化槽的固体沥青所含的附着水，与固体沥青一同进入熔融沥青后立即强烈汽化，其与熔融沥青的表面张力不一样，在熔融沥青中形成大量气泡。在第二种形式中，用已熔化的液体沥青来"喷淋"固体沥青，熔化过程中，固体沥青所含附着水形成的气泡在熔融沥青内部无法破坏，气泡上升至混合器表面，极容易造成冒槽假象。并且固体沥青如果粒度差别太大，不能快速均匀地被熔化，也容易造成冒槽现象。

三种形式的熔化装置都通过下部的排渣器将沉淀下来的杂质定期排出。第一种形式的熔化装置，清理加热管、加热壁或搅拌桨，均需进入熔化槽筒体内部，清理条件差，清理效果较难保证。第二种、第三种形式的熔化装置，可将加热管、内筒体或搅拌桨吊出熔化槽筒体外，清理条件好，清理效率较高，也能保证较好的清理效果。

三种形式的沥青快速熔化装置在工程设计中都有应用，其使用情况见表 6 - 1 - 2。

表 6 - 1 - 2 沥青熔化装置在工程设计中的应用

项目	第一种形式	第二种形式	第三种形式系统
系统熔化能力/$(t \cdot h^{-1})$	4	4	4
熔化槽规格/mm	$\Phi2800 \times 4500$	$\Phi2250 \times 7800$	$\Phi2350 \times 7800$
加热槽规格/mm	$\Phi2200 \times 4500$		
熔化槽加热面积/m^2	150	150	150
加热槽加热面积/m^2	30		

表 6 – 1 – 2（续）

项目	第一种形式	第二种形式	第三种形式系统
熔化槽电动机/kW	22		22（可调速）
加热槽电动机/kW	22		
液下循环泵（1 台）		140 m³/h, 18.5 kW	
沥青输送泵（2 台）		140 m³/h, 18.5 kW	140 m³/h, 18.5 kW
沥青循环泵（2 台）		140 m³/h, 18.5 kW	
系统设备质量/t	55	60	55
系统占地尺寸/m	7×24	14.5×17.5	12×19

三种形式熔化系统的控制要求见表 6 – 1 – 3。

表 6 – 1 – 3　熔化系统的控制要求

项目	第一种形式	第二种形式	第三种形式
沥青加入量控制	加料装置	加料装置	加料装置
沥青液位控制	沥青熔化槽	沥青熔化槽	沥青熔化槽
	沥青保温贮槽	沥青缓冲槽	沥青缓冲槽
		沥青保温贮槽	沥青保温贮槽
沥青温度控制	沥青熔化槽	沥青熔化槽	沥青熔化槽
	沥青保温贮槽	沥青泵	沥青泵
		沥青保温贮槽	沥青保温贮槽
压力测量		沥青泵	沥青泵
热媒温度控制	总管	总管	总管
热媒压力控制			

由表 6 – 1 – 3 可以看出，第一种形式的熔化系统，要求检测、控制的项目少，测点少。熔化系统的控制简单，生产中日常维护的工作量少。第二种、第三种形式的熔化系统，要求检测、控制的项目多，测点多。尤其系统中多台沥青泵的控制与切换，对生产操作的要求较为严格，其日常维护的工作量较大。

目前，国内炭素厂熔化黏结剂沥青，主要有连续快速熔化和容积式熔化槽两种熔化方式，两种熔化方式的比较见表 6 – 1 – 4。

表 6-1-4　沥青熔化生产工艺方案对比

序号	特性	快速熔化方案	熔化槽熔化方案
1	熔化方式	导热油间接加热和液体沥青直接加热相结合	导热油间接加热
2	导热油温度	液体沥青温度为 180 ℃	液体沥青温度为 180 ℃
3	设备数量及规格	快速熔化器一套	熔化槽数台
4	操作条件	操作人员的劳动条件好,自动化水平高	操作人员的劳动条件好,自动化水平低
5	维护维修	出渣方便,出渣时不影响生产,维修量少	需定期停槽出渣,出渣时影响生产,日常维修量少
6	环保治理	生产时产生的沥青烟较多,需配套设计一套烟气净化装置,环保投资较高	生产时产生的沥青烟较少,可采用简单烟气净化设施,环保投资较少
7	基建工程投资及生产运行费用	生产流程较长,基建投资稍高,生产运行费用较高	设备简单,基建投资较低,生产运行费用少

项目二　沥青贮存系统分析

沥青贮存系统由沥青贮存罐、压力罐(返回罐)、混合罐、齿轮泵、沥青管道、压缩空气管道组成,如图 6-2-1 所示。下面主要介绍沥青贮罐和压力罐。

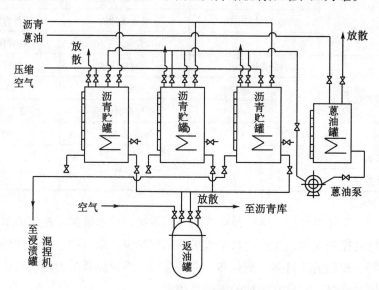

图 6-2-1　沥青贮存系统工艺流程图

任务一　沥青贮罐(沥青高位槽)认知

在沥青贮罐内一般都设置蜗轮蜗杆传动装置,故又称搅拌罐。

沥青贮罐由内、外筒体及罐盖组成,如图 6-2-2 所示。内、外筒体之间形成的夹套空间为加热介质流通通道，加热介质沿贮罐夹层空间上下迂回运动，使沥青贮罐得到均匀加热，在贮罐下部设有介质加热进出口管道并设置阀门，控制贮罐加热温度（贮罐加热温度为 160～180 ℃）。

在沥青贮罐下部设有人孔通入罐内，并且通入加热介质夹层，供检修和清理之用。为了准确反映沥青贮罐内沥青液面的高度，在贮罐内设有沥青液面指示计，即浮力式液压计。

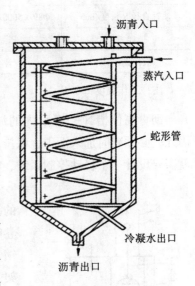

在贮罐上部（罐盖上）安装有烟气放散管，在贮罐内产生的沥青烟气通过沥青烟气管集中送入烟气净化装置中处理。另外，在罐盖上还设置有沥青管、蒽油管、压缩空气管。为了减少沥青贮罐的散热损失，改善劳动条件，沥青贮罐外部采用保温措施。

沥青贮罐一般都设置在高位，故又称作沥青高位槽，目的是方便向混捏机和浸渍罐注油。

生产上要控制沥青贮罐的温度，故在贮罐的侧面布置了热电偶，热电偶通过套管伸入贮罐内部。夹层的加热介质温度也可测量，作为管理生产的控制参数。

图 6 - 2 - 2 沥青贮罐结构图

生产工艺要求定期化验浸渍剂（煤沥青）的软化点，故在沥青贮罐上设有取样管，取样管设置在贮罐的下部，但要距罐底一定距离。当沥青需要分析化验取样时，打开取样管上的阀门，放出一定量的沥青即可。

沥青贮罐在浸渍生产运行中，可能由于操作控制或其他原因而引起着火、爆炸事故，威胁着人身和设备安全，为安全生产、避免事故出现，在沥青贮罐（包括蒽油罐）上应采取以下必要的安全措施：（1）设置沥青贮罐温度控制报警装置，根据生产实际需要的温度，规定一上限值，当温度超过规定的温度值后，警报器鸣示，提示操作者应及时关闭加热介质进口闸门，降低沥青贮罐的温度。（2）设置灭火装置。在沥青贮罐上部空间内设置蒸汽灭火管，罐外壁设有喷水冷却管，当有火警时，即可向罐内喷入大量蒸汽灭火，同时向罐外壁喷水降温。注意：冷却水不能进入罐内，以免引起沥青急剧膨胀，发生沥青外溢和罐爆炸事故。

沥青贮罐的大小要根据浸渍罐和混捏机规格而定，现将某厂容积为 13 m³ 和 67 m³ 的沥青贮罐的技术性能列于表 6 - 2 - 1 中。

表 6 - 2 - 1 容积为 13 m³ 和 67 m³ 的沥青贮罐的技术性能

项目	13 m³ 贮罐	67 m³ 贮罐	13 m³ 蒽油罐
内径×长度/m	$\Phi 2.25 \times 3.36$	$\Phi 3.5 \times 7.0$	$\Phi 2.25 \times 3.36$
加热面积/m²	21	82	21
加热介质	蒸汽或导热油	蒸汽或导热油	蒸汽或导热油
加热温度/℃	>200	>200	>200

表 6 - 2 - 1（续）

项目	13 m³ 贮罐	67 m³ 贮罐	13 m³ 蒽油罐
注油方式	上部注油	上部注油	—
油管直径×长度/mm	$\Phi89 \times 5000/\Phi133 \times 4500$	$\Phi89 \times 5000/\Phi133 \times 4500$	—
搅拌方式	压缩空气	压缩空气	—
液面指示计	浮力式	浮力式	浮力式

注：工作温度150 ℃。

沥青高位槽（贮罐）内的沥青，在生产中不断使用，罐内沥青存量将不断减少，因此，必须随时加入沥青，保持高位槽内有一定量的沥青，即保持液面的一定高度。这就需要设计一个自动控制系统，能够反映贮罐内沥青或蒽油的存量，也就是液面高度。

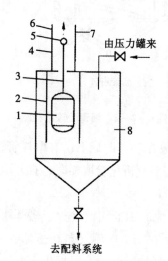

图 6 - 2 - 3　高位槽液面

1—浮标；2—浮标保护槽；

3—联杆；4，6—上、下限位开关；

5—信号压盘；7—支架；

8—高位槽

一般采用的液面指示计为浮力式液位计，如某厂设计的控制系统如图 6 - 2 - 3 所示。它是用 1.5～2 mm 的铁板卷制一个 $\Phi200$ mm×300 mm 铁浮标放在高位槽内，通过钢索与罐外平衡锤相连。浮标上接一铁联杆，联杆位于支架的套筒内，能在套筒内上下移动。在支架上装有上、下限位开关，联杆上固定一个信号压盘，上、下限位开关的位置由所需控制的液面高低而定。罐内液面升高或降落时，液面的浮力使浮标带动联杆上升或下降，则联杆上的信号压盘可压开或关闭限位开关。当罐内液面降到所需最低位置时，信号压盘压开下限位开关，通过电气控制系统打开压力罐的出口电磁阀，使沥青注入高位槽。

随着高位槽沥青量的增加，浮标及联杆随之上升，当高位槽中液面达到所需最高位置时，信号压盘压开上限位开关，通过电气控制系统将压力罐的出口电磁阀关闭，并关闭压缩空气进入阀或空压机。这样高位槽内的沥青不断自动补充，进行自动控制，平衡重锤随浮标升降而沿标尺升降，标尺上的刻度表示罐内沥青量，当重锤停在某一位置时，即可知罐内沥青量。

任务二　沥青贮罐故障处理

1. 沥青贮罐跑油

在浸渍结束返油、吹洗过程中，沥青从搅拌罐内大量溢出造成沥青贮罐跑油。沥青贮罐跑油原因如下。

（1）浸渍冷却水进入沥青贮槽。正常浸渍操作是返油，吹洗后关闭油阀，打开放散阀，之后再向罐内注入冷却水。但由于操作原因，返油、吹洗后沥青阀没关就向罐中放冷却水，此时，水和沥青同时进入浸渍罐中相互混合，沥青进入循环水管中堵塞管道；操作者进行返水操作时，沥青和水一同进入下水管道中堵塞管道；水进入沥青贮罐中，贮罐内沥青体积迅速膨胀，以致从贮罐上部入孔处喷出，若沥青贮罐密封，罐内压力达到一定值就会发生贮罐爆炸事故，应特别注意防范这种危险事故的发生。

（2）用压缩空气返油时，压缩空气中含有一定量的水分。

（3）沥青贮罐贮油量超标，当返油、吹洗时沥青沸腾外溢。

（4）采用蒸汽加热的沥青贮罐，蒸汽管泄漏、冷凝水进入罐中。

（5）返油、吹洗时压力太大。

跑油的处理方法及其预防措施如下：

（1）若是在浸渍结束时返油、吹洗过程中跑油，立即停止返油或吹洗，查明原因，确认贮罐中是否进入了大量的水，如果化验分析发现沥青中含水量大，可将浸渍罐中剩余的沥青返到空沥青贮罐中（也可以留在浸渍罐内），这时可适当地提高沥青贮罐或浸渍罐的温度，对沥青进行脱水处理，加热一段时间后取样分析水分是否符合要求，合格后方可用于生产。

（2）若是浸渍冷却水返水时造成沥青贮罐跑油，是由于油阀未关或未关严，这时应立即关闭油阀，停止返水，对贮罐内沥青和浸渍罐内沥青进行加热脱水处理。当循环水管、下水管堵塞时，将管道卸下清理后重新安装。

（3）返油时要确定好沥青贮罐内的贮油量。

（4）返油吹洗时压力不能太大。

2. 沥青贮罐着火爆炸

沥青贮罐着火爆炸的主要原因有：

（1）沥青贮罐加热温度太高，特别是沥青贮罐采用烟气加热时，若温度控制不当，加热温度超过沥青的自燃点，就会导致罐内沥青自燃着火。

（2）罐内沥青挥发产生大量可燃物，遇明火则可能发生爆炸事故。

预防措施：严格控制沥青贮罐温度。同时在沥青贮罐上安设温度报警装置，温度超高时报警器鸣示。

处理方法：当发生沥青贮罐着火事故时，对于烟气加热的，要立即关闭烟道闸门，停止煤气加热炉。打开通向沥青罐内的蒸汽阀门向罐内通入蒸汽。同时，向罐外壁喷水（注意不能向罐内注水）冷却罐壁。沥青贮罐最好采用蒸汽或导热油加热。

任务三 压力罐（或返油罐）认知

压力罐是利用压缩空气的膨胀作用输送液体沥青的一种装置，它适用于输送高度不太高的情况。它是炭素、电炭厂输送液态沥青的常用设备，其型号有立式和卧式两种，一般多用卧式。压力罐是与空气压缩机配套使用的。

压力罐的结构如图 6 - 2 - 4 所示，罐体属于受内压的薄壁容器，用钢板焊接而成，外面包裹绝热材料。工作压力为 0.6 ~ 0.7 MPa，工作温度为 160 ~ 180 ℃。对其强度的要求是，经受 0.98 MPa 水压试验的压力而不漏水。

罐内安装蛇形水煤气管，通入蒸汽或有机物导热油（温度 250 ~ 320 ℃）以补充沥

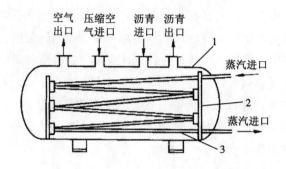

图 6 – 2 – 4 压力罐简图
1—罐体；2—支架；3—蒸汽管

青热量的损失。压缩空气以 0.6 ~ 0.7 MPa 的压力将沥青经管道输送到沥青贮罐。

压力罐也可用于浸渍沥青返油（返回沥青库）。它由罐体和罐盖组成，罐盖上有进油管、返油管、放散管和加压管。返油管设置在低位（低于沥青贮罐标高），这样有利于沥青贮罐向压力罐内注油，并方便操作。压力罐可以采用蒸汽或导热油进行加热。

【课后进阶阅读】

义马气化厂爆炸事故

2019 年 7 月 19 日，河南三门峡义马市气化厂发生爆炸事故。事故造成 15 人死亡、15 人重伤，部分群众受轻微伤。

经初步调查分析，事故直接原因是空气分离装置冷箱发生泄漏后未及时处理，发生"砂爆"，进而引发冷箱倒塌，导致附近 500 m³ 液氧贮槽破裂，大量液氧迅速外泄，周围可燃物在液氧或富氧条件下发生爆炸、燃烧，造成周边人员大量伤亡。

此次事故是义马气化厂空气分离装置发生泄漏后未及时消除隐患、持续"带病"运行引发的。义马气化厂净化分厂 2019 年 6 月 26 日就已发现 C 套空气分离装置冷箱保温层内氧含量增加，判断存在少量液氧泄漏，但未引起足够重视，认为监护运行即可。7 月 12 日，冷箱外表面出现裂缝，泄漏量进一步增加。由于备用空分系统设备不完好等，企业仍"带病"生产，未及时停产检修，导致 7 月 19 日发生爆炸事故。

从该事故中要吸取教训：严禁装置设备"带病"运行，加强设备现场安全管理。

复习思考题

1. 什么叫沥青熔化？沥青熔化的目的是什么？
2. 液体沥青的输送方式有哪几种？试简要对比其优劣。
3. 沥青贮罐常见的故障有哪些？

模 块 七
混合混捏机械

【学习目标】

（1）掌握混合混捏定义、常用混合机和混捏机的类型、结构及工作原理，掌握混捏系统的组成、操作注意事项、故障类型及处理方法。

（2）能够看到混合混捏机械设备实物指认设备结构，并说出具体结构及作用。能够熟悉混合混捏机械的点检要点、要求及安全操作规程。熟悉混合混捏机械的技术参数及计算方法，能够对设备进行简单的维护。

（3）养成安全环保意识和创新意识，具有分析问题、解决问题的能力和一丝不苟的设备点检和防护意识，具有团队协作能力。

项目一　混合混捏和冷混合机

任务一　混合混捏认知

在炭素制品生产工艺中，经过配料计算所得的各种炭素原料颗粒和粉料与黏结剂一起在一定温度下搅拌、混合、捏合取得塑性糊料的工艺过程称为混捏。完成混捏工艺过程的设备就是混捏设备。混捏机的作用是将熔化后的液体沥青与经预热螺旋加热的固体石油焦充分混捏均匀，并最大限度地保证阳极糊料配方的颗粒分布。炭素材料生产过程中使用的混捏设备应满足的工艺要求有：（1）对不同粒度的颗粒料进行混合搅拌，并且搅拌越均匀越好。（2）既能干混，又能湿混（或称热混），即可在温度 200～250 ℃、黏结剂含量不等的条件下混捏。（3）其生产能力能满足下道工序的需要。

炭素厂采用的能满足这些要求的混捏设备很多。

按加热方式，混捏设备可分为热载体混捏机、电热混捏机和汽热混捏机。

按运行方式，混捏设备可大致可分为接力式、间歇式和连续式三类。

（1）接力式。干混和湿混在不同设备内进行，用于干混的设备有圆筒、鼓形、辊碾和滚筒式混合机等，主要用于电炭生产的冷混合。

（2）间歇式。干混和湿混在同一台设备内进行，即先干混，混匀后加入黏结剂进行湿混，混好后将糊料排出，然后重新加入干料开始下一混捏周期。如单轴搅拌混捏机、卧式双轴搅拌混捏机、逆流高速混捏机等，它们广泛应用于带黏结剂糊料的热混合。

（3）连续式。有单轴和双轴连续混捏机。通常需要和连续配料设备配套使用。主要用于阳极糊和电极糊等糊类产品的混捏。

按排料方式不同，混捏设备可分为翻转式混捏机和底开式混捏机。

大规模炭素制品生产中最常用的主要有单轴搅拌混捏机、双轴搅拌混捏机和逆流式强力混捏机等。此外，生产铝用炭素制品的企业多采用连续搅拌混捏机，生产细颗粒结构的电炭制品或石墨电极接头坯料时，有时采用加压混捏机。

任务二　冷混合机作用原理解析

混合是指将制品所需的各种成分和粒度的干粉经过某种操作，使其成分和粒度分布均匀的工艺操作过程。一般认为在混合机中物料的混合作用原理有三种。

（1）对流混合。物料在外力作用下位置发生移动，所有粒子在混合机中的流动产生整体混合。

（2）扩散混合。在粒子间相互重新生成的表面上粒子做微弱的移动，使各种组分的粒子在局部范围扩散达到均匀分布。

（3）剪切混合。由物料群体中的粒子相互间的滑移和冲撞引起的局部混合。

冷混合机是一种通过扩散、对流和剪切作用使各种成分和粒度的粉末物料分布均匀的机械，又叫粉末混合机。目前国内外常见的粉末混合机的外形如图7－1－1所示。

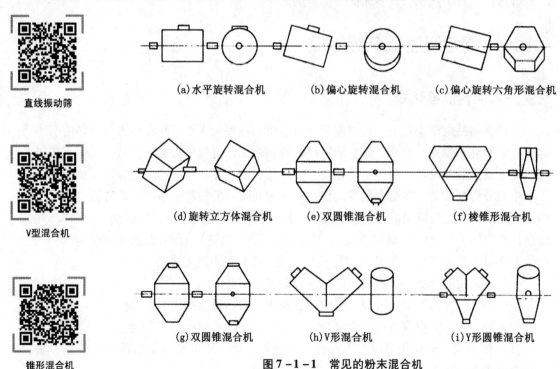

直线振动筛

V型混合机

锥形混合机

(a)水平旋转混合机　　(b)偏心旋转混合机　　(c)偏心旋转六角形混合机

(d)旋转立方体混合机　　(e)双圆锥混合机　　(f)棱锥形混合机

(g)双圆锥混合机　　(h)V形混合机　　(i)Y形圆锥混合机

图7－1－1　常见的粉末混合机

由图7－1－1可知，粉末混合机的主要构件是简体，简体的形状有圆筒形、六角形、立方体形以及圆锥形；有简单的或几个简体组合在一起的；简体水平安装或倾斜安装；简内可装或不装搅拌器；轴在中心或偏心；容器可转动、可固定。还有简体在空间做三维旋转的新型混合机。这些混合机都是靠料粉在机壳内依靠自重无秩序地抛撒和撞击壳壁进行混合。各种类型混合机中粉末迁移机理见表7-1-1。

在这些混合机中，国内常用的混合机有圆筒混合机、圆锥形混合机、鼓形混合机、V形混合机和螺旋锥形混合机等。

表7-1-1　各种类型混合机中粉末迁移的机理

混合机类型	混合机理		
	扩散	对流	剪切
旋转式混合机（圆筒形、鼓形、锥形、立方体形、V形）	◎		
旋转式混合机（带叶片）	◎	○	
重力混合机	◎		
空气流混合机	◎	○	
立式螺旋混合机		◎	
旋转叶轮混合机		◎	○
条板式混合机		◎	
Z形叶片混合机		◎	○
轮式混合机		◎	○

　　注：◎为主要作用，○为次要作用。

任务三　混合机选用

混合机的结构决定了各种粉末颗粒群和单独颗粒的移动方式和速度。根据混合机的结构和混合机理可将混合机分为两大类：一类是粉末颗粒在混合机的搅刀或螺旋叶及其他机构的直接作用下混合；另一类是粉末颗粒在其自重作用下改变其所处空间位置而互相混合，故选择混合机须视被混合粉末的特性而定。目前，新型混合机的种类很多，应注意根据具体情况选用。

混合机选型时，应注意的是，粉末混合机都是间歇操作的机器，工作繁重，特别是装卸料时为间歇式工作，故产量不高。但设备结构简单，维修方便，操作方便。

混合机选型时还应考虑混合时间和能耗的影响。如图7-1-2（a）所示是三种不同类型混合机中粉末混合的最佳时间。第一种是必须长时间混合才能达到最佳状态；第二种是经t_0后延长混料时间混合变坏（分离）；第三种是混合很快达到均匀，延长混合时间不经济。如图7-1-2（b）所示是不同直径的圆筒混合机能耗与转速的关系。

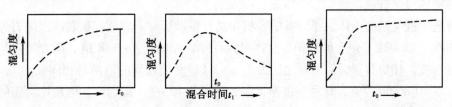

（a）三种不同类型混料机中粉末混合的最佳时间

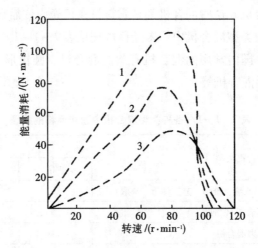

（b）不同直径的圆筒混料机能量消耗与转速的关系（1，2，3—不同直径的圆筒）

图 7 - 1 - 2　不同混合机的时间与能耗

项目二　间歇混捏机

任务一　卧式双轴混捏机认知

卧式双轴混捏机是炭材料生产最常见的间歇式混捏设备，能以挤压、分离与聚合的混捏方法进行混捏，使糊料混合均匀，广泛地用于带黏结剂糊料的热混捏。

卧式双轴混捏机的结构如图 7 - 2 - 1 所示，它主要由双层锅体、一对 Z 形搅刀以及减速传动装置组成。锅体内镶有锰钢衬板，双层锅体的夹层内可通入蒸汽或导热油加热，也可采用电加热。锅体上部为锅盖，锅盖上有干料和黏结剂加入口以及粉尘与烟气排出口。锅体下部为两个半圆形槽焊接而成，槽内有两根互相平行的麻花形搅刀分别在锅内一侧转动，因配料不同，彼此以不同转速相对转动。搅刀外径边缘与锅底保持不同的间隙，间隙距离约为混捏料最大粒度的 2 ~ 3 倍，对于粗颗粒料，一般为 20 ~ 30 mm，对于细粉料一般为 1 mm 左右。

搅刀的形状与混捏效率有关，通常有 Z 形、鱼尾形、H 形、分散形等几种（见图 7 - 2 - 2），其中常用的为 Z 形麻花搅刀。为了减少糊料黏结，桨叶断面呈椭圆形，表面堆焊硬质合金，延长其使用寿命。

Z 形锅体内平行布置两根搅刀，其安装分为相切式和相交式两种（见图 7 - 2 - 3）。相切式比相交式旋转轨迹小，每根搅刀对物料翻动范围小。相交布置，搅刀翻动范围大，对糊料混捏有利。

普通型混捏锅的锅体大小以有效容积和总容积来标称。有效容积取高出搅刀外圆直径的 10% ~ 20% 以下包容的容积。总容积为有效容积的 1.4 ~ 1.8 倍。搅刀转速与其相互布置有关，相切布置时取两者之比为 1.5 ~ 2.0，相交布置时取两者相同或 2 : 1，取低速轴，以 20 r/min 为宜，普通型混捏机参数见表 7 - 2 - 1。炭素厂、电炭厂常用的混捏机的主要技术特性见表 7 - 2 - 2。

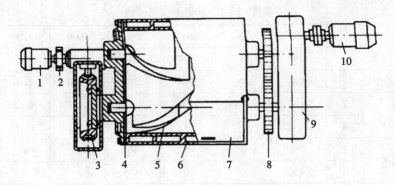

卧式双轴混捏锅

图 7 - 2 - 1　卧式双轴混捏机

1，10—电动机；2—对轮及抱闸；3—涡轮翻锅减速机；
4—衬板；5—搅刀；6—加热套；7—锅体；8—齿轮；9—减速机

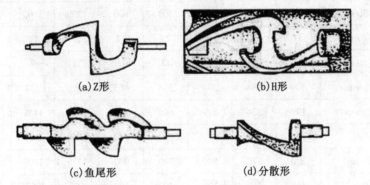

(a)Z形　　　　　　　　　　(b)H形

(c)鱼尾形　　　　　　　　　(d)分散形

图 7 - 2 - 2　普通混捏机搅刀形式

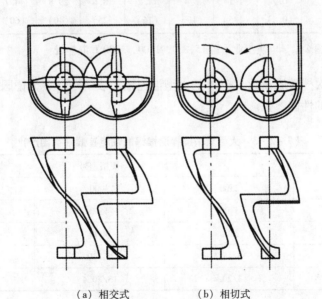

（a）相交式　　　　（b）相切式

图 7 - 2 - 3　普通混捏机搅刀布置形式

191

表7-2-1 普通混捏机参数

型号		4000	3500	3000	2500	2000	1200	600
总容积/L		5800	5050	4500	3750	2800	1800	800
有效容积/L		4000	3500	3000	2500	2000	1200	600
搅刀转速 /(r·min⁻¹)	Ⅰ	21.1	20.4	20.4	20.4	22.7	20.125	21.2
	Ⅱ	15.1	13	13	13	13.1	15.23	10.6
电机功率/kW	Ⅰ	55	45	45	30	55	45	11
	Ⅱ	45	30	30	18.5	—	—	—

表7-2-2 部分混捏机的主要技术特性

槽的工作容积/L	5	25	100	200	400	800	2000	3000	3500
槽的总容积/L	10	45	160	300	600	1200	3000	4500	5300
前搅刀的转速/(r·min⁻¹)	37	33	31	29	27	21	17	20.4	20.4
后搅刀的转速/(r·min⁻¹)	21	19	17	17	15	11	9	13	13
搅刀的直径/mm	109	184	294	368	463	583	798	900	900
搅刀的长度/mm	199	334	529	668	838	1048	1438	1798	2098
槽的长度/mm	200	335	530	670	840	1050	1440	1800	2100
槽的宽度/mm	220	370	590	740	930	1170	1600	—	—
侧壁高度/mm	165	250	300	400	500	650	850	—	—
电机容量/kW	0.7 (0.5)	1.1 (1.5)	7.4 (10)	11.2 (15)	18.6 (25)	29.8 (40)	44.7 (60)	27.6/41 (37/55)	27.6/41 (37/55)

注：此外，我国炭素、电炭工业采用15，50，1200，3000 L混捏机。

目前已有每次搅拌容量达3~4 t的大型混捏锅。表7-2-3为德国生产的三种大型双轴搅拌混捏锅的性能参数。

表7-2-3 大型双轴搅拌混捏锅的性能参数（德国产）

性能参数	规格型号		
	2500	3000	3500
计算容积/L	3700	4500	5050
有效容积/L	2500	3000	3500
电动机功率/kW	30/18.5	45/30	45/30
搅刀转速/(r·min⁻¹)	13/20.4	13/20.4	12/20.4

卧式双轴混捏机同时有挤压、分离和聚合的混捏作用。糊料在混捏机内，由于两根搅刀以不同转速相向转动，依次将应变力作用于糊料的各个点上，这时所进行的是挤压混捏，当糊料被挤压到混捏机锅底的脊背上时，就马上被劈成两部分，如图7-2-4所

示，当一部分糊料被脊背劈下而脱离搅刀 1 的作用后，聚合到搅刀 2 的物料被搅刀 2 带走。同样当搅刀 2 转到脊背处时，被劈下的糊料将被搅刀 1 带走，这时进行分离与聚合混捏。两搅刀不断转动，对糊料产生挤压、分离、捏合、松散、摩擦等作用，从而达到混捏均匀的目的，并使黏结剂薄薄地包裹着粉粒及渗透到粉粒的表面微孔中。

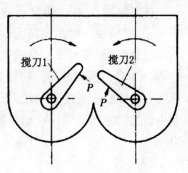

图 7 – 2 – 4　混捏原理图

为了避免被劈分的糊料在旋转一周后重新相遇，并有助于两个半圆形槽内的糊料互相混合，要求两根搅刀的转速比为奇数。一般前后搅刀转速比约为 1∶1.8，见表 7 – 2 – 4。

表 7 – 2 – 4　前后搅刀转速

混捏锅有效容积/L	3500	3000	2000	800	400	200
前搅刀转速/(r·min⁻¹)	20.4	20.4	20	21	27	29
后搅刀转速/(r·min⁻¹)	13	13	10.5	11	15	17

卧式双轴混捏机的混捏效果是较好的，但因间歇式生产，工作效率低，劳动强度大，操作环境差，而且平均单位时间产量小，不便于生产的自动化。

混捏机搅刀转动时最边缘点的最大运动轨迹如图 7 – 2 – 4 所示。在设计计算中，一般混捏机的填充系数为 0.4（即所混合物料的体积为混捏机总体积的 40%），则搅刀直径为

$$D = \sqrt[3]{\frac{V_{物}}{\pi}} = \sqrt[3]{\frac{0.4V_{总}}{\pi}} \qquad (7 - 2 - 1)$$

式中，D——搅刀直径，dm；

　　　$V_{物}$——待混物料的容积，dm³；

　　　$V_{总}$——混捏机的总容积，dm³。

装料量：

$$V_{物} = \frac{Q}{\gamma} \qquad (7 - 2 - 2)$$

式中，Q——待混物料的质量，kg；

　　　γ——带混物料的密度，一般为 1.3 ~ 1.4 kg/dm³。

因为混捏机的填充系数一般为 0.4，所以其最大装料量为

$$Q_{最大} = 0.4V_{总} \times \gamma = 0.4V_{总} \times (1.3 ~ 1.4) \qquad (7 - 2 - 3)$$

最小装料量也有限制，因为装料量过少，脊背座两边的物料不能完全交换，因而达不到预期的混捏效果，根据生产实际实验，一般最大与最小装料量的比值为 2 ~ 2.5。

$$Q_{最小} = \left(\frac{1}{2.5} ~ \frac{1}{2}\right)0.4 \times V_{总}\gamma \qquad (7 - 2 - 4)$$

在实际操作中，糊料最多时，糊料面最高位置比搅刀转到最高位置时高 50 ~ 60 mm；糊料最少时，糊料面应高于脊背。

根据使用经验，$L_刀/D$ 的数值的大小对混捏质量和设备使用寿命有很大的影响。当 $L_刀/D \geqslant 2$ 时，搅刀两端的物料交换困难，同时，由于底部面积较大，因而对设备的摩擦量较大，颗粒组成改变也较大，这是不利的。但是，当 $L_刀/D < 1.84$ 时，搅刀的螺旋角度小，这时物料的轴向移动不利，因而影响两端物料的交换。因此搅刀最适宜的长径比为

$$L_刀/D = 1.84 ~ 2.05 \qquad (7-2-5)$$

式中，$L_刀$——搅刀长度，cm；

　　　D——搅刀直径，cm。

根据搅刀长度，考虑工艺及设备的结构要求，则混捏机的长度可由下式计算得出：

$$L_机 = L_刀 + \delta_1 \qquad (7-2-6)$$

式中，$L_刀$——搅刀长度，cm；

　　　δ_1——搅刀与槽端面的间隙，一般其数值不大于 1 mm（即搅刀两端各 0.5 mm 的间隙）。

混捏机的宽度会影响搅刀与侧壁的间隙。当间隙稍大，而且被混捏的物料是散状的，被混捏的物料就会进入间隙中，从而加速混捏机的磨损，降低使用年限；如果搅刀与槽壁间隙过小，则会给制造安装及使用带来困难，因此混捏机的宽度计算公式为：

$$B = 2D + \delta_1 + \delta_2 \qquad (7-2-7)$$

式中，D——搅刀直径，cm；

　　　δ_1——搅刀之间的间隙，一般 $\delta_1 = 1$ mm；

　　　δ_2——搅刀与侧壁面间隙，$\delta_2 = 1 ~ 1.5$ mm。

在长期使用过程中，搅刀与锅壁都会磨损，搅刀与锅底间隙会增大。但其间隙必须在一定范围内，否则需要修理。混捏机搅刀距锅底间隙规定：生产电极类少灰产品，应不大于 20 ~ 30 mm；生产炭块和电极糊等多灰产品，应不大于 60 mm；生产细结构石墨制品，锅底间隙为 1 mm 左右，一般为最大粒度的 2 ~ 3 倍。

混捏机槽壁高度计算公式为：

$$H = (1.5 ~ 1.64)D \qquad (7-2-8)$$

式中，H——混捏机槽的侧高（从搅刀中心线算起），cm；

　　　D——搅刀直径，cm。

搅刀的转速对混捏时间、混捏质量和所需功率均有很大的影响，而搅刀转速的快慢受传动电动机功率大小的限制。搅刀的线速度一般为 0.8 ~ 4 m/s。

搅刀转速可按下式进行计算：

$$n_1 = \frac{15 ~ 20}{\sqrt{D}} \qquad (7-2-9)$$

式中，n_1——双轴搅刀中转速较快的搅刀转速，r/min，现有混捏机一般取 $n_1 = 15$ r/min；

　　　D——搅刀直径，m。

实践表明，两搅刀转速之比，$n_1/n_2 = 1.2 \sim 1.89$ 为宜。实际生产上用得较多的是 1.2 和 1.89 两种。

混捏机工作时，一般都是空载启动，所以启动功率很小，可以不予考虑。混合物料所消耗的功率可按下式进行计算：

$$N_0 = QN_i \qquad\qquad (7-2-10)$$

式中，N_0——混合物料所消耗功率，kW；

　　Q——一次待混物料总质量，kg；

　　N_i——混合单位质量物料消耗功率，kW/kg。

$$N_i = K \cdot D^{1/12}$$

式中，K——与黏结剂、转速有关的系数，可由实验测得；

　　D——搅刀直径，cm。

传动电动机功率为：

$$N = \frac{N_0}{\eta} \qquad\qquad (7-2-11)$$

式中，η——系统传动效率，一般为 0.8 ~ 0.85。

实际生产中，电能的消耗量主要与糊料的种类和黏结剂的软化点有关。混捏黏结剂含量低的糊料比混捏黏结剂含量高的糊料要消耗较少的电能。如果提高黏结剂的软化点，则电能的消耗量就要增加。另外，电能消耗量还与混捏时间有关。

混捏设备的使用与维修应按有关技术要求检查，合格后进行空载试车，确认各部机构正常无误，动作灵活可靠后，方可投料生产。

在使用双轴混捏机时，要注意：维护轴和轴承的磨损，磨损后刮研或更新；加热夹套、阀门及管道漏气的修复；锅体衬板磨损后的修复与更换；搅刀磨损后的修复与更换，搅刀容易折断。

搅刀折断的原因有：（1）下料时带进铁块卡住搅刀没有及时停机；（2）搅刀与衬板的间隙过大，在补搅刀和衬板时没焊牢固掉下卡住搅刀，电动机在继续运转时把搅刀卡断。

处理方法是：（1）出现锅体跳动或有较大的振动应马上停车，将料倒出，检查取出铁块；（2）检修后试车时，不要将搅刀一次开动；（3）锅内有凉料时，要先加热，等温度正常后再试车。

任务二　加压式混捏机认知

加压式混捏机由加压盖、锅体、底门排料机构、传动装置、底座、液压装置等部分组成（见图 7-2-5）。

加压式混捏机的结构与卧式双轴混捏机相类似，但增加了加压装置，规格有 500 ~ 2000 L。锅体内糊料在一定的压力下进行混捏。

加压混捏机与普通型混捏机相比较，主要区别在于锅盖除罩料外，混捏时还借助油缸作用对糊料施加一定的压力。这样做，可以缩短混捏时间，并能获得密度较大的糊料。这种混捏机多用于生产耐磨炭制品和电炭制品。

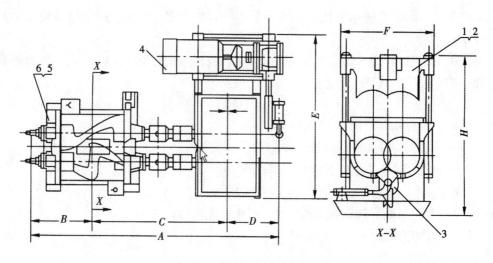

图 7 - 2 - 5 加压混捏机

1—加压盖；2—锅体；3—底门排料机构；4—驱动装置；5—底座；6—液压装置

加压混捏机对糊料的压力保持在 0.05 ~ 0.07 MPa，搅刀转速取 22 ~ 66 r/min。这种混捏机动力消耗大，80 L 容积的加压混捏机、搅刀转速为 22 r/min 时，要选用 150 kW 电动机驱动。

用于电炭制品行业中的加压混捏机，在橡胶工业中也称密闭式炼胶机。它的主要技术参数如下：密炼室工作容积：30 L；搅刀转速：主动轴 550 r/min、从动轴 40 r/min；工作温度：150 ℃；加热方式：蒸汽加热；产量：210 kW/h；总耗电量：31.5 kW；外形尺寸（$L \times W \times H$）：5.6 m×2.7 m×3.25 m。

任务三 高速混捏机认知

如图 7 - 2 - 6 所示高速混捏机，原系德国爱立奇（Eirich）工厂的产品，最初只用于耐火材料及一些小型的电炭厂，20 世纪 70 年代开始推广用于铝厂阳极车间及炭素厂。高速混捏机（也称爱立奇强力混合机）主要由自身回转的混合盘、内装相反方向旋转的垂直搅拌器、回转装置、高能转子及加热装置等部分组成。

混合盘为焊接结构。盘的侧壁开设一个或两个铰链式的门，便于检查、清理和维修内部构件。在盘的底部和侧壁镶有可更换的耐磨衬板。盘的底部中央开有放料门，由油缸带动完成开闭动作。

搅拌器由两台（小型可用一台）减速电动机通过一个共用齿轮带动其逆时针方向旋转。搅拌器包括搅拌棒和犁形板，搅拌器齿箱是全封闭的。

回转装置包括大型球轴承和轴承座、一台法兰盘电动机、正齿轮减速装置等部件，由它带动坐落其上的混合盘按顺时针方向转动。

高能转子由固定在侧部机架上的电动机通过 V 形皮带传动，逆时针方向转动。转子由多层带不同角度的叶片组成。叶片表面涂以碳化钨耐磨合金，磨损件更换容易。当高速旋转（500 ~ 600 r/min）时，物料上下窜动，产生较大的摩擦力和剪力，搅拌器的棒可以搅动物料使其做水平运动；底部犁形板既可以使物料产生翻动，也可以将紧贴盘底

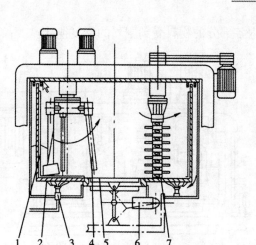

图 7 - 2 - 6　高速混捏机结构图

1—耐磨衬板；2—混合盘；3—加热喷嘴；4—搅拌器；
5—排料底门；6—底门控制油缸；7—高能转子

的物料犁起，再加上混合盘自转，使整个混合机内的物料处于剧烈悬浮搅动状态。搅拌强度很高，没有"死角"，效率高。

高速混捏机中，混合盘的衬板可以不用拆卸搅拌器及高能转子就可更换。高能转子的叶片都是串在一起的，可以单独更换，也可以全部一起更换，各易损件的寿命大致如下：犁状刮板为 2000 h；高能转子叶片，上部为 5000 ~ 10000 h，下部（两片）为 3000 ~ 5000 h；混合盘衬板 10000 ~ 15000 h；混合盘底部轴承为 15000 ~ 20000 h。

高速混捏机采用两种方式对物料加热：（1）混捏机本身对物料进行加热，即在混合盘底部和筒壁周围装有电阻丝用来加热，或者在混合盘底部加一定数量的燃气喷嘴。（2）把粉料和黏结剂加热到一定温度后，直接放入混合盘内进行搅拌混捏，混捏机本身不带加热装置。糊料冷却采用对料面直接喷水，其产生的蒸汽用一定方式排走。

高速混捏机混合盘的转速与其直径有关，一般取 6 ~ 12 r/min，搅拌器转速取 250 r/min 左右，高能转子的转速与物料性质有关，一般取 500 ~ 600 r/min，主电机功率与混合物料性质及混合机容量有关，变化范围较大（见表 7 - 2 - 5）。

表 7 - 2 - 5　高速混捏机参数

高速混捏机容量/L		1000	1500	2250	3000	4000
电机容量/kW	筒体及混合器	25	40	65	100	112
	高能转子	1×90	2×75	2×90	2×110	2×110

逆流高速混捏机如图 7 - 2 - 7 所示，由锅体、搅拌装置、传动机构等组成。锅主体是个可以做水平方向旋转的圆筒，可水平或倾斜安装。从筒体上部向筒内插入搅拌装置。搅拌轴的转动方向与圆筒的转动方向相反。搅拌装置有各种形状，搅拌装置的轴与筒体中心是不同心的（偏心）。由于搅拌的同时圆筒也在旋转，方向与圆筒转向可相同

或相反，所以使圆筒内各部分的物料受到剧烈的反复搅拌。

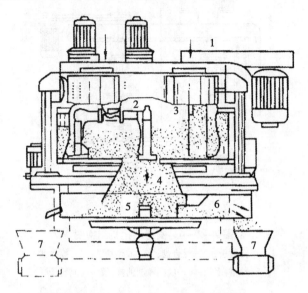

图 7 – 2 – 7　逆流高速混捏机结构图

1—旋转的混合机锅体；2—犁形搅拌器；3—高速星形搅拌器；

4—排料口；5—盘式排料机；6—排料刮刀；7—排料溜槽

　　工作时，筒体转动的同时搅拌器转动，在高速旋转搅拌器的作用下糊料被快速搅拌，混捏时间短，混捏均匀，质量好，热气由抽气风管抽出，由筒体转动产生的离心力卸料，卸料干净，设备结构简单，维修方便。

　　美国生产的高速混捏机有逆流式、对流式、并流式和混流式等多种类型。日本制造的逆流高速混捏锅的性能参数见表 7 – 2 – 6。

表 7 – 2 – 6　逆流高速混捏锅的性能参数

性能参数	规格型号				
	DE – 14	DE – 18	DE – 22	DEV – 22	D2V – 29/1000
公称容量/L	500	1000	1500	2250	6000
最大混捏量/kg	800	1600	2400	3500	400
驱动动力/kW（马力）	15.7（21）	25.4（34）	44（59）	58.9（79）	64.1~97（86/130 各一台）
电功热功率/kW	23	50	80	80	128
设备质量/kg	2350	4300	5500	6950	16000

　　德国产对流式高效混捏机容量为 3 ~ 10000 L。DWV29/6 型，容积为 6000 L，装料量为 5 t，产量 7.5 t/h，混捏 40 min。

项目三　连续混捏机

　　近年来铝用炭素生产中，为了弥补卧式双轴混捏机的不足，国内外研制了连续混捏机。连续混捏机产量高，能连续生产和便于自动化生产。

连续混捏机是将预热到 130～140 ℃的各种粒度焦炭与沥青一道从混捏机加料口加入机体内，物料在机体内边加热边混捏，最后呈均匀糊状从排料口连续排出的设备。

目前世界各国常用的连续混捏机多为瑞士布氏（Buss）公司的产品，其规格有机壳内径为 300，400，500，600 mm 等。

工作时，在圆筒形状的锅体内有一根（或两根）带搅刀的主轴，其本身不但能自转，同时又能按一定行程前后窜动。在轴上布有正、反向搅刀。圆筒形锅体内壁上镶有固定搅刀。正向搅刀的作用是一边搅拌一边将糊料推向出口处，反向搅刀的作用是增加被混捏物料内的挤压力，从而使物料得到充分混捏。

连续混捏机的优点是机械化程度较高，可以实现自动化生产、劳动条件好。但设备比较复杂，系统调整较困难。锅体和搅刀主轴均采用热媒加热。

根据锅体内搅拌轴的数量，连续混捏机可分为单轴式和双轴式两种。按其锅体长度又分为 7D 和 9.5D（D 系指锅体内径）两种型号。当使用固体沥青为黏结剂时，采用二段式（用两台串联）布置用 7D 型；使用液体沥青时，采用一段式用 9.5D 型。

任务一　单轴连续混捏机解析

1. 单轴连续混捏机结构及工作原理

近年来，在预焙阳极生产系统中，美国、德国、瑞士和日本等国已广泛采用单轴连续混捏机进行混捏。单轴连续混捏机的结构图如图 7-3-1 所示，由驱动装置、锅体、主轴等部分组成。我国现已研制了 Φ500 mm 单轴连续混捏机。

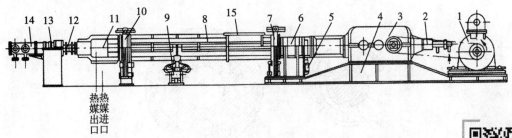

热媒出口　热媒进口

图 7-3-1　单轴连续混捏机结构图

1—电动机；2—冷却管道；3—传动齿轮箱；4—机座；5—润滑油泵；
6—轴承支座；7—前支架；8—对开机壳；9—开合装置；10—后支架；
11—出料墙；12—混捏轴；13—后支承座；14—热媒联轴器；15—进料端

单轴连续混捏机

（1）驱动装置。混捏机是由电动机经减速机减速后驱动的。最好采用启动力矩大、启动电流小的三相绕线型电动机（如国产 JR-127-8DZ2 型：130 kW、730 r/min）；而大型减速机具有减速作用，同时使主轴做轴向往复窜动。电动机和减速机通过 V 形带传动。减速机的主轴及输出端轴承均采用强制水冷却。

（2）锅体。采用对开式筒形结构，内表面镶有衬板，由固定搅刀刀杆贯穿定位，固定搅刀尾部带螺纹，用螺帽固定在锅体上。锅体下部为铰接，上部用螺栓卡夹合拢夹紧。锅体为夹套结构，通以热媒加热，热媒压力 1.3 MPa，温度为 220～350 ℃。

（3）主轴。包括套管和搅刀。搅刀采用铸钢，表面堆焊硬质合金提高耐磨性。锅体内部在中心线上装有一根中空并设有套管的主轴，主轴上活动套管表面有硬质合金的转动搅刀，搅刀在左螺旋线上一个导程上分三段（即成三齿）均匀分布，相位差120°，搅刀在锅体内做顺时针方向旋转的同时主轴轴向往复窜动。锅体为圆筒形，沿纵轴对开，内衬以衬板，在其内腔按左螺旋线轨迹上每导程均匀分布有三个脊形固定搅刀。锅体外围是加热套管，供混捏物料时加热。混捏时，主轴在旋转窜动的过程中，使活动搅刀和固定搅刀保持一定运动关系，从而完成了对糊料的挤压、分离及揉搓的目的。

在转动搅刀旋转和窜动中所作用的力，其方向是向糊料内部挤压，由于固定搅刀的作用，其着力点依次地交替改变，这个过程是挤压过程；在此过程中糊料被压至固定搅刀表面上，并马上劈分为两部分，如此交替，完成分离聚合过程；主轴轴向窜动，在此过程中搅刀对糊料的作用为揉搓掺和。

在混捏过程中，糊料在锅体内既做轴向推送又有径向运动，同时还伴有交混、松散、部分摩擦等物理现象，从而使糊料混捏均匀，黏结剂也达到良好的浸润。

搅刀如图7-3-2所示，有固定在锅体上的固定搅刀和套装在主轴上的转动搅刀。

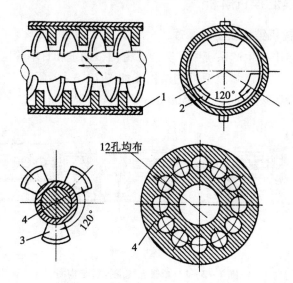

图7-3-2 锅体、固定搅刀、主轴和转动搅刀示意图

1—锅体；2—固定搅刀；3—转动搅刀；4—主轴

主轴在工作时主要受力状态是拉压和扭转联合作用。在主轴中心钻孔，可加设套管使热载体进入，使之循环，以调节温度。

2. 进口单轴连续混捏机

进口单轴连续混捏机的结构如图7-3-3和图7-3-4所示。图7-3-4所示机构为B&P公司生产，由基础底座、驱动电机、齿轮箱、变频控制装置、PLC系统接口、自动排料挡板、混捏腔、混捏螺旋、旋转接头、自动润滑系统等组成。

（1）基础底座。混捏腔体、齿轮箱、驱动电机均安装在预制的一体化基座上。所有腔体的支撑、开启装置及螺旋轴承均直接安装在此基座上。

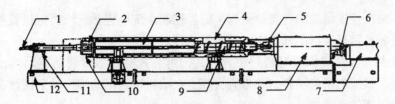

图 7 – 3 – 3　混捏机主体结构示意图

1—旋转接头（接导热油管）；2—排料挡板；3—机壳（腔体）；4—进料口；
5—联轴器；6—限矩耦合器；7—驱动电机；8—齿轮箱；
9—混捏轴；10—排料口（溜槽）；11—滑动轴承支座；12—机座

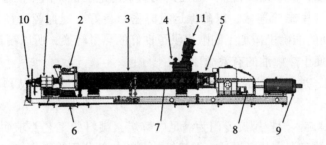

连续混捏机混
捏过程

图 7 – 3 – 4　混捏机主体结构图

1—外置轴承支承座；2—排料挡板；3—可分离的腔体；4—喂料口；5—止推轭；
6—排料槽；7—混捏螺旋轴；8—齿轮箱；9—驱动电机；10—旋转接头；11—挡板阀门

（2）驱动电机。混捏机配备一台主驱动电机，为三相主电源供电。电机采用全封闭结构、风扇式冷却、力矩恒定，通过水平底座将电机安装在混捏机的一体化基座上。

（3）混捏机 Gimbal 齿轮箱。混捏螺旋轴通过齿轮箱的作用做旋转和往复运动并被加热。将混捏螺旋（动齿）直接插入到恒矩齿轮箱的输出轴中。齿轮箱按螺旋速度设计所需要的功率冗余。

齿轮箱箱体厚重结实，箱体上设计有便利的检查口。驱动电机通过扭矩限制器与齿轮箱的输入轴相连。为避免安全事故，所有运动部位都设计有钢板防护罩。

齿轮箱润滑系统的外置油泵是通过全封闭式电机驱动的。B&P 齿轮箱润滑系统包括过滤器、水冷却器、油预热器、油压表及调节流量开关。这些调节开关与设备控制回路连锁，流量没有时，驱动关闭、设备停机。

内部安装的管道系统确保了机组全部齿轮、轴承、轴瓦等均能得到足够的润滑。

（4）变频控制装置。为使驱动电机速度与工艺要求更好地配合，可在设备中选配一台变频驱动装置。

（5）PLC 系统接口。PLC 控制系统可使混捏机和预热处理端之间实现完全的连锁和自动控制。

（6）自动排料挡板。排料挡板采用双门设计，具有远程及手动两种控制方式，用以维持最合适的背压以确保混捏效率和质量。排料挡板通过糊料混捏和与产量有关的电机负荷的反馈使自动控制功能接近最佳状态，这样更确保了挡板位置正确且相对稳定，减少了混捏机螺旋轴向前推进时可能产生的冲击，并使混捏区进料端有足够的连续进料量以及使下游设备排料端的料流量更为平稳。控制系统还包括连续挡板位置显示，以及检测电机负荷及运行液压驱动的排料板所需的控制回路。

（7）密封套。螺旋轴带有密封装置，此密封装置穿过混捏腔的驱动端，采用填料式结构并使用软编织密封填料，并带有套环。在填料密封区的螺旋轴上设计有一个可更换的经硬化处理的密封轴套。

（8）混捏腔。混捏腔由碳钢制成，并且混捏腔全长都采用可更换的耐磨分段式内衬。混捏腔由沿垂直中心线剖开的两半构成，靠铰链连接打开使维护人员能检查到其内部的混捏螺旋（动齿）、衬板，以及可更换的硬化钢混捏齿（定齿）。混捏腔的打开及关闭由液压缸驱动，液压系统自带一台全封闭式风冷电动机。两半混捏腔在其分开中心线的顶部和底部处用螺栓连接，以确保运行时密封良好。混捏腔内径（I. D.）和衬板外径（O. D.）间的准确机械加工间隙提供了良好的热量转换，所以糊料温度不会损失。腔体带有夹套以便于热媒油的有效循环。

（9）进料端。进料端对混捏腔很关键，混合干料和液体沥青从顶部中心线进料开孔进入混捏腔内。

（10）混捏螺旋。混捏螺旋专门为满足电解炭素糊料的工艺要求而设计。混捏螺旋采用了易于更换的套入式分段设计。混捏螺旋的初始部分用输料螺旋将物料推入混捏腔的搅拌区。物料输送段中这些动齿上有一个中止区，使得动齿在前移过程中有一个定齿能对动齿起到清洁作用，以防止物料在此区域堆积。搅拌段共设计有 3 个中止区，使得混捏定齿在动齿整个行程范围内的运动起到一种连续的清洁、混捏作用。

（11）旋转接头。混捏轴自排料端到喂料端均是空心的。插入轴内的虹吸管使液态热媒油以一种循环的方式由泵打入后，经轴腔流出。这样有助于在混捏腔中建立并保持运行所需温度。将软管与位于混捏轴排料端的旋转接头进行连接，实现了液态热媒油的接入。这样使得热媒油在旋转、摆动的混捏轴内的流入、流出更为高效。

（12）自动润滑系统。自动润滑脂润滑系统用一个气动加压系统为进料端的密封装置以及下料端和排料挡板轴承提供润滑。保证在一定时间通过密封回路对这些关键部位提供适当的润滑脂，确保这些区域在任何时候都润滑良好。润滑系统包括：压缩空气入口控制装置及过滤器、连在润滑油桶的气动式循环泵、封闭式控制箱、用于润滑频度编程和到每一处润滑轴承计量润滑油流量的注油器。

（13）螺旋轴支承。螺旋轴的驱动端由齿轮箱内的轴承支承，而排料端则采用铜质的、轴套式外置轴承支承。

（14）排料槽。设备将物料通过排料槽直接从混捏腔排出，排料槽包括一套液压驱动的摆动式料门，通过液压系统进行远程控制，用于维持合适的背压，以确保混捏机的效率和工艺质量的优化。物料流经排料门，通过位于混捏机基座上的一个孔垂直排出。排料槽属于可选件。

（15）保温板。该保温板安装在混捏腔的外表面上，以最大限度地减少在作业现场损失的热量以及起到隔离热表面的作用。

（16）管路。混捏腔夹套上设计有必要的热媒油管路和多支管路，所以，只需要提供一个供油管路和一个回油管路。全部管路采用焊接法兰连接方式。

目前，国内连续混捏机内径由下式计算：

$$D = \sqrt{\dfrac{Q}{12.5\gamma sn\phi} + d^2} \qquad (7-3-1)$$

式中，Q——生产率，t/h；

　　　γ——糊料的密度，t/m³；

　　　s——转动搅刀的螺距，m；

　　　n——主轴转速，r/min；

　　　ϕ——糊料装填系数；

　　　d——转动搅刀毂壳的外径，m。

转动搅刀的长径比 L/D 对混捏机的设计非常重要，当 L/D 过大时，混捏机的技术经济指标要降低，同时设备质量增大；L/D 较小时，会直接影响混捏质量。混捏机混捏质量的好坏主要取决于混捏温度和混捏时间，国内推荐混捏机最适宜的有效工作长度为

$$L \approx 5.5D \qquad (7-3-2)$$

式中，L——转动搅刀组长度，m；

　　　D——锅体内径，m。

转动搅刀的转速直接影响混捏时间、混捏质量、卸料速度和所需功率。推荐用下式计算：

$$n = \dfrac{25\sim30}{\sqrt{D}} \qquad (7-3-3)$$

式中，n——转动搅刀的转速，一般为 15～100 r/min；

　　　D——锅体内径，m。

为了达到有效的挤压和分离的目的，转动搅刀旋转运动的同时，还通过轴线进行轴向窜动，窜动全行程一般为 160 mm，而 Φ500 mm 单轴连续混捏机一般采用 140 mm。

混捏机工作时，一般都是空载启动，所以启动功率很小，可以不予考虑。一般采用的经验公式为

$$N = K \cdot (D^2 - d^2) \cdot L \cdot W \qquad (7-3-4)$$

式中，W——混捏单位体积糊料消耗功率，W/m³；

　　　K——与黏结剂加入量、转动搅刀转速有关的系数。

其他符号意义同前。

锅体夹套工作时承受一定的内压作用，需满足合适的壁厚。其壁厚 t 可用下式进行计算：

$$t = \dfrac{pD_2}{2[\sigma]E - 2p(1-K)} \qquad (7-3-5)$$

式中，p——夹套内的工作压力，取 1578.9 N/cm²；

　　　D——夹套内径，Φ500 mm 单轴连续混捏机取 68 mm；

　　　$[\sigma]$——钢板的许用应力，取 9806.6 N/cm²；

　　　E——焊接系数，为 0.7；

　　　K——参数，Φ500 mm 单轴连续混捏机取 0.4。

3. 影响糊料混捏质量的因素

糊料混捏质量一方面由沥青对骨料颗粒的湿润性和渗透性效果决定，另一方面还取决于骨料各粒度级别混合均匀程度。影响糊料混捏质量的因素主要有以下几个。

（1）混捏温度。一般混捏温度比沥青软化点高 60～80 ℃为宜。若混捏温度过低，沥青黏度就会增大，流动性变差，不宜于沥青对焦粒的浸润渗透。随着温度的升高，糊料塑性逐渐变好。但混捏温度过高，沥青易发生氧化反应，轻馏分分解挥发，糊料老化，也不利于糊料成型。

（2）混捏时间。混捏时间过短，则糊料混捏不均匀，沥青对于糊料浸润渗透不够，甚至会出现夹干料现象，糊料塑性较差。适当延长混捏时间，可以使糊料混捏更均匀，糊料塑性变好。但混捏时间过长，对糊料的均匀程度提高甚微，反而使干料粒度组成发生变化（因大颗粒遭到破碎），黏结剂氧化程度加深，混捏质量变差。

对间断式混捏机而言，一般混捏时间在 40～90 min（干混和湿混）为宜。对连续式混捏机而言，一旦下料量确定，混捏机转速就相对确定，混捏时间也就确定。B&P 连续混捏机在额定下料量时，混捏时间一般为 2～3 min。当低于额定下料量时，可以降低转速，混捏时间相应得到延长。

（3）混捏机转速。B&P 混捏机转速可调。在混捏机下料量较小时，可以适当降低混捏机转速，在挡板门处于合适的开度的情况下，达到设定工作扭矩，以提高混捏机工作腔体填充率，延长混捏时间，提高糊料混捏质量。但混捏机的转速不能设定太低，否则存在着较大的堵料风险。

（4）混捏机扭矩。对 B&P 混捏机而言，混捏机扭矩与混捏机的轴输出功率对应，客观上反映出单位时间内混捏机对糊料做功的多少。受混捏机额定功率的限制，混捏机的扭矩不能设定太高，否则存在着较大的堵料风险。但太低又不能充分发挥出混捏机的功效，混捏糊料质量会出现明显的下滑。一般情况下，扭矩设定为额定扭矩的 70%～85%。

任务二　双轴连续混捏机解析

近年来，出现了一种双轴连续混捏机，主要用于铝电解用阳极糊的生产。一对平行相向旋转的轴，两轴上的搅拌齿互相啮合。主轴上的齿呈片状、扇形，其排列方法：径向为放射状；轴向成一定螺旋角，以促使物料前进。外壳上也有固定齿，与主轴上的扇形齿相啮合。

另一根轴叫"清理轴"，防止主轴被糊料粘住，起清理作用。清理轴的转速为主轴的 4 倍。轴上的齿为箱形，沿轴也呈螺旋线排列。糊料在机内停留的时间为 4～5 min。双轴混捏机轴没有往复运动，故齿轮箱的结构和轴的密封均较单轴混捏机简单。

需要确定的主要参数是机壳筒体内径 D、动搅刀螺旋导程 t、混捏轴往复行程和作用段（即从物料入口至出料口之间的距离）L。至于混捏轴转速虽也是主要参数，但是其自身可以在一个适当的范围内调整，选择的自由度较大。

内径 D 主要依据产量要求和现有的规格系列选择。一般炭素行业用混捏机的主要规格是 300，400，500，600 mm。t 及 L 是由 D 决定的结构参数。因此，t，L 与 D 相对应，目前也已成系列。L 的长短与待混捏物料质量有关，L 值越大，混捏过程越长，混捏质地越均匀。但是 L 值超出一定范围，对某些物料来说，生产效率低，机器结构，特别是混捏轴结构趋于复杂。因此，物料对象不同，L 值的大小也不同。电动机功率是由下式来确定的：

$$N = KDn \qquad\qquad (7-3-6)$$

式中，N——电动机功率；kW；

　　　　D——机壳耐磨衬套内径，cm；

　　　　n——混捏机轴转速 r/min；

　　　　K——系数，取 0.001~0.0015。

连续混捏机一般均采用直流电机，以便调速。调速范围为 1:10。当衬套内径 D = 400，500，600 mm 时，电动机容量相应地为 100，200，350 kW。

双轴连续混捏机的结构如图 7-3-5 所示，它是一个带有加热夹套（电加热或其他方式加热）的铸钢或钢板焊接的椭圆形锅体，目前使用的双轴连续混捏机锅体内径为 $\Phi560$ mm，长 3000 mm，分为三节，锅体内有两根平行配置的螺杆或带搅刀的轴（它们也统称为转子），轴由电动机经减速机带动。轴上安装有正向搅刀和反向搅刀。搅刀的对数和配置情况不同，对混捏的质量影响很大。$\Phi560$ mm 混捏机每轴安装 15 对搅刀，且安装方向也不完全相同。

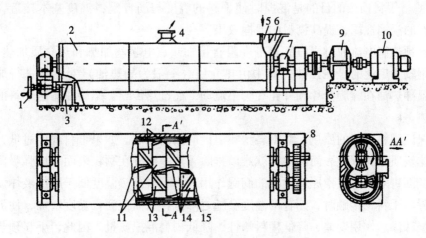

图 7-3-5　双轴连续混捏机示意图

1—加热介质进管；2—锅体；3—出料口；4—排烟口；5—干料下料口；
6—沥青下料口；7—轴承座；8—齿轮；9—减速机；10—电动机；
11，13—轴；12—正向搅刀；14—反向搅刀；15—加热夹套

见表 7-3-1，正向搅刀使糊料前进，反向搅刀使糊料后退或停滞。两轴相对转动，使糊料受挤压，糊料在脊形座处被劈为两部分，分别为两边搅刀带走或被分离，以使物料受到混捏。为了使加入的物料一边搅拌，一边向下料口移动，正向（或增压）搅刀的数量比反向搅刀的数量多。正向搅刀数量愈多，糊料被混捏的时间就愈短，产量高，但质量差。反向搅刀数量愈多，糊料被混捏的时间就愈长，产量低。

表 7-3-1　两轴上搅刀的排布

搅刀编号		1	2	3	4	5	6	7	8	9	10	11	12	13	14	15
I轴	搅刀的正反	正	正	正	反	正	反	正	反	正	反	正	反	正	正	反
	搅刀与轴中心线的夹角/(°)	45	45	75	60	60	45	60	60	60	75	45	60	75	60	60
II轴	搅刀的正反	正	正	正	反	正	反	正	反	正	反	正	反	正	正	反
	搅刀与轴中心线的夹角/(°)	45	45	45	60	45	75	60	75	60	60	60	75	75	45	60

双轴连续混捏机的加热和保温方式有介质加热和电加热。介质加热，可用高压蒸汽（505~707 kPa）加热，或采用联苯和联苯醚等有机载热体加热；电加热通常采用工频线圈加热方式。

目前国内研制并应用了 4000~6000 L 的半连续、大容量混捏机。有干料预热机-混捏机-糊料冷却机、双层预热混捏机-糊料冷却机两种配置形式。

任务三　四轴预热螺旋机认知

为了降低沥青的黏度，提高沥青的流动性，沥青的配料温度一般高于沥青软化点 60~80 ℃。干料预热的目的是混捏时使干料的温度与沥青配料温度基本接近，改善沥青对干料的浸润性能，提高糊料的混捏效果。

干料预热有电流通过炭粒靠自身电阻直接加热、电阻丝加热和热介质加热等几种。目前应用较为广泛的是在预热螺旋中由热介质（一般为导热油）对干料进行加热的方式。高温导热油在螺旋叶片和外壳夹套中流动，通过热传导，螺旋在输送干料的同时给干料加热。

要保证糊料较好的质量，对干料预热温度应加以控制。如果干料温度过低，原已吸附在固体炭质原料颗粒表面的水分就难以排除，这些水分在颗粒表面形成强吸附层，会显著降低沥青对固体炭素原料颗粒的润湿作用。当干料预热温度低于所加液体沥青的温度，沥青与干料相接触时，沥青的温度会随之降低，从而使沥青黏度增加，使沥青对干料的润湿和渗透作用变差，降低糊料塑性，降低糊料混捏质量。因此，干料预热后的温度与加入液体沥青的温度越接近越好。在预焙阳极生产中，一般要求预热温度在 170 ℃作用，而沥青配料温度在 170~190 ℃。基本工艺参数一般为：干料预热温度为 160~185 ℃；沥青配入量为 13%~16%；高温改质沥青配料温度为 160~185 ℃；混捏温度为 175~190 ℃；糊料冷却温度为 145~160 ℃。

预热螺旋机是用来预热焦粉并与连续混捏机配套使用的设备。四轴预热螺旋机主要由槽体和带螺旋的中空轴构成，如图 7-3-6、图 7-3-7 所示。在一个带加热夹套的 U 形机壳内，平行排列左右对称的四根带螺旋的主轴，每根轴及螺旋桨叶内均可以通热媒油进行加热。四根螺旋轴，两根轴顺时针转动，另外两根轴逆时针转动，且相邻的两根轴转动方向相反。转速为 6~7 r/min，将物料预热到 170 ℃左右。

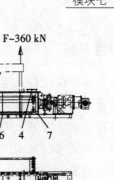

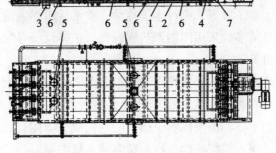

图7-3-6　四轴预热螺旋机结构图

1—提升带相应链条；2—支承架；3—出料口；4—进料口；
5—检查口；6—料槽底座浮动轴承；7—料槽底座定位轴承

四轴预热螺旋机

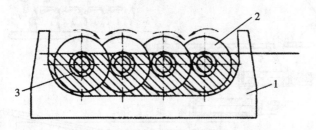

图7-3-7　预热螺旋机截面图

1—槽体；2—螺旋；3—轴

　　焦炭预热炉主要用于将传送物料持续同步加热至目标温度。机器配有多个分隔的加热电路（轴、叶片和料槽），分别与12个热媒接口相连，以保证最佳加热效果。不仅通过外壳及蜗轮轴的表面对物料进行加热，还通过螺杆表面进行加热。通过加热轴和叶片上的热媒流，以及向螺杆内表面供给大量热媒的方式，来实现物料接触表面的最优利用率。四轴预热螺旋主要参数见表7-3-2。

表7-3-2　四轴预热螺旋主要参数

热媒	HTM 油
最大允许工作压力/MPa	0.4
进料温度/℃	280
出料温度/℃	255
最大热媒流/$(m^3 \cdot h^{-1})$	250
热媒流料槽	约总量的20%
热媒流轴（四轴组）	约总量的80%
煅烧焦物料 $T_{进料}$/℃	≥ -5
煅烧焦物料 $T_{出料}$/℃	>180

任务四　连续混捏系统

连续混捏机需要和连续配料、连续预热及连续冷却设备配合使用。连续加入混捏机的各种颗粒的骨料及黏结剂的数量必须均衡稳定，要求机械化、自动化程度较高。连续配料一般采用皮带秤、电子秤等，进行连续称量，称量后用螺旋输送机或皮带运输机将料送到预热机预热，目前多数采用四轴预热螺旋机。主体设备有配料仓、配料秤、预热螺旋、混捏机和冷却机等。

生产阳极糊的连续配料及连续混捏生产流程如图7-3-8所示。混捏分为两段。二次混捏后的糊料由冷却螺旋机（或其他冷却设备）冷却。冷却机有单轴冷却螺旋机和双轴冷却螺旋机。它们主要都由槽体和带螺旋的轴构成，槽体有夹套，可通水冷却。轴中空，也可通水冷却。螺旋混捏机的结构与螺旋输送机类似。

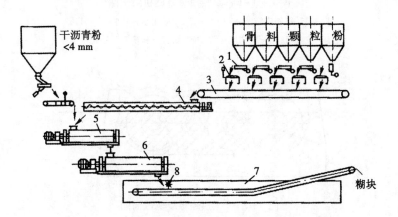

图7-3-8　连续配料连续混捏阳极糊生产流程示意图

1—电磁振动给料机；2—皮带秤；3—胶带运输机；4—预热螺旋机；
5—连续混捏机一段；6—连续混捏机二段；7—螺旋冷却机；8—星形给料机

连续混捏系统，虽然劳动条件比较好，但整个配料及混捏工序设备较多，调整复杂，只适用于单一配方的生产，不适用于经常改变配方的多品种生产，因此目前主要用于预焙阳极和阳极糊的混捏。

对于间断混捏机生产而言，投料前预热锅体的方法有两种：（1）先将配好的干料加入锅内，加热到100℃左右，然后加入液态沥青；（2）将已破碎成粒状的固态沥青与配好的干料同时加入锅内。

一般多用第一种方法。混捏时间和温度达到要求后，打开底门，并调节其开度大小以控制排料速度。门打开后，改变搅刀转向，使其反向旋转，以便将锅底的料排净，然后将门关上，进行下次循环作业。连续混捏机生产是将配好的干料经过预热达到130～140℃，与沥青一道从连续混捏机加料口加入混捏机内。物料在机体内边加热边混捏直至成为均匀糊状，从机体排料口连续不断地排出。

项目四 凉料机

混捏完的糊料温度在130~180 ℃，并含有大量沥青烟气。凉料机是炭素行业的主要设备之一，其主要作用是将混捏合格的糊料均匀冷却到适宜的温度，并充分排除夹杂在糊料中的沥青烟气，否则生坯中就会夹入沥青烟气而产生废品。然后将其输送到成型机进行挤压成型。另外，凉料也使糊料具有良好的黏结力，并且使糊料块度均匀，利于成型。

凉料过程主要是冷却降温的过程。炭材料生产中最常用的是：机械翻动或转动与空气强制对流相结合的冷却方式，如圆盘凉料机和圆筒凉料机；采用糊料在运输皮带上冷却凉料的；采用逆流式强力混捏机时，则在混捏机内喷水冷却进行凉料；也有采用双轴搅拌凉料机凉料的。

任务一 圆盘凉料机认知

如图7-4-1所示，圆盘凉料机主要由圆盘（直径5600 mm）、分料器（直径1700 mm）、大齿轮、电动机、减速机、加料口、出料口、悬挂在圆盘上可上下调节的六块翻料板、一套铲大块的切刀装置（上有15把三瓣式铲刀，由另一台电动机带动）、两个气动缸卸料装置及外罩等组成。

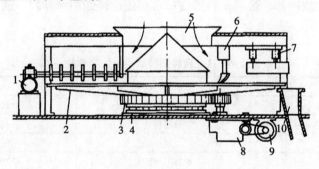

图7-4-1 圆盘凉料机结构图

1—电动铲块装置；2—转动圆盘；3—大齿轮；4—大型平面滚珠；5—进料口；
6—固定翻料铲；7—气动缸卸料装置；8—减速机；9—电动机；10—出料口

糊料从顶部加料口加入，经圆锥形分料器的上部锥体将糊料均匀地分散在圆盘上，圆盘以2.5 r/min的速率缓慢旋转，散落在圆盘上的糊料随圆盘转动时被转动的铲块切刀和翻料板切碎和翻动，使糊料均匀地摊开，达到均匀降温和排出烟气的目的。

为了加快糊料的降温，在凉料机附近安设两台轴流式风机，向圆盘上吹风。待料温降低到一定温度（100 ℃左右），即开动气动卸料装置分几次加入到压机的料室内。

任务二 圆筒凉料机认知

如图7-4-2所示，圆筒凉料机由凉料圆筒、底座、托辊、大齿圈、小齿圈、无级减速机构、电动机、进料口，卸料槽组成。圆筒凉料机具有冷却速度快、冷却效果好、冷却均匀且对环境污染小等优点。

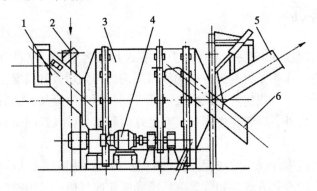

图7-4-2 圆筒凉料机结构图

1—加料机；2—进风口；3—筒体；4—传动部分；5—排气管；6—出料槽

圆筒凉料机传动方式有液压传动和机械传动两种。其性能参数见表7-4-1。

混捏好的糊料，经圆筒一端上部加料口缓慢加入旋转圆筒内，圆筒内壁上焊有一定角度的叶片。糊料被叶片带到一定高度在自重作用下下落。随着圆筒的旋转，一部分糊料被叶片击碎成小块糊料，又与其他糊料结合成大块，被叶片再次带到一定的高度下落，周而复始不断循环。在旋转同时开动风机，强制空气对流，使糊料与冷空气进行热交换，从而得到较快冷却。最后糊料形成球形糊团，经卸料槽卸料，通过皮带运输下到料室内。

表7-4-1 两种圆筒凉料机性能参数

项目	液压传动	机械传动
凉料方式	圆筒水平旋转方式	圆筒水平旋转方式
传动方式	液压传动	机械传动
冷却方式	风冷	风冷
内径×长度/mm	$\Phi 2500 \times 2500$	$\Phi 2500 \times 2500$
装料量/kg	3000	2400
卸料油缸推力/kN	30	31.6
卸料油缸拉力/kN	20	21.7
筒体转数/$(r \cdot min^{-1})$	$0 \sim 10$	$0 \sim 10$
糊料入口温度/℃	$135 \sim 150$	$130 \sim 170$
糊料出口温度/℃	$100 \sim 110$	$90 \sim 110$
推向闸板推力/kN	—	—
推向闸板拉力/kN	—	2.85
工作压力/MPa	$16.0 \sim 25.0$	—
液压马达型号	OZNT11-45	—
转速/$(r \cdot min^{-1})$	$5 \sim 150$	—
输出功率/kW	$35 \sim 39$	—
大齿圈齿数	$E = 228$，$m = 12$，$\alpha = 200°$	—
小齿圈齿数	$E = 24$，$m = 12$，$\alpha = 200°$	—

圆筒凉料机和圆盘凉料机的故障与排除见表7-4-2。

表7-4-2 凉料机故障处理

类型	故障	原因	处理
圆盘凉料机	滚珠磨碎	润滑不好，圆盘不平，负载受力不均匀	更换滚珠，加强日常维护
	飞刀磨短	磨损	调整飞刀轴杆或更新飞刀片
	铧子不好用	磨损	调整距离或更新
	卸料挡板提不起或落不下	卸料挡板失灵	钳工修理
	通风机抽烟失灵	通风管道堵塞	定期处理通风管道
圆筒凉料机	圆筒凉料机进料口堵料	油量过大，下料过猛，进料口窄，进料速度过快	加大进料口，控制油量（加分料器），用撬棍捅掉堵料
	圆筒机内废料	凉料时间过长，吹风量过大，设备故障	降低圆筒转速，调节凉料时间，控制吹风时间，料过凉不准压型
	料温过凉	油大，料干，糊温过低	(1) 油压机皮带反转从反溜口倒掉；(2) 压机柱塞头进糊缸废料从柱塞杆两侧漏下运走

圆盘凉料机与圆筒凉料机各有优缺点。圆盘凉料机面积大，散热空间大，盘面料层薄，降温速率快。由于安装有翻料铲（铧子）和飞刀装置，因而不会产生糊团，大块糊料也会被切碎，从而使糊料温度相应均匀一些，黏结剂用量偏大时也能均匀凉料。设备检修方便，即使出现故障，盘面上的糊料也易处理。夏季生产时，由于降温速率快，因而能保证生产连续均衡进行。其缺点是：圆盘凉料机整体糊料温差大，内圈和外圈或第一批糊料与最后一批糊料出现较大差别；由于降温速率快，冬季生产时更容易出现温度不均匀现象；圆盘易变形，也容易出现漏料和盘面剩有凉料渣的现象。

与圆盘凉料机相比，采用圆筒凉料机进行凉料，糊料总体温度均匀，降温速率慢，适合冬季生产，没有漏料和剩料现象，但是圆筒凉料机凉料易产生球状，特别是黏结剂用量偏大时糊团较大，糊团内外温差较大，对电极成型不利，还需进行逐步完善。

任务三　皮带凉料机认知

皮带凉料机是把混捏好的糊料冷却并运送到振动成型机的皮带输送机。在钢结构架的两端装置滚筒，滚筒上卷绕着环状封闭输送带，电机驱动卷筒旋转，使输送带连续地向一定方向运动，凉料方式为料在运输过程中自然凉料或者喷淋凉料。

皮带凉料机由防燃型橡胶输送带、驱动装置、托辊、导料挡板、螺旋拉紧装置、清扫器、制动及逆止装置、机架、漏斗和护罩等组成。

目前振动成型供料系统可由皮带凉料机代替以往的电磁振动输送机，效果很好，可以满足生产要求。

任务四　混捏凉料机认知

混捏凉料机结构与高速混捏机相似，如图7-4-3所示。我国已从美国、德国引进此机。它的底部为圆盘，可水平或倾斜安装（倾角可调），圆盘可转动，圆盘外周是圆筒，圆筒上方有支架，支架上安装有搅拌轴，搅拌轴两根互相平行，搅拌轴上有搅刀，搅拌轴与圆筒和圆盘的中心线平行，但不同心，偏离一定的距离，转动方向相反，糊料从圆筒上加料口加入后，圆盘上的糊料被圆盘带动随圆盘转动，被逆向转动的两根搅拌轴上的搅刀切碎，上面冷却水多数呈雾状喷下，冷却糊料，冷却水用量由电脑计算并自动控制。抽风机将热风抽走，凉好的料从筒底或圆筒侧面卸料口卸出。

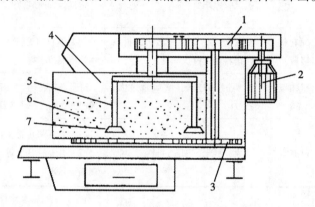

图7-4-3　混捏凉料机结构图

1，3—传动齿轮；2—电动机；4—锅体；5—搅拌轴；6—糊料；7—犁形搅刀

任务五　爱立许强力冷却机解析

近些年，国外以爱立许强力冷却混捏机为代表的新型混捏冷却设备已逐步应用到炭素工业石墨电极和自焙阳极、阴极炭块等生产中。20世纪90年代，国内吉林炭素厂、云南铝厂、山东兖矿、四川启明星公司、中铝贵州分公司炭素厂等企业先后使用该设备进行铝用阴极、阳极的制备。中铝贵州分公司炭素厂2005年引进了德国爱立许强力混捏冷却系统生产阴极炭素制品。

1. 阳极糊料制备

在生阳极生产过程中，混捏后的物料温度要高于糊料成型温度20～40 ℃，混捏后的糊料不能直接用以成型，需要对混捏后的糊料进行冷却，同时排出夹在糊料中的烟气，防止生坯中夹入烟气产生废品。凉料也使糊料块度均匀，温度达到成型要求，有利于成型。

对连续混捏，冷却设备有冷却螺旋和强力冷却机。冷却螺旋采用夹套水间接冷却，由于冷却效果不佳，叶片容易粘料，已经逐步被爱立许强力冷却机取代。爱立许强力冷却机是一种通过直接喷水将高温糊料冷却到成型所需糊料温度的设备，在冷却的同时，对糊料进行搅拌混合，二次混捏，进一步提高了糊料的塑性。

如图7-4-4所示，强力混捏冷却机由旋转锅体、2套多功能旋转刀具、底壁刮刀、红外测温系统、冷却水计量添加系统、卸料装置、集中润滑装置等构成。

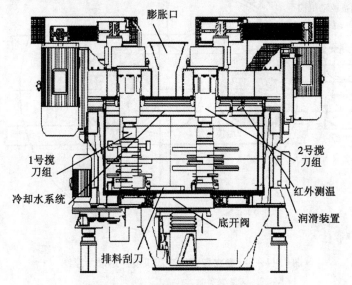

爱立许强力冷却机

图7-4-4　爱立许强力冷却机结构图

混合物料的制备是在一个容器内进行的，此容器称为混合盘。混合盘由一平的盘底和圆筒形混合壁组成，它位于球轴承回转支承上并由混合盘驱动装置驱动旋转。在混合盘底的中央有一个圆形的卸料门。门盖通过电动气缸对门启动装置进行无等级调节，这样可以根据开口设置调节控制大量或少量混合物料的排卸。

旋转的混合盘在顶部通过静止的十字头进行关闭。十字头和混合盘缘通过盘密封彼此连接。混合盘的球轴承回转支承放置在机器支柱上。机器支柱构成了排料的出口通道。在机器支架上拧有压力保护罩，压力保护罩支承十字头及安装在其上的组件，例如带了转子工具及转子启动的转子轴承，工具组及工具支架、加液装置等。在机器支柱的底板上将整个机器安放在基础平台并用螺栓固定。

强力冷却混捏机旋转锅体载着被混物料慢速顺时针旋转，锅体顶部有2套离心转子和安装在转子上的多功能搅刀插入锅体，每套多功能搅刀有2~3组立式搅拌叶片。其中一套带变频调速的搅刀旋转方向与锅体旋转方向相反，另一套固定转速的搅刀与锅体旋转方向相同，加入物料后两套绞刀轴上的搅拌叶片埋入物料中，搅拌叶片快速旋转，搅拌器上装有犁形和星形搅刀，不断使物料处于翻转浮腾状态，从而达到快速均匀混合的目的。在加水冷却过程中，都会达到同样的效果。搅拌运动示意图如图7-4-5所示。

炭素生产配料混捏工序使用爱立许强力混捏冷却系统，解决了制备炭素糊料所要求的均温、均质问题；解决了圆筒凉料方式造成糊料结团问题；解决了团状糊料温差大而致使压型品内裂和分层的质量问题。为提高炭素制品质量提供了强有力的保证。

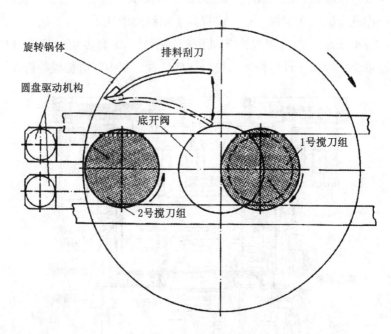

图 7 - 4 - 5 爱立许强力冷却机搅拌运动示意图

糊料加水冷却阶段：混捏好的糊料由于温度高，不利于成型，需将糊料加水冷却到所需温度，同时利用收尘系统将冷却产生的水蒸气排除。

排料阶段：糊料达到所需温度后，利用机内底壁刮刀和卸料装置将混捏好的糊料排入给料机内，以备成型用。

通风的目的是避免来自凉料机的灰尘和蒸汽进入周围空间。进料时通风，为避免长时间的等待，凉料机进料大都由混捏机出料直接进入，在糊料进入凉料机时，同样的空气量也从凉料机内部空间置换出来。在空气置换的过程中，必须确保凉料机内不产生过压。

糊料的均匀性对产品质量有十分重要的影响。糊料中油量分布不均，料块温度有高有低，料块有大有小，有软有硬，前后两锅料的油量和温度不均都会使压型、焙烧裂纹废品增加。目前所使用的凉料设备使松散而有黏性和塑性的糊料颗粒因相互碰撞、滚动而发生黏结、镶嵌、咬合等作用，形成大小不一而表面相对光洁的滚动性好的椭圆球团，而且凉料温度多靠人为经验判断，一些料团中心和外表温差达 10 ~ 30 ℃，糊料塑性不一致，糊料温差大，致使压型品内裂和分层，焙烧品也因毛坯内温度不均而出现裂纹。爱立许混捏系统中，冷却仍是在强力混捏机中进行的。强力搅拌器搅拌力强，均匀细腻，范围广，用强力混捏机直接注水冷却时在持续搅拌糊料的过程中，各处糊料热量的散发是一致的，因而实现了均匀冷却，同时由于系统红外测温仪对糊料温度进行实时检测，并将检测结果传输到计算机系统中，计算机通过设定的冷却温度需求值来控制下水量进行冷却，具有 0 ~ 70 ℃ 的降温冷却空间，保证糊料冷却实际温度达到需求值。

爱立许混捏系统可根据生产不同的产品对各段的混捏工艺时间及多功能变频调速搅

刀转速进行调整，以满足不同产品的指标需求，可以适应多种工艺条件及生产多种品种的制品。

用计算机实现全过程自动化控制。它能够自由地选择糊料的最终温度，使糊料在混捏冷却后质量均匀，不会结团，而且出料干净，出料后机内不挂料。很好地解决了制备炭素糊料所要求的均温、均质，由于混合效率高，工艺温度高，沥青对碳颗粒的浸润性好，沥青在糊料中分布均匀，并且有 0~70 ℃ 的降温冷却空间，这样就能保证糊料在各种情况下正常进行成型，解决了常规使用的凉料方式造成糊料结团，糊料温差大从而致使压型品内裂和分层，影响生块和焙烧块质量的问题，为提高制品质量提供了保证。

爱立许 RV24KONTI 凉料机的主要工作参数如下。高能转子：160 kW，转速：247 r/min（顺时针旋转）；混合盘：2×22 kW，转速：14 r/min（顺时针旋转）；设备容积：2700 L，2700 kg（均为最大值）；测量范围：4000 kg。目前已更新出 RV28 型号的爱立许冷却机。

阳极糊料制备的基本功能为加热焦炭干料，以将其与生碎和沥青混捏，混捏后易于成型的混合物送入成型机中生产炭块。爱立许 EMC"双机串联"的阳极糊料制备工艺从 1993 年在瑞士开始试验，然后通过在挪威中试，以及在喀麦隆 15 t/h 规模的工业生产设备，之后在 2003 年实现了全球性突破。

这一 EMC"双机串联"的阳极糊料制备工艺，能够涵盖 20~60 t/h 的生产能力。可以振动成型温度高达 165 ℃ 的阳极糊料，而不需要真空系统。

预热好的石油焦干料与黏结剂沥青（固态或液态）一起被加入强力混捏机，这是 EMC 的第一个关键要素。充分混捏效应将"借助揉捏力的短时间沥青渗透"替换为"借助仔细的充分混捏的长时间沥青渗透"。出于特殊的构造原理，糊料在机器中的停留时间约为传统卧式混捏机的两倍。

先进行短暂的干混和均化过程，然后通过沥青秤加入液态沥青。石油焦和沥青充分混捏并快速均化。对于糊料温度测量，混捏机配有红外测温探头。添加预先计算的水量后开始冷却过程。将制备好的糊料从混捏机排入下游的圆盘给料机。根据压机需要，部分（按重量）电极糊料从该圆盘给料机送到压机中。如图 7-4-6 所示。

对于现有生产线改造的爱立许二级混捏机-冷却机进行阳极糊料制备。根据在阳极糊混捏领域的长期经验，只有采用两段式糊料制备工艺（热混捏和再混捏-冷却）的生产线，才能最好地满足目前的阳极质量需求。普通的糊料冷却方式仅有助于降低糊料温度，而爱立许二级混捏机-冷却机采用特殊的倾斜式机械设计及强力混捏的原理，可以在糊料冷却的同时实现糊料的二级混捏，从而改善糊料质量。

在卧式混捏机中制备的糊料被连续排放到下游的爱立许二级混捏机-冷却机中。二级混捏机-冷却机配有用于质量流控制的称重设备以及红外温度测量系统。由于在二级混捏机-冷却机中输入了额外的混捏功和停留时间，最终糊料具有恒定的高质量。糊料冷却通过注入水蒸发冷却来实现。喷水量取决于糊料温度，该温度通过红外温度测量系统来测量。冷却后的糊料被连续排出。如图 7-4-7 所示。

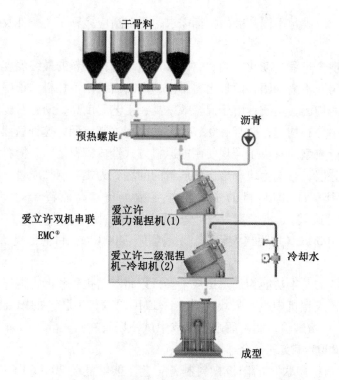

图 7 - 4 - 6　阳极糊料制备的爱立许冷却流程设计

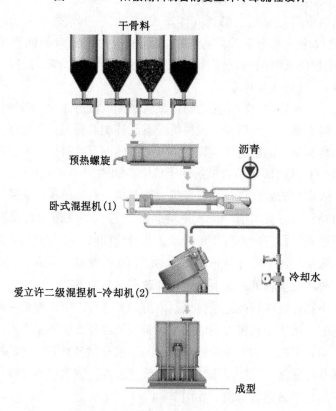

图 7 - 4 - 7　爱立许二级混捏机 - 冷却机工艺流程

2. 石墨电极和阴极糊料制备

爱立许制备生产线由石油焦预热加热、糊料制备和控制系统组成。一套爱立许强力混捏系统通常可替代8～12个传统的双轴混捏锅。因此，在石墨电极的绿色制造中，生产率可以提升200%以上。控制系统可监控制备厂所有过程的瞬间序列、调节电阻加热器的所需能量、处理和存储所有重要的工厂操作数据和指示，并能记录所有故障。

从专门设计的受料斗（如果采用现有的石油焦称重系统和气力输送）或从集中的焦秤将石油焦送入爱立许电加热器EWK。焦的预热与混捏－冷却机中的糊料制备同时进行。在将预先计算好的电能量引入焦炭后，系统将自动关闭，并等待混捏－冷却机的排放请求。一旦经过预先加热的石油焦被放到空混捏－冷却机中，首先进行短暂的干混和均化过程，然后通过沥青秤加入液态沥青。石油焦和沥青充分混捏并快速均化。对于糊料温度测量，混捏机配有红外测温探头。添加预先计算的水量后开始冷却过程。将制备好的糊料从混捏机排入下游的圆盘给料机。根据压机需要，部分（按重量）电极糊料从该圆盘给料机送到压机中。如图7－4－8所示。

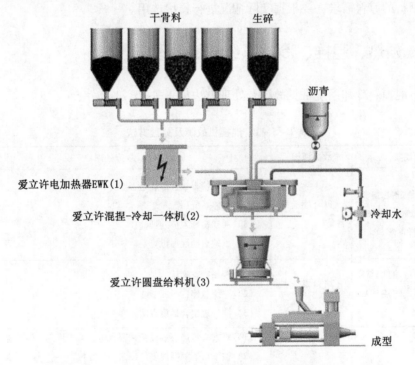

图7－4－8　爱立许冷却用于石墨电极和阴极糊料制备工艺流程

3. 特炭制品行业

爱立许为各种特炭制品行业提供量身定制的混捏机和生产线，如等静压石墨，挤压成型石墨块、碳纤维复合材料、碳刷和石墨换热器等。标准操作温度最高可达250 ℃。提供可选的感应加热方案，以便快速和高效进行干骨料预热。干骨料加热、混捏和冷却（可选）在一台机器中完成，不需要导热油加热系统，即无灾火、自燃和泄漏等风险，借助工具速度和混捏时间可轻易调节输入混捏能量快速均化，显著缩短了循环时间，可轻松更换易损件和备件。旋转混合盘可将材料连续输送到旋转混合工具，多功能壁底/内壁刮刀可避免混合盘中结块，并加快了材料排放，从而产生了具有高速差和不断改变位置的材料流，可改变混捏强度，并可以通过并流或逆流操作模式优化能量输入。批次和连续混捏机均可以通过水蒸发冷却糊料。通过混合盘中间的卸料门、旋转的壁 – 底部刮刀可快速排料。安装在称重传感器上，借助旋转卸料装置控制通过机器的连续质量流，该装置可使机器内部的装料高度保持不变。

随着炭素生产工艺的发展，由于引入液体沥青，混捏温度上升到 175 ℃ 或更高，以降低沥青消耗，提高混捏质量。但是，随之而来的是糊料黏度更低，传统解决方案面临颗粒破碎的风险。

爱立许强力混捏机以高均化效应而著称。该效应基于旋转混合盘以及一个或两个转子工具所产生的强劲的水平和垂直物料流。在需要时，可在一个相同的混捏机中连续和分步执行各种工艺步骤。所有炭素糊料制备的设备均可以在高达 200 ℃ 的温度下运行，并且可以根据要求提供运行温度更高的机型。

具体糊料的凉料需求，要根据实际情况进行择优选用。

项目五 预热、混捏、冷却系统故障处理

预热、混捏、冷却系统常见故障及处理方法见表 7 – 5 – 1。

表 7 – 5 – 1 混捏机故障及处理方法

故障现象	故障原因	故障处理
预热螺旋扭矩偏低（正常值 40% ~ 60%）且配料秤运行正常	集合螺旋机故障	（1）现场检查集合螺旋是否断开； （2）急停系统； （3）通知检修人员处理； （4）就地启动混捏机排空
混捏机扭矩偏低且糊料沥青偏多，预热螺旋扭矩增大	堵料螺旋故障	（1）现场检查确认； （2）系统急停； （3）同处理集合螺旋方法一样
混捏机自动停机、脱开或转速为零	混捏机负荷过大	（1）观察模拟屏上游设备是否急停，若未停则急停系统； （2）按下扭矩限制器复位按钮使其复位； （3）按下凉料机控制屏上"F6"启动糊料皮带及废糊皮带，就地启动混捏机看能否正常启动，若不能启动则打开混捏机清理； （4）混捏机及下游设备排空保温操作同处理集合螺旋轴断方法一样
糊料皮带转速报警	堵料、卡料	停机清理
凉料机停止	凉料机过载，转子转速报警	急停系统，检查料位情况及转子电机传动皮带；视情况就地启动凉料机排料；若不能启动则进行人工清理

项目六　卧式双轴混捏锅实操技能训练

1. 实训目的

（1）使学生掌握卧式双轴混捏锅工作原理、操作过程及注意事项，懂得混捏目的、糊料特性，会分析实验结果。

（2）能够进行卧式双轴混捏锅操作，能够分析混捏过程中糊料的状态，能够掌握煤沥青含量对糊料塑性的影响。

（3）使学生养成勤于思考、认真做事的良好作风，具有良好的沟通能力及团队协作精神，具有良好的分析问题和解决问题的能力。通过混捏实训，得到塑性最佳的糊料，实训过程中使同学们增强团结意识，发挥各自不同的作用，形成班级凝聚力，为制品性能提供可靠的保障。

2. 实训内容

（1）卧式双轴混捏锅结构和各种零部件认知；

（2）卧式双轴混捏锅使用操作规程；

（3）混捏操作注意事项。

表 7 – 6 – 1　卧式双轴混捏锅操作技能训练任务单

【看一看】	设备型号			
	技术参数			
【想一想】	设备用途			
	准备工作			
【做一做】	启动步骤			
	使用注意事项和维修			
【说一说】	发生的故障及排除方法			
	安全操作要求			
【问一问】	思考题	1. 混捏的目的是什么？有哪些因素影响混捏效果？ 2. 请描述卧式双轴混捏锅与连续混捏机的区别。		
试验结论				
试验成员			日期	

【课后进阶阅读】

瓶子满了吗？

一个管理学教授为一群大学生授课。教授拿出一个 10 升的广口瓶放在桌上。他站在学生前面说："我们来做个小测验。"随后，他取出一堆拳头大小的石块，仔细地一块一块放进玻璃瓶。直到石块高出瓶口，再也放不下了，他问道："瓶子满了吗？"所有学生回应："满了！"教授反问："真的吗？"他伸手从桌下拿出一桶小砾石，倒了一些进去，并敲击玻璃瓶壁以使砾石填满下面石块的间隙。"现在瓶子满了吗？"教授第二次问道。这一次，学生们有些明白了。"可能还没有。"一些学生应道。

"很好。"教授说。他伸手从桌下拿出一桶沙子，开始慢慢倒进玻璃瓶。沙子填满了石块和砾石的所有间隙。

他又一次问学生："瓶子满了吗？""没满！"学生们大声说。

他再次说："很好。"然后，他拿过一壶水倒进玻璃瓶中，直至水面与瓶口平齐。他抬头看着学生，问道："这个例子说明了什么呢？"

一个心急的学生举手发言："这说明，无论时间表排得多么紧凑，如果我们确实努力，总可以做更多的事情。"

有的学生回答："做事不能只看表面。要细致入微，从大到小都不能放过。"

还有的回答："试验告诉我们，在人的一生中学习是永无止境的，不要骄傲自满。不要以为学了一套'八卦掌'（大石头）就能打败天下无敌手。殊不知，还有'如来神掌'（砾石），还有'降龙十八掌'（沙子），更有无招胜有招……人要活到老学到老，不断充实自己。"

也有的说："同样的空间，放置东西的先后顺序不同，结局就大相径庭；同样的时间，工作安排的顺序不同，结果也千差万别。最重要的'大石块'，一定要排在第一位。"

教授说："这个例子告诉我们，如果你不是先放大石块，那你就再也不能把它放进瓶子了。切切记着得先去处理这些大石块，否则，一辈子你都无法再做了！"

什么是你生命中的"大石块"呢？是考大学，找到工作，找老婆结婚生子，买房买车，然后你的孩子又重复你的或者你的爸爸妈妈的故事——教育后代、哺育他们成长、然后经济支持他们考大学、结婚生子、买房买车……还是实现你的信仰、教育、梦想——单独办一个公司，或者拥有一个企业的股份，或者成为一个个体户，或者拥有你自己的其他事业（比如公务员、企业家、科学家、文学家、技术家……），然后把你的财富和奋斗精神传承下去？

再认真想一想，究竟什么会是你生命中的"大石块"呢？

通俗地说，人生就好比这个"瓶子"，必须先把你生命中的"大石块"放进去，再放砾石、沙子、水。这个次序不能颠倒，否则"大石块"就永远放不进去了。信仰、学识、技能、事业都是生命中的"大石块"，要趁着年轻力壮，把这些东西学好用好，稳稳妥妥地放进自己的"瓶子"里，再从从容容地去休闲去游玩去消遣。否则，年纪轻轻就先忙着吃喝玩乐，不干正事、不务正业，那就等于"瓶子"先装了一堆无关紧要的"砾石""沙子"，等醒悟过来后想装"大石块"时已为时过晚，只能空叹"少壮不努力，老大徒伤悲"。

经常读书和思考：什么是我们生命中的"大石块"，我们首先应当把它放进自己的"瓶子"中。应该说，生活中80%的人没有意识到这一点，或者说他们的意识不全面、不完整。除此以外，我们有没有想一想：同样是"大石块"，质地是不一样的，有花岗岩的，也有大理石的，我放下去的是什么质地的"大石块"呢？

每一代人都有自己装满的"瓶子"，现实生活中每个人都有自己正在装的"瓶子"。怎样从前辈和其他人装"瓶子"的经验中吸取教训和经验，是每个人都要做好的功课。

复习思考题

1. 混合与混捏定义的区别是什么？混合机中物料的混合作用原理有哪几种？

2. 请描述卧式双轴混捏机的混捏原理。

3. 双轴混捏机搅刀折断的原因有哪些？如何处理？

4. 双轴连续混捏机中正向搅刀和反向搅刀的作用分别是什么？在混捏过程中如何影响产量的高低？

5. 求2000 L双轴混捏机的搅刀直径（dm），最大、最小装料量（kg），混捏机的长度、宽度，混捏机槽壁高度，搅刀转速以及混捏机的功率。一般混捏机的填充系数为0.4（即所混合物料的体积为混捏机总体积的40%）。

6. 一连续混捏机，若取 $Q = 16$ t/h，$\gamma = 1.0$ t/m^3，$s = 0.2$ m，$n = 40$ r/min，$d = 0.275$ m，试计算锅体内径 D、混捏机的有效工作长度及转动搅刀的转速。

7. 常用的凉料设备有哪些？试比较圆盘凉料机与圆筒凉料机的优缺点。

模 块 八
炭素制品成型机械

【学习目标】

（1）掌握炭素制品模压成型机、挤压成型机、振动成型机、等静压成型机的结构、特点及工作原理，掌握不同成型机成型导致废品的原因及处理方法。

（2）能够看到炭素制品模压成型机、挤压成型机、振动成型机、等静压成型机实物指认设备结构，并说出具体结构及作用。能够熟悉炭素制品模压成型机、挤压成型机、振动成型机、等静压成型机的点检要点、要求及安全操作规程。熟悉炭素制品模压成型机、挤压成型机、振动成型机、等静压成型机的故障类型及处理方法，能对设备进行简单的维护。

（3）养成安全环保意识，具有分析和解决问题能力，树立一丝不苟的设备点检和防护意识。能够举一反三，具有民族自豪感、团队协作精神和精益求精的工匠精神。

为了得到一定形状、尺寸、密度和机械性质的炭素制品，必须将混捏好的糊料进行成型处理。在炭阳极生产过程中，生阳极成型是核心工艺流程，炭阳极的质量很大程度上取决于生阳极的质量。生阳极成型包括煅后焦破碎筛分、返回料破碎筛分、磨粉系统、配料混捏、生阳极成型、生阳极冷却输送等部分。随着国内电解铝技术水平不断进步，规模不断扩大，国内生阳极成型的技术装备水平也在不断进步。近年来新建设的炭素生阳极成型生产线，工艺上普遍采用的连续配料、混捏、成型等主体流程基本上是引进国际最先进的设备，具有产能大、技术装备先进、高度自动化控制等特点。

本模块主要介绍了炭素生产常用的挤压成型机、振动成型机、模压成型机、等静压成型机的结构、原理、特点及成型废品的产生及预防。

项目一 成型基本理论

任务一 成型及成型方法认知

成型是将混捏得到的炭素糊料通过一定的压型方式加压得到具有规定形状尺寸和理化性能的电极生坯的工艺过程。通过成型可使制品具有一定的形状和规格，使糊料密实或糊料自身压实。

　　炭素制品的成型按照所采用的工装设备及工艺要求的不同,主要有挤压成型、振动成型、模压成型和等静压成型四种。

　　挤压法适用于长条形棒材、管材的成型,主要生产石墨电极、阴极生坯制品等,挤压成型一般无法压制异型的制品;振动成型法多用于铝电解工业生产预焙阳极,也可用于生产碳块和石墨电极,特别是大规格及异型产品的成型;模压法多用于尺寸不太大的冷压石墨、电炭行业中生产电炭刷、机械密封用的炭和石墨制品的成型;等静压法用于生产高密度、结构均匀的特种炭素制品。

任务二　炭素制品成型质量影响因素分析

　　炭素制品成型质量对制成品的质量有较大的影响,成型质量不好,制成品的质量也难以保证。在碳制品生产中,影响制品成型质量的因素较多,其中糊料温度、黏结剂用量、糊料塑性、骨料颗粒的特性、压力、振动力、时间和糊料状况等都对成型的质量有一定的影响。

1. 糊料温度

　　糊料温度过高或过低,都不利于生制品的成型。糊料温度过低,糊料会发硬;糊料温度过高,糊料间黏结力减弱。控制好糊料温度才可以提高成型的成品率。

　　适宜的糊料温度,使糊料有一定的流动性,使成型过程中少出或不出有裂纹的废品。在实际生产过程中,成型所需糊料的温度要根据物料的情况、制品规格、外界气候条件来确定。一般多灰糊料的下料温度在 115 ~ 125 ℃,少灰糊料在 110 ~ 120 ℃;大规格制品下料温度可偏低,小规格制品下料温度可偏高。在挤压成型时,按照一般的经验,油大低下(指糊料温度稍低于一般下料温度),油小高下(指糊料温度稍高于一般下料温度);上锅料油大,这锅料高下;上锅料油小,这锅料低下;冬天高下,夏天低下。在振动成型时,如果混捏过程采用蒸汽加热,糊料温度在 130 ℃ 左右,可直接下料成型;若混捏采用热煤油加热,糊料下料温度在 160 ~ 170 ℃,必须将其温度冷却至 140 ~ 150 ℃。

　　在挤压成型时,除糊料温度外,料室温度及嘴子温度对成型的质量也有一定的影响:若料室温度过低(低于下料温度),表层糊料就会把热量传给料室,这样使糊料塑性变差;若料室温度太高,会使糊料表层温度太高,从而降低了糊料间的黏结力,使挤压裂纹废品增多。一般情况下,料室温度为 80 ~ 100 ℃。

　　适宜的嘴子温度可使生坯表面光滑,减少裂纹废品。嘴子温度过高,会使糊料表层变软,糊料间黏结力减小易产生横裂纹和毛坯接头断裂。嘴子温度太低会增大糊料和嘴壁间的摩擦力。糊料内外层压制速度相差较大,导致毛坯表面出现麻面或在内部产生分层。嘴子温度一般在 130 ~ 160 ℃。实际上料室温度要比下料温度稍低一些,而嘴子温度要比下料温度稍高一些。

　　振动成型过程中,模具温度同样对生坯质量有一定的影响。模具温度较低,与其相接触的糊料就会把热量传导给模具,使表层糊料的塑性变差,糊料变硬,导致成型生坯出现废品。一般若混捏使用连续混捏、产量较高时,在生产前将模具用电加热方法加热，使模具温度达到 80~100 ℃，由于生产是连续的，每成型一块的间隔时间较短，模具内温度一般保持在 120~140 ℃，基本接近糊料温度，就不需要加热模具。若混捏采用间歇式混捏方式，由于每成型一块的间隔时间较长，模具温度降低，不利于生坯成型，因此在模具中加入伴热装置，一般使用电加热管加热或将模具制成带夹套的模具，用蒸汽或热煤油进行加热，而且加热过程与生产过程是同步的，在这种方式下，模具温度一直保持在 130~150 ℃。

2. 糊料状况

糊料的塑性和颗粒组成、黏结剂用量等对成型质量都有一定的影响。

糊料塑性的好坏，直接影响挤压制品的成品率。塑性好的糊料易于成型，且糊料间黏结力强，糊料与模壁间摩擦力小，因此可在较小的压力下把压块挤出，且弹性后效小，产品不易开裂。若糊料塑性不好、散渣，则糊料间黏结性差，加压时糊料与模壁间摩擦力大，使挤压压力增大，压出后毛坯弹性后效较大，较易出现裂纹废品。但挤压成型时，糊料的流动性也不能过大，否则会导致挤出的毛坯在自重下变形。

在振动成型时，由于黏结剂的用量比挤压成型小，糊料基本不呈团状，但其塑性的好坏同样影响成型的质量。糊料塑性好、流动性较好，成型时糊料的内聚力和内摩擦力较小，糊料对模具外摩擦力较小，便于成型。糊料塑性差、流动性较差，糊料的内聚力、内摩擦力及糊料对模具的外摩擦力较大，糊料颗粒间黏结力较小而造成生坯干散掉块，产生生坯废品。但糊料流动性不能过大，否则会导致生坯出模后出现裂缝、变形。

在模压成型时，压粉的可塑性良好，便于成型，且压块强度也增高，这是由于塑性好的压粉在作用力下容易变形，因而可以在较低的压力下得到结构较好的压块。若压粉的塑性差，会使压制压力增大，压块的结构变差，并且弹性后效增大。

糊料颗粒愈细，其比表面积愈大，颗粒间的摩擦面也愈大，因而造成成型时需要的压力等要求增大，而且弹性后效大，易开裂；颗粒较粗时，粗颗粒在制品结构中起到骨架作用，提高制品的抗氧化性能及抗热震性能，但制品的密度和强度有所降低，但其弹性后效小，成型成品率高。骨料颗粒表面粗糙、形状不规则，颗粒间的机械咬合和桥架作用大，相互楔入，可减小弹性后效，提高制品的密度和强度。而形状规则、表面平滑的等轴颗粒，颗粒间机械咬合和桥架作用小，会使制品分层、强度降低，而使毛坯弹性后效增大。

糊料状况对生制品质量的影响主要是发生弹性后效现象。在炭素材料成型生产中，由于生坯内部弹性应力的作用，当生制品去除压力或脱模以后，就会发生弹性膨胀，这种现象称为弹性后效。弹性后效的结果是降低了糊料颗粒间的内应力，也使颗粒接触面积有所减小，导致颗粒间接触断裂成为较大的裂纹，产生裂纹废品。弹性后效的大小一般取决于糊料的特性和成型压力。

糊料颗粒愈细，则其比表面积愈大，颗粒间的摩擦面也愈大，成型时需要较大的压力，因而在成型时储存较大的内应力，故细颗粒毛坯弹性后效比粗颗粒毛坯大。糊料颗粒表面光滑、形状规则，颗粒间机械咬合和桥架作用减小，因而毛坯弹性后效增大。糊料硬度大、可塑性差，生坯中便有较大的内应力，弹性后效增大。糊料黏结剂用量过少，或温度过低，黏结剂脆硬，糊料塑性差，弹性后效增大。

弹性后效通常随着成型压力增大而增加，但对于塑性好、颗粒表面粗糙的糊料，在压力增大的同时也相应增大了颗粒间接触面积，压力对弹性后效的影响不大。

3. 黏结剂用量

一般采用煤沥青作为炭素制品的黏结剂，煤沥青的特性包括：（1）能够浸润和渗透干料颗粒，填满颗粒的开口气孔，并把散料黏结在一起；（2）由于黏结剂是热塑性物质，加热后能够熔化，冷却后立即硬化。按照一定的比例与干料混合，使糊料具有塑性，使生制品冷却后保持一定的形状。因此，黏结剂的用量对成型质量有一定的影响。黏结剂用量过大，虽然糊料的流动性好、塑性好易于成型，且成品率高，但在脱模后生坯容易变形。黏结剂的用量过少则糊料的塑性较差，导致产品密度低。

由于成型方法不同，黏结剂用量也不同。一般挤压成型要求糊料有较好的塑性，故黏结剂用量较大；振动成型和模压成型对糊料的塑性要求稍差一些，故黏结剂用量比挤压成型少一些。在挤压成型和模压成型时，压力大小和维持时间对成型质量也有一定的影响：模压时适当提高成型压力，能使制品更密实；但施加压力过大，会把压粉中的大颗粒压碎，形成新的不带黏结剂的接触面，影响产品质量。在最高压力下维持一段时间，可使颗粒结合紧密，有利于气体排除、颗粒变形和位移。放慢施压速度使压力能均匀地传给整个压块，有助于提高压块密度、强度以及制品均匀性。

按照成型方式的不同及工艺要求的差异，糊料黏结剂的用量不同，糊料黏结剂用量自大到小排列顺序为：挤压成型＞振动成型＞模压成型＞等静压成型。

项目二　挤压成型

任务一　理解挤压成型

根据帕斯卡定律（在相互连通而充满液体的若干容器内，若某处受到外力的作用而产生静压力，则该压力将通过液体传递到各个连通器内，且压力值处处相等），挤压成型机利用液体（油或水）作为传递压力的介质，凭借高压液体介质进入柱塞液压缸推动柱塞对料室内的糊料加压，糊料从挤压型嘴口被挤出。生坯的截面形状和尺寸与挤压型嘴出口处一样。

挤压法是将热糊料装入挤压机料室内，通过挤压机的主柱塞对糊料施加压力（如图8-2-1），迫使糊料内的气体不断排出，糊料不断密实，同时糊料向前运动，并通过挤压嘴挤出。达到要求的长度后，再用切刀切断，即成为挤压制品生坯。在炭和石墨制品的生产中挤压法应用最为广泛。挤压法可连续生产，也可半连续生产。挤压法的产量高，劳动强度小，制品的长度可以调节，生产效率高，操作简单，机械化程度高。但产品的体积密度与机械强度低，制品的密实度较小，内部结构不均匀，且具有各向异性。一般情况下，采用挤压法成型炭块时，由于糊料经过挤压的速度较快，而且糊料是由外向内压缩的，因此很容易出现沥青气体被压缩在糊料内的现象，致使成品发生膨胀裂纹。另外在挤压过程中，糊料受到很大的压力，糊料中的大颗粒可能被压碎，从而破坏了配料时的粒度组成。

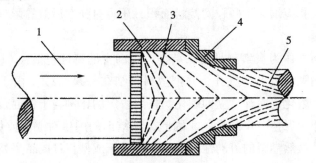

管材挤出成型

图8-2-1 挤压成型示意图

1—柱塞；2—糊缸；3—糊料；4—挤压嘴；5—压出毛坯

挤压成型，是将糊料连续不断地从模嘴口挤压出来，再根据制品所需要的长度进行切断。制品的长度不受挤压工作行程的限制，且挤压出来的制品沿长度方向质量比较均匀。因此，适宜于生产长条形、棒形、管形制品。所以，电极、炭块、阳极板、石墨管，甚至细长的弧光炭棒与电池炭棒等制品一般都采用挤压成型。

挤压法常用的设备有卧式电极挤压机和螺旋挤压机等。

炭材料生产用挤压机的吨位主要根据产品规格、大小和工艺要求来选择。我国用于炭材料生产的挤压机主要有10，15，25，30，35 MN五种。其中后两种都带有旋转料室和真空排气装置。一般而言，生产小规格石墨电极，主要选用10 MN和15 MN的挤压机；生产直径为300~500 mm的石墨电极，可选用25 MN和30 MN挤压机；生产直径为550~750 mm的石墨电极，可选用35 MN挤压机。

挤压成型工艺主要包括凉料、装料、预压、挤压和冷却5个阶段。

任务二 卧式电极挤压机解析

电极挤压机从总体结构形式来看，大致可分立式和卧式两种，但由于炭素制品细长和为使制品容易处理及压机设备条件所致，目前国内外的电极挤压机几乎全部采用卧式的。

卧式电极挤压机的结构又有多种，依据传动介质的不同来划分，可分为电极挤压水压机和电极挤压油压机。为了在长的料室中大致以一定的能力挤压糊料，主柱塞要有长的加压行程，因此采用电极挤压油压机较好。目前国内外基本都采用电极挤压油压机。

根据料室结构形式又可分为固定单料室电极挤压机和旋转料室电极挤压机。

此外，从传动方式可分为液压机和机械挤压机（螺旋挤压机和螺杆挤压机）。

1. 固定单料室电极挤压机

目前国内一般使用的卧式电极挤压机为固定单料室电极挤压机，它只有一个料室，如图8-2-2所示。它的特点是结构简单，但料室不能转动，工作时，糊料从料室的上方加料口加入，由主柱塞卧式捣固（压实）、预压及挤压，将糊料从料室经嘴型压缩后挤压出来成为压坯。

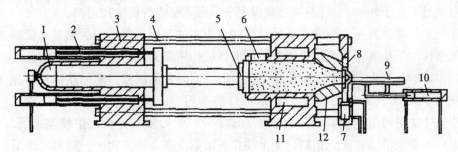

图 8 – 2 – 2　卧式固定料室电极挤压机结构图

1—主柱塞液压缸；2—副柱塞；3—后部固定架；4—横柱；5—柱塞头；6—进料口；

7—挡板液压缸；8—前部固定架；9—接受台；10—移动接受台的液压缸；

11—加热装置；12—挤压嘴

3000 t卧式电极挤压机

卧式电极挤压机的结构主要由以下几部分组成：主柱塞和主柱塞液压缸，装糊料的料室，可以按需要更换的挤压嘴型，位于主柱塞液压缸两侧的副柱塞及副柱塞液压缸，挤压机前部固定架、挤压嘴型挡板和剪切装置，压出生坯接受台、冷却水槽及辊道，冷却糊料的凉料机。

主缸水平卧在后横梁中，4 根立柱把前后横梁及前挡架连接成一个整体，料室与前横梁相连，嘴型在前横梁与挡架之间，并有嘴型接头与料室连成一体，下有油缸支柱支承。挡架两边装有由液压缸带动的剪切电极的剪刀。嘴型口处有挡板，下连挡板液压缸，可使挡板上升或下降，挡板为保证在压实和预压时堵嘴型口，不让电极挤出。挡板前设有电极接受台，将挤压出来的电极输送并翻转入冷却水槽。压机上方设有凉料装置，将混捏好的糊料均匀地冷却到工艺所规定的温度后，再由下料漏斗分次装入压机料室。如 2500 t 卧式电极挤压机为卧式三缸四柱固定单料室间歇加料连续挤压，自动剪切并带有自动凉料台和冷却水槽的卧式结构，如图 8 – 2 – 3 所示。

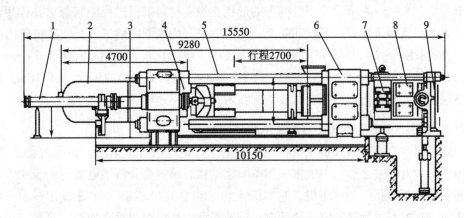

图 8 – 2 – 3　2500 t 卧式电极挤压机主机结构图

1—回程缸；2—主缸与后横梁；3—机座；4—托轮；5—主柱塞；

6—前横梁与料室；7—嘴型接头；8—嘴型；9—挡架

对于压机柱塞圈与糊缸间隙，生产少灰制品时，任意一处不大于 5 mm；生产多灰制品时，任意一处不大于 8 mm。若不符合规程要求，则需要进行检修和更换。

卧式挤压机工作时，高压液进入主缸推动主柱塞，主柱塞推料室中的糊料，糊料在主柱塞的推挤作用下从嘴型口被挤压出来，由剪切机构切断为规定的长度成为挤压生坯。具体操作步骤为：首先主柱塞退到料室下料口后，同时升起嘴型口前的挡板和将凉料台上凉好的糊料分次（一般为 3 次）经下料口装入料室。每装一次料后，侧缸以 5 MPa 压力使主柱塞对料室内的糊料进行压实（捣固），然后侧缸卸压，主柱塞退回，同时向主柱塞压板喷润滑油，防止粘料。如上动作进行第 2 次、第 3 次……加料。当最后一次加完料后，主缸高压液以 20～25 MPa 压力使主柱塞对糊料进行预压，一般预压 3～5 min，预压完后，主缸暂时卸压，同时退下嘴型口前的挡板。然后主缸高压液以 25～32 MPa 压力使主柱塞对糊料进行挤压，糊料经嘴型口被挤压出来进入电极小车上。挤出到规定长度时，主缸暂时卸载，开动剪刀将电极剪断，剪刀退回原处。被剪断的电极由电极小车在气缸的作用下送到冷却槽处，再将电极翻入冷却槽，然后小车翻为立式再返回原处。主缸再进入 25～32 MPa 的高压液，主柱塞再挤压料室中的糊料，重复以上动作。当主柱塞到达料室和嘴型分界处时，接通限位开关，以电铃或红灯报告操作者，则主缸卸载，主柱塞退回原处。这是挤压的一个循环过程，一般需要 25～30 min。主柱塞退回后即可再次加料，重复以上整个过程。

固定单料室卧式电极挤压液压机的主要零部件有料室和嘴型。

（1）料室。料室（料缸）是圆柱形的，其内径一般小于或大于主缸内径。料室比主缸小的特点是能用中高压挤压成高强度的电极，如法国 4000 t 压机，用 21 MPa 挤压，则电极的油压为 32 MPa，正如增压器一样，所以能获得较高强度的电极。但是，料室直径与主缸直径的关系和油压有关，当油压小于 21.6 MPa 时，料室直径小于主缸直径；当油压大于 21.6 MPa 时，料室直径大于主缸直径，目的都是使电极的油压保持在 19.6 MPa 以上。根据我国油泵情况，选用料室直径大于主缸直径结构。

（2）嘴型（模嘴）。模嘴的锥形孔末端应呈压制件断面形状，由锥形和圆柱形两部分组成，如图 8-2-4 所示。压型嘴子的形状在炭素材料挤压过程中起着重要作用，它可使炭素制品获得所需的形状和断面。为了有充分的断面收缩率，要使其挤压比 φ 大于 3（通常采用 $3 < \varphi < 15$ 经济效果较好）。英国 2000 t 压机，料室直径为 1150 mm，能生产出合格的 $\varPhi$750 mm 电极，其挤压比只有 2.35，电极糊料的油压为 18.9 MPa。国内一直使用的不同直径的压型模嘴曲线为圆弧形，曲线不连续，有拐点。

2. 立捣卧挤式挤压机（旋转料室电极挤压机）

目前，真空立捣卧挤式挤压机在国外炭素生产中已被普遍采用，在我国也已使用。它有单料室和双料室之分，一般多采用单料室结构。国内部分石墨电极生产企业采用带有旋转料室和真空排气的挤压机，它实际上由一台立式模压机（立捣部分）和一台卧式挤压机通过共有的旋转料室组合而成。旋转料室挤压机既要垂直加料，又要完成水平挤压，所以必须使料室回转 90°。带有旋转料室和真空排气的挤压机，总压力分配在捣实及预压（垂直加压部分）的约占 1/3，分配在挤压（水平加压部分）的约占 2/3。

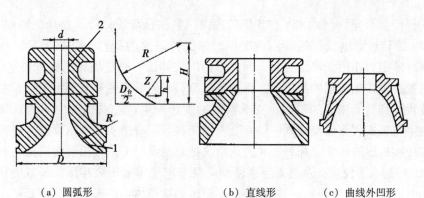

（a）圆弧形　　　　　　（b）直线形　　　（c）曲线外凹形

图 8-2-4　挤压电极模嘴锥体部分的形状

1—变形部分；2—定形部分

　　3500 t 旋转料室电极挤压液压机的结构如图 8-2-5 所示，压机本体由旋转料室装置、料室与型嘴快速夹紧装置、料室抽真空系统、主缸、回程缸、同步自动剪切装置、托板缸、前横梁与挡板、电极小车翻转装置及机座等组成。其中旋转料室装置是压机的关键部位，一般有旋转轴受力和前横梁受力等结构。抽真空装置由真空泵、真空罐、真空电磁阀、压实真空罩和主缸真空罩等组成。回程缸是将挤压头带回到初始位置；在料室立捣时，托板挡住型嘴扣，以便保证捣实。

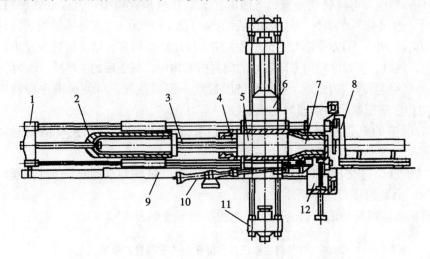

35MN立捣卧挤式
挤压机

图 8-2-5　3500 t 旋转料室挤压机结构图

1—回程缸；2—主缸；3—真空排气管；4—挤压头；5—料室；6—压实真空罩；
7—型嘴；8—自动剪切机；9—机座；10—旋转油缸；11—托板缸；12—前梁与挡板

　　立捣卧挤式挤压机的料室与型嘴相连时，先将料室（与型嘴连成一体）旋转 90°成垂直位置，进行加料捣固，抽真空，然后逆时针旋转 90°成水平位置进行预压和挤压，国外使用较多。当单料室挤压机的料室与型嘴分离，装料时只使料室旋转成垂直位置，装料后再旋转成水平与型嘴对中心连接，再进行预压、挤压及抽真空。

　　立捣卧挤式挤压机的工作过程主要包括 5 个阶段：（1）加料准备阶段；（2）压实

捣固阶段；（3）料室回转到水平和预压阶段；（4）挤压阶段；（5）挤压机回程。

3500 t旋转料室电极挤压液压机工作时，当料室内的糊料全部挤出后，打开真空罩，由副缸液压力作用，将主柱塞退回，再让副缸卸压。通过旋转机构将料室顺旋90°为垂直位置，坐在托板缸的托板上，将在圆筒凉料机内凉好的料（温度130 ℃左右）通过下料装置加到料室中。加料时，支承料室的旋转轴承将左右机架中的两只常压缸顶住，使料室与压实压头保持在同一轴心上。加完料后，将压实真空罩罩好，进行抽真空和用立式压实机压头压实。加料压实完成后，把真空罩升上，再由旋转机构将料室逆时针回转90°转到水平位置，主缸真空罩便推向料室定位，常压缸卸压，料室旋转轴的移动轴承同时向前移动。这时，与料室连成一整体的嘴型体上的弧形两翼便紧贴在前横梁的左右弧形座上，承受挤压机全吨位的挤压力。然后嘴型口处挡板升上，主缸工作，主柱塞对料室内的糊料进行预压保压，同时抽真空。预压后，主缸瞬时卸压退下嘴型口挡板。主缸继续工作，把料室中的糊料经嘴型收缩后挤压出来，挤出一定长度时，与电极挤出速度同步的剪刀将其剪切成一定长度的电极生坯，由小车和翻转机构将电极送入水槽冷却，当料室内的糊料全部挤完后，即完成一次加料挤压循环。

3500 t旋转料室电极挤压油压机的特点如下。

（1）装糊料的料室与模嘴通过夹紧机构连接成一体，并通过旋转装置将料室及模嘴从卧式水平位置旋转成垂直位置，进行加料机捣固，旋转装置是主机中的关键部分。

（2）料室与嘴型连接可旋转成垂直，下面由托缸的托板顶住嘴型口，故立式加料。料室在垂直位置一般可分3次加料，每次加料后由专门设计的500 t立式压实装置进行压实（捣固）。因压实力小，所以压实机液压缸比主柱塞液压缸小得多，这样可减少动力消耗和主缸的磨损，同时，使料室径向方向各处的糊料松紧均匀，挤压后的生坯质量均匀。

（3）装有抽真空装置。在压实、预压和挤压过程中都可抽气，可使包围在糊料中的空气排出，防止在挤压制品中形成气孔或裂纹。

（4）料室与嘴型的夹紧装置采用快速夹紧机构，既大大缩短了调换嘴型的时间（新结构需几分钟），又取代了繁重的体力劳动。

（5）采用同步自动剪切，即剪刀以与电极相同的速度纵向运动时横向剪切电极，避免产生微裂纹。剪切时还可连续挤压，提高了生产率。

3500 t旋转料室电极挤压液压机的主要性能和技术参数见表8-2-1。

表8-2-1　3500 t旋转料室电极挤压液压机的主要技术参数

名称单位	中国上海重型机器厂	日本神户制钢所	
公称压力/MN（tf）	35（3500）	35（3500）	40（4000）
主柱塞直径/mm	1200	1220	1350
主柱塞行程/mm	3330	3100	3700
料室直径/mm	1420	1500	1600
压实能力/MN（tf）	5（500）	5（500）	2（200）
嘴型直径规格/mm	320～632	310～700	300～800
挤压比	19.6～5	23～4.5	28～4
电极比压/MPa	22	19.8	20
工作压力/MPa	32	30	29

表8-2-1（续）

名称单位		中国上海重型机器厂	日本神户制钢所	
挤压速度/(m·min⁻¹)		0~0.25	0.24	0.25
真空度/kPa（mmHg）	压实	约40（约300）	—	至81.3（610）
	挤压	约66.7（约500）	—	—
加热方式		工频感应加热	蒸汽与电加热	蒸汽与电加热
料室温度/℃		90~120	蒸汽100~150	蒸汽80~130
型嘴温度/℃		130~230	电100~200	电80~180
主电机功率/kW		75×2	160	150
凉料设备		圆筒凉料机	圆筒凉料机	圆筒凉料机
剪切机构		自动剪切翻转	水平自动剪	水平自动剪

3. 双料室电极挤压机

双料室是可旋转的，立式加料、预压、卧式挤压。双料室电极挤压机的料室与型嘴均为分离的，如图8-2-6所示，它的主机结构形式为：两个料室加料、捣固糊料由单独的辅助柱塞完成，主柱塞只管预压和挤压。必要时可利用料室和压型嘴之间插入的挡板。一个料室挤压时，另一个料室则在加料台上装料和捣料。空料室和装满糊料的料室的转换是由运输装置完成的，运输装置有小车和转盘悬吊两种形式。

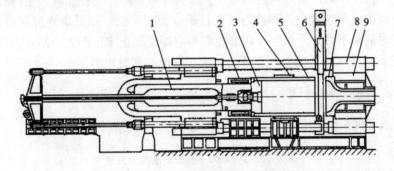

图8-2-6　双料室式挤压机结构图
1—主柱塞；2—密封装置；3—挤压板；4—料室夹持器；
5—料室；6—挡板；7—压型嘴；8—机架；9—压型嘴壳体

与旋转式单料室挤压机相比，双料室挤压机由于装料和挤压是同时进行的，所以生产效率高。但其缺点是，每一料室的料必须全部挤出后方可更换另一料室。

卧式电极挤压机的结构虽多种多样，但主要区别是料室与型嘴的连接形式，料室与型嘴不同结合形式的优缺点见表8-2-2。

表8-2-2　料室与型嘴不同结合形式的优缺点

形式	料室与型嘴连接式	料室与型嘴分离式
用主柱塞预压	稍困难	容易
料室加热	容易	单料室容易，双料室困难
挤压终了位置	任意	定位置

表8-2-2（续）

形式	料室嘴型连接式	料室嘴型分离式
装料顺序	开始装入部分的原料与嘴型内剩余料接触	装入终了部分接触原剩余在嘴型内的原料
挤压板加热	容易	困难
双料室	不可能	容易

卧式电极挤压机挤压工安全操作规程：

（1）检查。检查好压机周围及附属设备、管路，控制系统必须处于完好状态，发现问题处理后方可进行工作。检查好操纵台上各阀门是否在原始位置上，各种压力表是否正常，泵站来的所有管道阀门是否打开，摩擦转动部位是否加好油，电路接地装置是否良好，地沟盖板是否良好，检查各泵及附属设备是否完好，发现问题及时处理。

（2）开车及注意事项。用信号和控制台联系通知开车，首先打开液压分配阀，然后启动中压泵。注意监视电气操纵屏，如有异常指示应及时处理。注意检查水位指示器应灵活可靠，水位最低时是危险水位。发现红灯亮、警铃响时，操纵人员应立即停车检修。压机运行时，注意控制以避免终程碰撞，以免损坏机件。仔细调节操纵台上角式节流阀，使压力不超过规定要求。操纵中注意将各种压力表所指示的数字范围控制在允许的范围内。压机工作时严禁靠近运动部位，以免发生事故。在操作时，不得任意离开操作台和指定岗位，思想集中，不许闲谈、打闹。为了安全，挡板始终应在升起的位置，在挡板下降时前面不许有人站立。料槽左右和前部要禁止非生产人员站立。

（3）工作后停车，关闭空气总开关、液压分配阀和总电源。

任务三　油压机故障处理

3500 t油压机在操作中常出现的故障及处理的方法见表8-2-3。

表8-2-3　3500 t油压机故障及处理

故障	产生原因	处理办法
柱塞头粘料	柱塞头过凉，没及时处理	（1）柱塞头打油； （2）柱塞头保温； （3）柱塞头尽量伸进糊缸内； （4）柱塞前进，压实，上压保温一段时间； （5）用钢丝切断粘料； （6）如切不断，则用扁铲、撬棍、大锤一点一点铲去
不返程	（1）设备连锁故障； （2）压得过紧； （3）柱塞头没打油； （4）糊缸移位； （5）糊缸温度过低	（1）处理连锁故障； （2）不准压靠； （3）柱塞头打油； （4）手动提起糊缸复位； （5）料室加温； （6）如再不返程，用50 t油压千斤顶顶回

任务四　挤压成型废品种类及原因分析

成型生坯的废品率与糊料的状况、糊料的温度、糊料的颗粒状况、黏结剂的用量等因素有关系。各种成型方式出现废品的原因及防治措施见表8-2-4。

表8-2-4　挤压成型废品及原因

废品种类	造成废品的原因	降低废品措施
裂纹（可分为横裂纹和纵裂纹）	（1）糊料中黏结剂的用量过大或装料温度过高，导致弹性后效和烟气夹入糊料中。 （2）糊料的黏结剂的用量过小或装料温度太低，糊料塑性较小。 （3）挤压型嘴和料室的温度过高或较低。 （4）凉料时糊料凉得不均匀。 （5）接受台位置不当，生坯压出后弯曲下垂过大	（1）调整黏结剂的用量或调整装料温度。 （2）调整黏结剂的用量或调整装料温度。 （3）调整挤压型嘴的温度，保持在130～160℃。 （4）均匀凉料。 （5）调整接受台位置，消除压出后的弯曲下垂
麻面（毛坯表面上有连续不断或较大面积的毛糙不平伤痕）	（1）挤压型嘴温度过低。 （2）挤压型嘴出口处表面不光滑或型嘴口有硬料块。 （3）拖住毛坯的平台不光滑或有硬物突出	（1）提高压型嘴温度。 （2）将挤压型嘴处理光滑。 （3）将平台处理光滑。
变形和弯曲	（1）糊料的黏结剂用量较大，挤压型嘴温度较高，压出时未及时淋水或浸泡在水中冷却。 （2）生坯未经充分冷却即堆垛或堆放地面不平	（1）降低糊料的黏结剂用量，压出时及时冷却。 （2）生坯充分冷却后再堆垛，将地面处理平整
表面粘料	毛坯表面在尚未充分冷却变硬时粘上料块并嵌入表层，其原因是接受毛坯的平台或毡垫上有料渣块未及时清扫而粘在毛坯表面	及时清扫料渣
接头断裂（前后两锅糊料交接处压出的毛坯由于糊料塑性差别大或因主柱塞快速返行时引起糊料中间断裂而导致接合不上）	（1）前后两锅糊料的黏结剂用量或装料温度相差过大。 （2）当压完一批料后，主柱塞返行太快，使柱塞头对料室内的剩余糊料造成一个短暂的抽力，把位于挤压型嘴中间的糊料拉断，压出时没有接上	（1）稳定糊料的黏结剂用量或装料温度。 （2）调整好主柱塞的返行速度

挤压成型的废品除以上列出的废品外，还有生坯长度不合标准的废品。造成该类废品的主要原因是操作人员不注意或切料机构操作失灵。

项目三 振动成型

振动成型是将一定数量的热糊料装入模具内，同时在糊料上部放置重锤，利用机械的高速高频（1000～3000次/min），使糊料受到一小振幅、高频率的强迫振动，从而使糊料密实的过程。

振动成型的主要设备是振动成型机。振动成型机是靠机械振动产生激振力，将糊料制成所需形状的专用设备。其结构简单，只要对糊料施加较小的成型压力即可生产较大尺寸的制品，特别适合生产长、宽、厚3个方向尺寸相差不大的粗短产品和一些异形产品。如预焙阳极、阴极炭块及大规格炭电极与坩埚。但振动成型在生产过程中的噪声较大。振动成型与模压成型相类似，产品也是各向异性的。现振动成型法多用于铝电解预焙阳极的成型。

任务一 振动成型原理和工艺流程分析

1. 振动成型原理

采用模压成型时，为制得致密的生制品，必须增大外部压力，但是随着压力的增大，材料的弹性变形和残余应力增大，从而在阳极焙烧过程中导致材料出现裂缝和其他缺陷。生产大尺寸阳极块时，静力压型条件的相互矛盾性尤其会明显地加剧，为了压制大尺寸的阳极块，就需要较大的外压力。所以，模压成型不能充分满足致密性均匀的大规格优质阳极块的现代生产要求。生产铝用炭阳极主要采用振动成型。

采用振动成型时，微粒发生相当均匀、既无应变又可靠的收缩，致密性也合乎要求。振动成型的单位压力比模压成型的单位压力小两级。材料的压实程度不取决于外部压力的大小，而主要取决于糊料的流变性质和振动参数。

振动成型，是以结构单元间的原有连接发生最大程度的破坏，以使其达到均匀分布和较大的致密性为基础的。振动破坏了微粒间的连接，在不太大的静压（50～300 kPa）和重力作用下，这些微粒都尽力占据新的位置。这样，所形成的连接强度极限便超过振动引起的应力值。

波的传播与振动成型

振动时，能量以动能和势能的形式加到被压的材料上。静荷载势能用来压实材料和防止材料发生相互分层的可能。振动频率和振幅对内部连接的破坏过程有非常重要的影响，而振动时间和压力则对压实程度有重要影响。

炭素糊料的振动成型，主要是靠振动台下面的振动器所产生的振幅小、频率高的强迫振动，使振动台上成型模内的糊料受到多变加速度运动影响，糊料间、糊料与模壁间的内摩擦力、外摩擦力、黏结力大幅度降低，从而使糊料流动性比振动前增高，颗粒间发生相对位移使其更加合理排列，而逐渐达到密实。与此同时，在糊料表面再加上一个自由外力，则更能提高糊料的密度程度。振动过程中，颗粒以长轴方向垂直于振动方向而定向排列，形成结构上的各向异性，从而产生性能上的各向异性。振动主要沿垂直方向进行（理论上不产生水平方向的振动），振动力通过与振动台面直接接触传递，在成型模内的糊料受到的振动能量是自下而上衰减的，因而糊料在振动成型时变形速度较慢，一些沥青气体有足够的时间在振动的同时逸出，可直接使用温度较高的糊料而不易产生膨胀裂缝和变形现象，并且较高的成型温度有利于黏结剂性能的发挥，使糊料具有良好的流动性，均匀充填模内，取得较好的成型效果。

糊料的颗粒呈现振动状态后，它们的物理性质发生了重大变化：① 糊料颗粒间的内摩擦力以及与模壁的外摩擦力显著降低；② 糊料从弹性塑性状态转变成密实的流体状态，因而糊料颗粒间的黏结力也有很大程度的减弱；③ 振动使糊料颗粒受到多变加速度，因而使大小不等的颗粒产生惯性力。

这种物理性质的变化，其中起主要作用的是糊料颗粒产生惯性力。由于颗粒大小不均，它们的质量有大有小，结果产生的惯性力有所不同，因而使糊料颗粒边界处产生应力。当这个应力超过糊料的内聚力时，颗粒间便开始相对移动，在位移的瞬间，如果再加上自由外力（如重锤等），就能迫使颗粒间加速移动，这样不但可以缩短振动时间，还能使糊料进一步密实。

振动成型机在振动过程中外加压力小，因而糊料中的大粒子不易受到压碎，基本上可以保持原来配合料的粒度组成，这对于产品的密度、强度等方面有着重要的意义。

振动成型虽有很多优点，但也存在着噪声大、振动大，成品在高度方向密度不十分均匀等不足。

2. 振动成型的工艺流程

振动成型的工艺流程比较简单，糊料自混捏工序输送到储存料斗内，经给料机（电磁振动给料机或圆盘给料机）输送到称量斗内（一般为带称重装置的输送小车），当糊料达到制品质量要求时，停止给料，由称量小车将糊料下到模具内，称量小车离开加料位，重锤下降到模具内将糊料压紧后，振动电机高速运转带动偏心振动轴旋转产生振幅，在规定的振动时间后，停止转动，脱模后将生制品产出。工艺流程如图 8-3-1 所示。

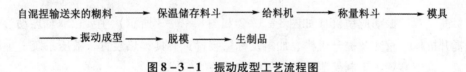

图 8-3-1　振动成型工艺流程图

成型模具是在成型机制造时，按照电解槽的功率大小进行设计的炭块的尺寸而制造的。在生产过程中，为了生产的稳定和保证制品质量，在糊料进入模具生产前要对模具进行加热。一般模具的加热有两种方式：

（1）在制造模具的时候将模具制造成夹套形式，在生产中将热煤油或蒸汽通入夹套中对模具进行加热。用蒸汽加热时，由于蒸汽温度比热煤油的低一些，因此模具的温度一般保持在 120~140 ℃；用热煤油加热时，热煤油的温度相对于蒸汽要高一些，但为了使模具温度接近糊料温度，一般将加热温度控制在 145~155 ℃。

（2）用电加热的方式对模具进行加热。一种是将电加热管安装在模具的四周进行加热；另一种是在生产前用电加热器自模具内部进行加热，这种方式主要在产能高，模具一般能保持住温度，使每次成型都能保持一定温度的条件下使用。用电加热的方式，一般将模具加热至 80～100 ℃，生产时由于产能大，模具内温度可以保持 120～140 ℃。

振动成型机的振动频率与驱动电机的转速有关。一般振动台的频率为 2000～3000 次/min，由于振动成型机结构和减振系统的改进，现使用的改进型振动成型机频率一般为 1200～1700 次/min，正常使用频率为 1300 次/min。电机的转速一般为 1500 r/min，通过变频调速来实现频率的调节和控制。

振动成型机的振幅和激振力是一对方向相反、同步旋转的振动器产生的，每个振动器有两段相同尺寸的旋转轴并通过万向联轴器传动。每一根轴上装有一组由两片相同尺寸的扇形钢板组成的振动子，在高速旋转的旋转轴的带动下，扇形钢板转动时产生的离心力使振动台产生振幅和激振力。每片扇形钢板上按照给定的位置钻有定位孔，通过调节扇形钢板的位置来调节振幅。目前使用的振动成型机一般是将扇形钢板调节到 120°～140°。

振动成型是间歇式生产，不同产品都有一个较适合的振动时间。小规格制品如细长比不太大，重锤比压又较大，振动时间为 3～4 min；中等规格制品振动 5～6 min；比较高的大规格制品需振动 8～10 min；不太高的大规格制品只需振动 6～8 min。由于成型机的改进，在铝电解预焙阳极成型时，振动时间一般为 40～80 s。

任务二　振动成型机类型分析

振动成型的设备按振动台激振旋转轴的数量分为单轴和双轴；按工位分为单工位和多工位；按振动台位分为转台式、滑台式和固定台式。目前各电解铝用阳极炭素厂主要有转台式、滑台式和固定振台式振动成型机，各有优缺点。国外振动成型机的形式和种类很多，其振动器有机械传动式、电磁式和气动式的，加压装置有机械式（如重锤）、液压式和气压式的，振动台有回转台式、移动式、真空压差式和真空挤压式的。

任务三　双轴振动台振动成型机剖析

目前，双轴振动成型机（如图 8-3-2 和图 8-3-3 所示）主要由双轴振动台、模具及提升机构、重锤及提升机构、加料及称量装置、模具预热装置、液压系统、重锤喷淋装置、真空装置、生制品测高及编号打印装置等组成。

由图 8-3-3 可知，双轴振动成型机的控制过程主要包括 4 个步骤：加料；装料；振动成型、脱模；炭块推出，冷却输送。振动成型过程中要正确掌握温度、压力、振动频率、振动时间和链板式输送机的运动速度。

（1）加料。混捏好的糊料从给料机上部料仓加料口加入。加料前，PLC 先检测判断糊料斗称量车是否在给料机下方等待接料，料车门是否关好，然后控制给料机对糊料斗称量车加料。糊料质量由称重装置计量，糊料的质量可根据产品的类型由称量二次仪表给出，并与 PLC 连锁。

（2）装料。装料前 PLC 首先检查判断模具到位、模具夹紧到位、重锤上升到位等信号；糊料斗称量车前行送料，行走到模具上方前限位时停止；糊料称量车底门打开，把称量好的糊料放入模具内返回。

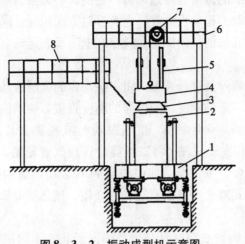

振动成型机

图 8 – 3 – 2　振动成型机示意图

1—振动台；2—模具；3—压板；4—重锤；5—导向杆；6—机架；7—卷扬机；8—平台

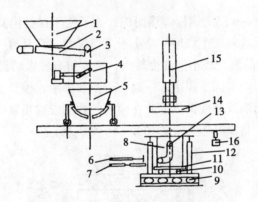

奥图泰振动成型机

图 8 – 3 – 3　振动成型流程图

1—储存料斗；2—振动给料机；3—挡料板；4—布料器；5—称量输送小车；
6—生坯推出装置；7—加热装置；8—模具；9—减振器；10—旋转振动轴；11—振动台；
12—模具起升装置；13—真空管；14—重锤；15—重锤起升机构；16—测高编号装置

（3）振动成型、脱模。当 PLC 接收到糊料斗称量车返回到位信号，重锤下降并到位，开始驱动电机带动偏心振子转动。在阳极炭块生产过程中，振动时间可由外部时间继电器给定并输入 PLC 以方便修改。设定振动时间到时，输出信号令电机停止，并驱动重锤上升且到位，模具锁紧装置松开到位及模具上升且到位，完成脱模。

（4）炭块推出、冷却输送。驱动推出器从振动台推出炭块，在推出过程中同时对产品的高度进行检测。被推出的产品立即放入凉水池中冷却，此时，板式输送机在凉水池中缓慢运送炭块，速度由变频调速器控制实现，冷却后提升炭块，对炭碗进行自动喷吹除水，输送到炭块仓库，检验合格后进行堆放。

由图 8 – 3 – 2 和图 8 – 3 – 3 可知，振动成型机主要包括以下几个组成部分。

（1）振动台。振动台主要由台、振动器、减振器、万向联轴器、驱动电机等组成。

振动台的振动是旋转轴上的振动器高速回转产生的离心力激发而产生的简谐振动。

双轴振动台结构合理，稳定性能好。它有一对方向相反、同步旋转的振动器，使旋转时产生的水平分力相互抵消，使振动台仅存在上下垂直运动。目前在生制品成型设备中大多采用双轴振动台。

减振器一般采用压缩弹簧进行减振。由于振动台的强烈振动对机体和建筑物都有危害，因此减振装置要有一定的刚度。减振器的刚度直接影响减振效果。中小型振动台减振弹簧总刚度可选择 500~600 MPa，重型振动台减振弹簧总刚度可选择 800~1000 MPa。由于技术的进步和发展，现已将减振器设计成气囊轮胎式（又称气动弹簧），减振效果好，安装维修方便，噪声小。如由法国 FCB 公司制造的振动成型机的减振器为气囊轮胎式。气囊轮胎式减振器以压缩空气为介质，气压为 0.25~0.3 MPa。减振刚度为 4.2 MN/m。

（2）模具及提升机构。成型模具是生产不同形状、不同规格制品的必需工具。振动成型的模具的尺寸大小还必须考虑产品在焙烧及石墨化过程中的体积收缩及加工余量。

模具一般用 8~16 mm 厚的钢板焊接而成，为了便于保持模具和产品表面光洁，模具内壁应平整光滑。模具做成上口尺寸略小于下口尺寸，即具有一定斜度，通常可为直径或边长的 1%，若产品直径较小但高度较大，则应留有较大的斜度。

模具必须与振动台面牢固地固定在一起。若不加固定，模具就会在振动台上自由跳动，导致振幅降低，影响成型效果。因此在模具的两侧设置压紧钩，在靠近模具的固定架上设有液压压紧臂，将模具压紧（如图 8-3-4 所示）。

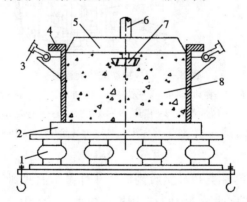

图 8-3-4　振动成型模具夹紧及减振示意图

1—减振器（气动弹簧）；2—振动台；3—模具夹紧油缸；4—模具；
5—重锤；6—提升杆；7—螺旋成型器；8—糊料

模具的提升机构主要是液压油缸，当成型完成时，液压油缸将模具顶起。也有用链条自模具上部将模具拉起的提升装置（如图 8-3-5 所示）。

（3）重锤及提升机构。重锤及提升机构由液压缸或起升链条、重锤、重锤盖子等构成。重锤上安装有用于制品组装的带螺旋线炭碗成型器。重锤盖子上安装有用于将重锤压紧稳固的气动压紧装置，在重锤落入模具后将重锤压紧，如图 8-3-6 所示。重锤盖子主要用于保护重锤，抽真空时密封，使模具内形成真空。

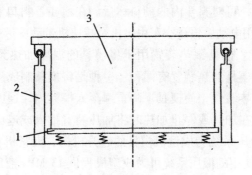

图 8 - 3 - 5　模具起升机构示意图
1—振动台；2—起升油缸；3—模具

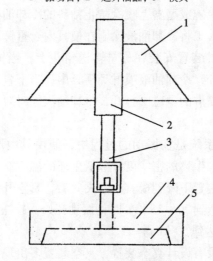

图 8 - 3 - 6　重锤起升机构示意图
1—固定架；2—起升油缸；3—起升活塞杆；4—重锤罩；5—重锤

（4）加料及称量装置。加料及称量装置包括进料料斗、给料机、糊料挡板、均匀布料器、称重输送料斗等。

加料装置一般为圆盘给料机或电磁振动给料机，现设计使用的振动成型机多用电磁振动给料机。进料料斗是一个带保温的锥形钢斗并带有称重装置，在称量输送料斗不在位的情况下，可将糊料暂时储存，并通过称量装置显示料斗内的糊料数量。称量装置的另一个作用是在糊料输送停止后即停止生产，可判断料斗内是否粘料，以便及时清理。

糊料挡板一般用气动或电动控制，主要是为了防止在输送称量料斗不在加料位或停止给料后糊料散落而设置的。

均匀布料器由驱动装置、布料板、可调节偏心轮装置等组成。布料板在垂直方向时与给料机所给出糊料的中心相一致。布料器的作用是使糊料均匀地分布于称量输送料斗内，以便使糊料进入模具后在模具内分布均匀，使成型后生坯的高度保持水平。在没有布料器的成型机上，一般为糊料加入模具内后，由人工将糊料扒平后再成型。

称量输送装置由称重装置、料斗、输送小车等组成。称重装置一般为称重传感器，称重装置安装在料斗下，可对料斗内的糊料称量。在料斗下料口有闸门，闸门的控制用气动或液压传动，还可用电动。输送小车由电机及减速机带动皮带或链条，驱动行走轮。

（5）模具预热装置。模具预热装置用于将模具的温度加热到接近糊料温度，便于成型和提高制品质量。模具加热装置有两种：一种是将模具制成夹套式，通入热煤油或蒸汽；另一种是用电加热装置，使模具下降重锤落入模具内，通电进行加热。电加热装置带有气动或液压缸，在加热或停止加热时将加热装置推入或退出模具。

（6）液压系统。液压系统为成型机模具的起升机构、夹紧机构、重锤的起升机构等提供了动力源。目前所使用的液压系统可为成型机提供 13 MPa 液压动力，液压缸可承受 16 MPa压力。

（7）模具及重锤喷淋装置。喷淋装置是为了防止糊料黏结在模具、重锤及炭碗成型器上，在模具、重锤及炭碗成型器上喷涂防止粘料的冷却油液的装置。在无自动喷淋装置的成型机上，一般由人工将冷却油液涂刷在模具内、重锤及炭碗成型器上。有自动喷淋装置的成型机是将喷淋装置安装在称量输送料斗上，当输送料斗运行到模具位置时，喷淋装置的电磁阀打开，冷却油液喷淋到模具内；当下料完成，称量料斗在离开下料位的同时，对重锤进行喷淋的电磁阀打开，冷却油液同时对重锤和炭碗成型器进行喷淋。

（8）真空系统。真空系统是在振动的过程中，使模具内形成真空，以便将糊料中的烟气尽可能地抽出，增加生坯的密实度并降低生坯的温度。

在带有真空罩的重锤装置下降到模具内并夹紧后，真空开始运行。真空装置的真空等级为2级，当绝对压力达到20~35 kPa 时，振动开始。在振动过程中，真空绝对压力可达到 10 kPa，最大值可达到 50 kPa。

早期制造的成型机中没有设计真空装置，真空装置多出现在新型成型机中。

（9）生坯测高及编号装置。生坯测高及编号装置是通过对生坯高度的测量，来检验生坯的体积密度是否达到要求，并对生坯进行编号，以便对生坯的质量进行跟踪检验。

任务四　单工位滑台式和三工位转台式振动成型机比较

目前，铝用炭阳极主要用振动成型机生产，振动成型机有转台式和滑台式两种。振动成型机是预焙阳极生产的关键设备，它将高温混捏后的糊料通过振动压缩、模具成型、水浸冷却或喷水冷却，使其成为有一定几何尺寸和内在质量的生阳极炭块。振动成型机主要有单工位滑台式和三工位转台式两种，这两种振动成型机性能都很稳定，有各自的特点。下面以法国 SOLOS 公司生产的单工位滑台式振动成型机和德国 KHD 公司生产的三工位转台式振动成型机为例，对它们各自的性能和特点进行阐述。

多工位振动成型机的产能比单工位振动成型机的产能大。多工位振动成型机以转动装置带动模具转动，模具与振动台是安装在一起的，但也可以分离。当一个工位加料时，另一个工位进行振动成型，还有一个工位进行模具加热、制品的脱模。各个工位在完成一个工作任务后，转到下一个工位工作。目前多工位振动成型机多为三工位振动成型机。

炭素糊料的振动成型过程：振动台下面的振动器（气囊）在偏心轴的激振力的作用下，产生的振幅小、频率高的强迫振动，使振动台上型模内的糊料产生多变速度和加速度运动，糊料间、糊料与模具壁间的内摩擦力、外摩擦力、黏结力大幅度降低，从而使糊料流动性增高，颗粒间发生相对位移使其排列更加合理，而逐渐达到密实。与此同时，在糊料表面再加上一个自由外力，以进一步加强糊料的密实程度。

在重锤（上模）重量和偏心力矩一定的情况下，激振频率是振动成型的关键参数。通过实测得到，偏心轴偏心块角度为 140°，激振转速分别为 1150 r/min 和 1450 r/min。

振动成型机无论是转台式还是滑台式，都包括传动装置、振台、重锤加压装置、模具及脱模装置、加料及称量装置、液压站等。

两种成型机都是电机通过万向联轴器将动能传给两个齿轮箱使其变速。两种成型机均采用双轴振动台，这种振动台结构合理，稳定性好。它有一对方向相反、同步旋转的振动器。齿轮箱的动能传到两组偏心轴上，这两组对称配置的偏心轴上装配有四对扇形偏心块，两轴旋转转速相同，方向相反。在旋转过程中两根轴的任何瞬间的激振力水平投影量值相等、方向相反，与振台水平激振力互相抵消，理论上恒为零值。而两根轴的激振力垂直投影在任何瞬间却又量值相等、方向相同，从而使振动台的激振力在垂直方向得到倍增，通过高速旋转产生叠加的激振力，带动箱式振台进行工作。

1. 单工位滑台式振动成型机

糊料排出后由一台振动给料机送入一个称量料斗中。称量料斗，也称作送料料斗，可以准确称量生产一块阳极所需的糊料量，当该料斗到达模具上方时，料斗的闸门打开，将糊料送入料斗中。称量料斗返回接料装置，模子顶盖下降到压密位置，然后振动周期开始。振动周期结束时，重锤和模具提升，压实的阳极被推出。

（1）输送和称重装置。送料和称量装置准确地称出生产一块阳极所需的糊料，并送入模具中。称量送料斗底部安装有一个液压操作的闸门，料斗在水平方向运动时有 3 个不同的位置：向模具加料的位置、糊料称量的位置、将废糊料送入料筒的一个排空的位置。料斗由齿轮电机驱动，该齿轮电机驱动带轨道轮的 2 根轴并安装有变频调速器。料斗上还安装一个溶性油喷油管，防止糊料黏结在模具、重锤和钢爪上。

料斗坐在 4 个称量传感器上，保证对称量过程进行连续控制。这些重量传感器固定安装在重型载荷支架上，该支架安装在缓振器上。

（2）振动成型装置。振动成型装置由用于生产阳极糊的用气动弹簧安装的振动模具、重锤以及阳极推出装置组成。两根偏心轴向相反方向旋转产生振动，两根轴必须与设备的垂直轴线准确对称。旋转由带有变频调速器和制动电阻的驱动装置产生。电机在斜齿轮上直接耦合、变频调速，保证速度调节、电机启动和制动。

液压推杆从阳极窄面将阳极推出。推杆的有效工作面（水平和垂直方向导向）足以防止阳极块在推出过程中产生变形。阳极推出模具时，推杆缩回，模具又开始一个新的周期。该装置还包括一个可伸缩的装置，用于模具和重锤的预热。

（3）阳极标记和测高装置。当阳极排出时，进行刻标记。刻标记装置固定在一个气缸上用来打标记。标记为 3 个自动递增的序列号，4 个手动数字（2 个作为天，2 个

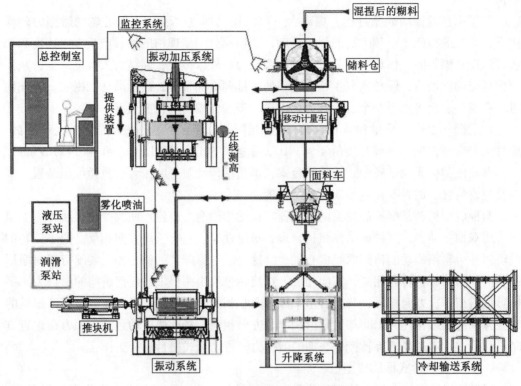

图 8 – 3 – 7　振动成型工艺流程图

作为月)。装载台是阳极成型与阳极冷却通道之间的一个过渡台。一旦阳极被推出,就会在固定的装载台上打标记。阳极块在推出时进行测高。阳极的高度由一个激光量规上的机械装置来测量,炭块的推出也由一个推出缸完成。

(4) 轴承润滑装置。振动台的每一个轴承由油润滑进行润滑,然后,油返回到油箱中。振动台旁的油箱上的电机泵向每个模具供油。该泵将油用力送至提升装置上的油分配器中,油分配器将油分配到每一个轴承座。润滑油靠自重由轴承出口返回到润滑装置中。

(5) 喷油装置。称量输入料斗上装有一个用于喷油的管子,将溶性油喷到重锤上打孔器的内侧,以防止糊料黏结在钢爪孔上。润滑油由位于液压设备区的中心装置来提供。

(6) 抽真空系统。带罩的盖子与打孔器的顶盖一同下降到模具中。真空罩与模子夹紧后,真空运行开始。当绝对压力达到 20 kPa 时,振动开始。额定的最终绝对压力为10 kPa (最大为 50 kPa)。振动结束后,模具与大气连通,然后模具开始提升,很快真空罩及盖子也提升起来。

为了便于维修和调整,液压系统的阀组分为四个独立的部分:重锤升降;称量料斗;装载台;模具提升、模具锁紧、炭块推出。液压阀都采用德国力士乐公司的产品,性能稳定。

2. 三工位转台式振动成型机

回转台式全自动振动成型机的结构如图 8 – 3 – 8 所示，由转动台、自动加料器、重锤（7000 kg）、3 个模具、振动台、产品推出装置等组成。3 个模具互相成120°角安装在转动台上，可随转动台转动。工作时，一个模具喷油，一个在进料，一个在振动。振动时间为 100 ~ 110 s，振动台振幅为 4 ~ 4.5 mm，振动频率为 1450 Hz，不平衡重块偏心角度为 90°。振动后成品自动脱模，用气缸推至冷却输送线上。脱模后的模具转120°，同时装好料的模具转到振动台振动，振动一个周期约 3 min。

三工位即装料工位、振动成型工位和炭块推出工位（见图 8 – 3 – 8）。

（1）装料工位。该工位上部装有电子计量料斗，当给料机送料达到额定重量时，给料机自动停止给料，料斗底部挡板自动打开，将糊料装入模具，料下完后底部挡板自动关闭，给料机重新给料。

（2）振动工位。该工位将模具内散糊料按特定的工艺技术条件振动成型炭块。

（3）炭块推出工位。该工位可将模具提起，使炭块暴露出来，推杆伸出将炭块推出至炭块高度检测器下停住，测杆落下进行测量，10 s 后测量完毕，测杆收回，推杆继续将炭块推至拨块机上，推杆收回，模具落下。

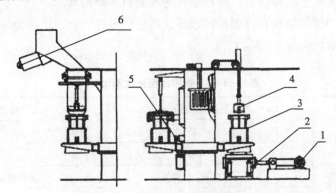

图 8 – 3 – 8　三工位转台式振动成型机结构简图
1—传动装置；2—振台；3—模具；4—重锤加压装置；5—炭块推出装置；6—加料及称量装置

三工位转台式振动成型机组的加料、振实和脱模分别在 3 个工位上进行，每个工位只承担一项功能。生产时，每个工位上都有一个成型模具。当第一个工位装料时，第二个工位（已装入定量的糊料）开始振动，第三个工位则将已振实的生坯脱模。三工位成型机的三个工位在回转装置上呈 120°分布，在工作中由驱动器带动回转装置的大齿轮使回转装置旋转，由控制器将工位精确定位，使各工位旋转到各自工作的位置。当混捏系统的糊料输送过来后，由电磁振动给料机将糊料给入加料的工位模具中并进行称量，糊料重量达到设定值后停止给料。回转装置启动，将装好糊料的工位模具转至振动工位，同时下一工位转到加料工位。当装有糊料的模具转入振动工位后，振动装置将模具夹紧，重锤下降将糊料压紧，驱动装置启动并带动旋转轴进行振动。振动结束后，模具与成型好的块一起在回转装置的带动下转入脱模工位。此时，脱模装置将模具提升，由推出机构将制品推到制品承接装置上。同时加料工位的模具随之转入振动工位进行振动。脱模后的空模具转入加料工位进行加料。3 个工位周期性连续操作，全过程可实现自动化控制。一台三工位转台式振动成型机组年产预焙阳极生坯 4 万 ~6 万 t。

三个工位可同时工作，必须在三个工位程序全部完成后，转台才旋转120°，各工位重新开始工作，就这样不断地进行循环生产。该成型机全部控制由 MCC5 控制台完成，其系统自动操作由一台专用的 S5 - 130W 程序控制器进行集中控制，并附一台打印机。全部程序是由 PG675 编程器输入的。

三工位振动成型机的特点是：（1）三工位振动成型机属间歇式成型，但其加料、振动成型、脱模推出等工序可同时完成，可提高产能；（2）工位回转机构及振动器各有驱动装置，又有模具夹紧装置、重锤提升装置等，结构相对复杂；（3）模具与振动台是连体的，但模具又可与振动台分离，便于脱模；（4）要求控制系统要精确，定位准确。

目前该设备已安全运行很多年，故障率很低，但是有些备件无法买到或者价格昂贵。

总体而言，两种型式的成型机，性能都比较可靠，目前国内采用滑台式成型机较多，随着产品的不断发展和完善，各种型式的成型机不断出现。

虽然两种成型机的结构有许多相同之处，但它们各有特点，下面分别进行阐述。两种成型机的性能对比见表 8 - 3 - 1。

表 8 - 3 - 1　两种成型机性能比较

性能参数	单工位滑台式振动成型机	三工位转台式振动成型机
设计产能/（块·小时$^{-1}$）	25	20
价格/万元	1900	2200
振台减振装置	10 个空气弹簧	8 组橡胶减振弹簧
测高装置	机械装置加打码器	气缸装置
液压单元	分散	集中
轴承润滑	单独润滑站	手动定期加油
重锤质量/t	8.9	4
体积密度/（g·m^{-3}）	1.6 ~ 1.62	1.58
电机	变频调速和制动电阻	带制动的电机
电气控制	PLC、一个现场控制台和一套主机监控系统	H.C 控制

除此之外，奥图泰振动成型机设计用于原铝行业预焙电解槽的生阳极快速成型。奥图泰滑台式振动成型机具有两个工位：加料和成型。阳极模具滑动至后方并填充入糊料，然后在前方成型。成型机的设计易于进行维护工作、模具更换和沥青烟气捕集。废糊料可以通过运行快速、固定安装且密闭防尘的翻板门排出，以降低生产流程受到干扰和周边区域受到污染的风险。奥图泰振动成型机种类较多，各有其特点，已有很多公司投入使用，见表 8 - 3 - 2。

表8-3-2 奥图泰振动成型机类型及特点

类型	生产能力/(块·h⁻¹)	特点
单滑台振动成型机	27	固定式料斗秤
双滑台振动成型机	54	固定式中间料斗和移动式料斗秤
三滑台振动成型机	75	固定式中间料斗和两个移动式料斗秤
转台式振动成型机	32	固定式料斗秤

任务五 洛震振动成型机解析

炭素行业国内、国际所制作的振动成型机在使用上基本工艺流程大致相同。按照功能大致分为：储存凉料部分、计量称重部分、运动供料部分、成型模具部分、上部加压部分、提升导向部分、主机架部分、辅助机架部分、振动台部分及其他辅助功能部分。按照工位大致都包括：计量、加料工位，振动成型工位，脱模推块工位。

洛震振动成型机结构如图8-3-9所示，阳极振动成型机组主要组成部分为：振动料槽、固定计量料仓、计量料仓小车、供料机构、副机架、模具、模导向、调幅振动台、主机架、提升机构、压重总成、保险机构、模具喷油系统、推块机构、热媒油循环系统、振动箱冷却系统、振动箱润滑系统、沥青烟密封系统、打码机构、测高机构、气路总成、冷却托盘输送机、地面输送机、电控系统、液压系统等。洛震振动成型机技术参数见表8-3-3。

图8-3-9 洛震振动成型机

组合式成型机模拟

洛震振动成型机模拟

表 8 - 3 - 3　洛震振动成型机技术参数

项目	参数		
成型块规格	长≤1900 mm，宽≤800 mm，高≤650 mm，重≤1400 kg		
调幅振动台	台面尺寸	1700 mm×2500 mm	
		1900 mm×2600 mm	
	振动力	0～600 kN	
		0～800 kN	
	振动频率	34.5 Hz	
压重质量	13 t		
	18 t		
计量料仓	1.3 m³		
	1.5 m³		
保温拌筒容积	3.5 m³		
	6 m³		
	8 m³		
生产率	18～22 块/h		
电器接入容量	150～180 kW		

振动成型机的工作原理：经过强力混捏后的糊料被加入储存凉料机中降温、排烟；糊料温度大致降到 130～140 ℃时，凉料机向计量料仓放料；糊料进入计量料仓，当称量到定值点时自动停止凉料机下料；计量料仓向振动工位运动，停止在模套正上方并将糊料排入模套内；落下压头，使压重的全部重量压在糊料的上部；大振幅振动一段时间后停止振动；将压重、模套提起完成脱模，将成型后的炭块推出至冷却输送设备上；将模套落下复位，完成整个流程。

振动成型机采用振动加压的成型方法，应用了自主研发调幅振动台，成型过程不发生共振现象，实现了二次振动即小振力预振，大振力振动成型，从而得到较高体积密度且上下密度均匀一致的炭块。设备运转平稳，成型块质量稳定可靠。配自主研发专用模具，可生产不同规格的阳极炭块。采用 PLC 全自动控制技术，可进行全自动、半自动及手动操作。采用专利打码技术、在线检测技术及 PLC 控制技术，是典型的机、电、液、气一体化设备，技术集成度高，达到国内领先水平，完全可替代进口设备。

YG80B - 2 型阳极振动成型机组专用于电解铝用阳极炭块的振动成型及成型后炭块的冷却、输送。振动料槽安装在副机架上，其主要功用是将来自上游混捏系统的糊料输送至固定计量料仓，并起到暂时储存糊料、排废的作用。振动料槽主要由料槽体、振动装置、减震装置、倾翻装置、限位装置、支撑架、分料器等组成。

计量料仓小车安装在固定计量料仓下方，主要完成糊料从计量工位到供料小车工位的输送。计量料仓小车主要由小车总成、料仓、限位装置等组成。

供料小车安装在计量料仓小车下方，主要完成糊料从计量小车到模具糊料的输送。供料小车主要由供料架、料仓、驱动装置等组成。

副机架安装在主机架侧部，主要为振动料槽、固定计量料仓、计量料仓小车、供料小车、喷油系统等提供支撑平台，为振动料槽、固定计量料仓、计量料仓小车、供料小车、喷油系统等提供安装、检修空间。

提升加压机构主要用于提升压重和模套，向糊料施加压力以及炭块成型后的脱模。它主要由提压缸、提模缸、加压缓冲座、提模链条、提压缸支座、提模链轮支座及连接附件等组成。采用单缸加链条提升，该提升机构不参与振动。提模缸主要用于提升模套，通过精密滚子链对模套进行两点对称提升，可保证在模套升降过程中平稳、无卡阻现象。提压缸主要用于压重的提升及振动成型时的加压。提压缸可以在振动成型时为炭块提供静压，加压力大小为 0～150 kN，根据成型工艺不同，可选择液压缸辅助加压或不加压。正常情况下，炭块重量在 1.4 t 以下，加压力不大于 3 MPa；炭块在 1.1 t 以下，加压力不大于 2.5 MPa，或选择不加压。

针对气囊减振成型机，成型过程不加压，但具备加压功能。提压缸控制方式：当供料机构后退到位，保险挂钩打开后，提压缸动作，压重下降，设置提压缸加压防压限位（接近）。当感应到提压缸加压防压限位后，调幅缸动作，由小幅升至大幅。当提压缸下降感应到提压缸加压防压限位后，提压缸停止动作，延时 5 s（根据加压弹簧与压重之间的距离和提压缸速度调整）左右后提压缸再次下降。依次重复动作，直至成型。

保险机构是压重在到达上位时，确保在出现特殊情况时，压重不下落，为设备正常运行和设备检修提供安全保障。

压头喷油机构安装在供料小车上，主要是完成对模具进行喷洒隔离液。

推块机构主要用于将成型好的炭块从底模推至升降入水机构上。推块机构由推块架、推块板、驱动装置、导向轮及支座等组成。

加热系统主要为模具、均温拌筒的保温腔提供热媒油（水蒸气），使其达到保温的效果。

振动箱冷却系统用于对各个振动箱的轴承冷却。主要结构组成为：主管路、支管路、管路支撑、流量检测装置等。对冷却系统进行流量检测，可有效防止由管路阻塞引起的轴承损坏以及由轴承损坏引起的振动箱损坏。

振动箱润滑系统用于对各个振动箱的轴承、齿轮润滑。

打码装置主要作用是为炭块进行依次编码。

洛震振动成型机的主要特点：

（1）温度较高的糊料在自主研发的保温拌筒中低速、均匀搅拌，降温、排烟效果好且不易结球。

（2）振动台在零振幅下启动和停机，在振动过程中实现振幅、激振力的自动可调，振实过程 40～60 s 内完成；激振力有 60，80 t 两种规格。

（3）振动箱带有轴承冷却系统，可有效增加轴承的使用寿命；液压缸调幅，稳定可靠；振动箱齿轮、轴承采用喷油润滑。

（4）压重有 13，18 t 两种规格，物料成型时上部比压达到 1.2 kg/cm² 以上。

（5）压重、压头连接体、压头单独制作并可靠连接。通过更换压头、模套、底模可使设备生产出不同规格的物料。

（6）增加底模，采用底模插入法成型，使振台激振力全部通过底模施加于炭块底部，缩短成型时间。提高生阳极上下密实度的均匀性，防止炭块底部疏松。

（7）物料成型时六面均有保温，提高了物料的表面质量及外观。

（8）压重、模套升降时采用四柱导轮导向，导向可靠且便于调整。

（9）辅助功能完善、实用。本机配置有：自动喷隔离液装置，自主研发的自动打码装置，自动测高装置，激振力在线显示、密度显示并自动报表等专项功能装置，以及其他成型机具有的普通辅助装置。

（10）正常工艺条件下，生阳极炭块密度不小于 1.64 g/cm³；炭块上下密实度均匀，生产效率达 18～22 块/h，设备使用可靠性高。

洛震振动成型机故障及处理见表 8－3－4。

表 8－3－4　洛震振动成型机故障及处理

故障类型	原因分析	判断方法	解决办法
振动箱齿轮损坏	箱体轴承异常损坏，引起齿轮损坏	异常噪声，激振力失衡	更换轴承
	装配齿轮时，掉入异物，未及时清除		装配时，注意清理其内部异物
	箱体使用周期过长，箱体轴承孔变形		更换箱体或加工修正
	齿轮使用周期过长，齿部疲劳损坏		更换齿轮
	振动箱与台面连接螺栓松动，未及时紧固		定期检查，紧固螺栓
	润滑油使用周期过长，油内杂质太多		定期更换润滑油
	润滑站压力偏低，润滑不充分		调整润滑站压力，严格按使用要求设定压力数值
振动箱轴承损坏	润滑油使用周期过长，油内杂质太多	轴承盖温升过高，轴承盖变色异常噪声	定期更换润滑油
	润滑站压力偏低，润滑不充分		调整润滑站压力，严格按使用要求设定压力数值
	箱体冷却水未开启或堵塞不通，冷却不及时		注意观察出水情况，定期疏通管路
调幅箱齿轮损坏	润滑油使用周期过长，油内杂质太多	异常噪声，激振力不可调或无振动力	定期更换润滑油
	箱体内油位过低，齿轮、轴承润滑不充分		定期观察油位，注意加油
	调幅速度过快，齿部受冲击过大		调节调幅缸速度，使之运行平稳

表 8 – 3 – 4（续）

故障类型	原因分析	判断方法	解决办法
气囊损坏	表面油污过多，老化		更换气囊，调整防护罩，减少或避免油污损害
	下部橡胶支撑座损坏，气囊上下面直接接触损坏		更换橡胶支撑座，同时更换气囊，注意日常检查维护
	振动台偏振撕裂		检查振动箱是否损坏，如损坏，维修或更换振动箱
	推块时撕裂		检查下部定位橡胶座，如损坏，更换橡胶支撑座，同时更换气囊，注意日常检查维护
提模链条断裂、脱落	链条使用周期太长，磨损严重，疲劳断裂	模具脱落	定期更换链条
	模导向轮与导轨卡阻，受冲击过大		定期检查导向轮与导轨间隙
	链条润滑不够，转动阻力大		定期给链条润滑
计量料仓计量不准	料仓与机架接触	生产出炭块为不合格品	调整料仓调整轮之间的间距
	四个称重传感器受力不均		调整料仓四周传感器连接螺杆
	保险拉杆受力		调整保险拉杆，使其不受力
	拨叉损坏		更换拨叉
	称重传感器标定不正确		重新标定称重传感器
	料仓内堵料		清理料仓内糊料
	振动料槽倾翻及震动效果不良		调整振动料槽

任务六　洛震阴极振动成型机解析

经过强力混捏后的糊料被加入储存凉料机中降温、排烟；凉料机向计量料仓放料；糊料进入计量料仓，当称量到定值点时自动停止凉料机下料；振动供料槽前进并开启振动，计量料仓开门，将糊料排入振动供料槽内；糊料经过振动供料槽滑入模套内。落下压重，使压重的全部质量压在糊料的上部；大振幅振动一段时间后停止振动；将压重、模套提起完成脱模，将成型后的炭块推出至吊篮上；将模套落下复位，完成整个流程。结构如图 8 – 3 – 10 所示，技术参数见表 8 – 3 – 5。

洛震阴极振动
成型机

洛震振动成型机
模拟

图 8 - 3 - 10　洛震阴极振动成型机

表 8 - 3 - 5　洛震阴极振动成型机

项目	参数	
成型块规格	长≤4200 mm，宽≤800 mm，高≤700 mm	
电极规格	直径≤1400 mm，长度≤2800 mm	
调幅振动台	阴极台面尺寸	2500 mm×4600 mm
	电极台面尺寸	2500 mm×3600 mm
	振动力	0~1000 kN，0~1400 kN，0~1600 kN，0~2000 kN
	振动频率	31 Hz
压重质量	20 t	
	28 t	
计量料仓	5 m³	
	8 m³	
上部加压	100~160 t	
保温拌筒容积	3.5 m³	
	6 m³	
	8 m³	
生产率	2~5 块/h	
电器接入容量	250~350 kW	

该设备主要特点有：阴极（电极）振动成型机采用振动加压的成型方法，应用了自主研发调幅振动台，成型过程不发生共振现象，实现了二次振动即小振力预振，大振力振动成型，从而得到较高密度且上下密度均匀一致的炭块。设备运转平稳，成型块质量稳定可靠。配自主研发专用模具，可生产不同规格的炭块。采用 PLC 全自动控制技术，可进行全自动、半自动及手动操作。采用专利打码技术、在线检测技术及 PLC 控制技术，是典型的机、电、液、气一体化设备，技术集成度高，达到国内领先水平，完全可替代进口设备。

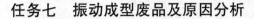

任务七　振动成型废品及原因分析

成型废品的出现主要是工艺过程控制及调整不到位、操作工的责任心不强等造成的，因此在生产过程中，成型工序要时刻与配料混捏工序进行联系，保证工艺过程控制良好，符合工艺标准的要求，而且要增强操作工的责任心。由此从工艺到操作等多方面进行控制，尽可能降低废品的产出。振动成型废品及产生原因见表8-3-6。

表8-3-6　振动成型废品种类及原因

废品种类	造成废品的原因	降低废品措施
裂纹（上部贯通裂纹及侧部裂纹）	（1）黏结剂用量过大或糊料温度过高导致弹性后效和烟气夹入糊料内。 （2）混捏不均匀，导致糊料间未黏结。 （3）糊料颗粒较细，弹性后效大。 （4）糊料颗粒形状规则，是表面光滑的等轴颗粒，机械咬合力小	（1）降低黏结剂用量和糊料温度。 （2）均匀混捏。 （3）增大糊料颗粒。 （4）改善糊料颗粒形状
干散、掉块	（1）黏结剂用量过少或糊料温度过低导致糊料未黏结。 （2）混捏不均匀，夹杂未被黏结剂浸润渗透的糊料。 （3）振动机的模具平台与生坯的拖出台不平，生坯在推出时由于有高差而形成掉块。 （4）振动成型机的振幅太小，造成生坯密实度不够	（1）增加黏结剂用量及提高糊料温度。 （2）增加混捏时间，提高糊料均匀性。 （3）用水平仪调整水平度。 （4）增大振动成型机的振幅
变形	（1）由于黏结剂用量过大且糊料温度过高，糊料太稀，流动性太大，造成生坯脱模后发软，生坯整体下塌或在生坯侧部鼓包，炭碗变形。 （2）混捏不均匀，造成生坯局部形成稀糊团而鼓包。 （3）生坯脱模后未冷却或冷却不充分。 （4）生坯堆放地面不平整或堆放方式不正确，在生坯未充分冷却硬化的情况下由于生坯自重发生弯曲变形	（1）减少黏结剂用量，提高糊料温度。 （2）延长混捏时间使其均匀混捏。 （3）生坯脱模后及时进行冷却。 （4）将生坯堆放场地处理平整
生坯体积密度较低	（1）糊料黏结剂用量过少，糊料流动性较差。 （2）糊料温度过低，糊料发硬。 （3）糊料颗粒孔隙度较大，致使糊料流动性不好。 （4）振动台振幅较小，振动时间太短。 （5）模具太凉导致与其相接触的表层糊料冷却硬化。 （6）糊料黏结剂熔化不充分或糊料黏结剂质量差，黏结性较差	（1）增加黏结剂用量。 （2）提高糊料温度。 （3）选用孔隙度较小的颗粒或调整糊料配料。 （4）提高振幅，延长振动时间。 （5）加热模具。 （6）改善糊料黏结剂
缺棱掉角	（1）重锤与糊料接触面上不光滑、不平整或重锤面未喷涂防黏物，致使糊料在重锤起升时黏结在重锤上。 （2）糊料黏结剂过大，与模具或重锤黏结。 （3）糊料混捏不均匀，在制品棱角处形成互相不黏结的糊料团，脱模后掉落。 （4）生坯承载台与振动台高差较大，生坯推往承载台时将棱角碰掉	（1）将重锤面处理光滑并喷涂防黏油液。 （2）降低糊料黏结剂用量。 （3）提高混捏的均匀性。 （4）调整承载台与振动台的水平

任务八 振动成型机主要参数分析

生阳极体积密度①是表征生阳极质量的一个重要指标。振动成型机的各种工作参数也对生阳极质量影响较大，主要有如下几个。

（1）激振力。振动台的激振力可按下式计算：

$$p = \frac{Gr\omega^2}{g} \qquad (8-3-1)$$

式中，p——激振力，N；

G——偏心块的重量，N；

r——偏心块重心距转轴轴线的距离，m；

ω——转轴转动的角速度，m/s²；

g——重力加速度，$g = 9.8$ m/s²。

（2）振幅：

$$\alpha = \frac{M}{G'} = \frac{Gr}{G'} \qquad (8-3-2)$$

式中，α——振动台的振幅，m；

G'——被振动部分的重量，它等于台板、型模及成型糊料的重量，N。

（3）偏心动力距：

$$M = Gr \qquad (8-3-3)$$

式中，M——振动台偏心动力矩，N·m；

G——振动子偏心块重量，N；

r——偏心块重心距转轴轴线的距离，m。

（4）电机功率

振动台电机功率可按下式进行粗略估算：

$$N = (0.05 \sim 0.06)M \qquad (8-3-4)$$

式中，N——电机功率，kW。

（5）模具真空度：在振动成型过程中，由真空泵对模具抽真空。如果真空度值较高或模具漏气，生阳极脱模推出和冷却过程中容易出现纵裂、掉棱、掉块等废品，对体积密度也会有影响。

（6）偏心轴上偏心块的角度：调节偏心块角度是调节偏心轴的偏心度，以调节生阳极成型过程中振台的激振力。偏心角度越大，振台激振力越大。

（7）振动（偏心轴）转速（振动频率）：振动转速是决定振台激振力的另一个关键因素。在一定偏心块角度下，有一个转速可以使炭块体积密度最大（但不很稳定），低于这个转速炭块体积密度下降非常迅速，高于这个转速炭块体积密度也会缓慢下降，但比较稳定。生产过程中，一般设定转速比这个转速略高。

（8）振动成型时间：振动成型时间对生阳极体积密度有一定的影响。在达到振动转速后20 s左右，炭块就已经成型，60 s之前随着振动时间的延长，炭块的体积密度逐

---

① 材料在包含实体积、开口和密闭孔隙的状态下，其单位体积的质量称为材料的体积密度。

步提高；60 s 以后，体积密度的变化已经很少。

（9）由于振动成型的特点及生阳极的外形结构，生阳极振动成型后，体积密度在分布上表现出明显的不均匀性，具体表现为：高度方向体积密度分布呈现明显的中上部高、底部低的特点；体积密度最低的是炭块上表面，其次是炭块底部；体积密度最高的是炭碗底部，其次是炭块上部的平台。

任务九　振动成型机故障处理

振动成型机常见故障及处理方法如下。

1. 电磁振动给料机粘料、堵料

（1）配料混捏系统打废糊，凉料机关闭出料门；

（2）现场检查确认，并及时清理；

（3）如果粘料、堵料现象严重，则通知上游系统急停配料混捏系统，清理完毕后再恢复生产。

2. 电磁振动给料机振幅小或无振幅

（1）通知配料混捏系统打废糊，凉料机关闭出料门；

（2）现场调节电磁振动给料机振幅；

（3）如果调节振幅无效，则通知上游系统急停配料混捏系统，通知检修人员处理。

3. 传送小车变频器故障

（1）通知配料混捏系统打废糊，凉料机关闭出料门。

（2）通知电工进行变频器复位，操作步骤如下：将传送小车变频器空气开关拉下，断开电源。待变频器显示屏无显示时，再合上空气开关送电。控制室报警复位，确认故障消除后，通知中控给料。

4. 字码翻页错乱

（1）控制室取消对应模具的生产选择，停止相应的下游设备；

（2）密切注视料位，料位过高通知中控打废糊；

（3）现场将对应的炭块推送机油泵打"0"位；

（4）通知检修人员带上相应工器具进行处理；

（5）待故障排除后，将字码手动翻到与控制室的阳极编码相一致；

（6）恢复下游设备自动；

（7）控制室启动下游设备，恢复该模具的生产选择。

项目四　模压成型

模压法是将一定数量的热糊料装入具有要求尺寸的模具内，然后从上下部单向或双向对糊料施加压力，使糊料不断密实，同时排出气体，使之压缩成型，之后把压制好的制品从模具中顶出即成为制品生坯。模压法适用于压制三个方向尺寸相差不大、密度均匀、结构致密强度高的制品，但产品具有各向异性，主要用于生产电炭产品和特种石墨产品，并且模压法的生产效率低。

模压法可根据工艺及设备情况不同，分为单向压制和双向压制、热压与冷压。

模压法常用的设备是立式液压机。

任务一　压膜结构与压制原理解析

电炭制品和密封材料的压模如图 8-4-1 所示，它由阴模 2，上下冲头 1，5 和定位板 4 组成。冲头的截面比阴模内径稍微小些，以免揿住。冲头端上固定有模片。阴模壁和冲头间的间隙以能保证粉末压制时空气能正常排泄为准。如果间隙尺寸过大，下冲头和阴模间可能有粉末跑出。

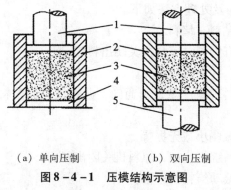

（a）单向压制　　（b）双向压制

图 8-4-1　压模结构示意图

1—上冲头；2—阴模；3—粉末；4—定位板；5—下冲头

如图 8-4-2 所示的浮动压模，为了保证能做双面压制，阴模 1 装于弹簧 4 上，弹簧固定在支柱 6 上，如果压力机有顶出器，则下冲头固定在顶出器上，粉末装入压模后，压力机用上活塞向下工作时，上冲头开始压实粉末（压入粉末所占高度的 2/3），随着压力的进一步增加，固定阴模的弹簧 4 开始被压缩。阴模向下移动，压制件下部便被下冲头压实。达到所需压力并在此压力下维持后，载荷取消，上冲头由阴模内退出，顶出器顶起下冲头，将成型的半成品顶出压模。

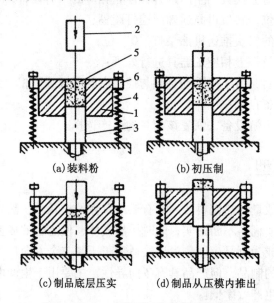

（a）装料粉　　　　（b）初压制

（c）制品底层压实　　（d）制品从压模内推出

图 8-4-2　"悬浮"式压模工作简图

1—阴模；2，3—上下冲头；4—弹簧；5—被压材料；6—支柱

炭环压模如图 8 - 4 - 3 所示，炭环的内孔是用固定在压模内的模芯 6 压成的，阴模内的粉末最初由冲头 3 和上压环 2 压实，至所需压力后取消载荷，取出插销 5。再加压力，由于压制件和阴模壁的摩擦力，压模向下移动到插销原先占据的位置，下冲头便由下向上压实粉末，这样料粉便得到双面压制。

因此，模压成型工艺操作包括称料、装料、压制和出模四个步骤。

影响模压成型的因素有压粉的塑性、骨料颗粒的特性、压力大小和维持时间以及附加的振动。

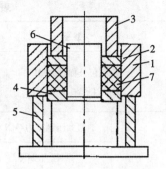

图 8 - 4 - 3　压制炭环用压模
1—阴模；2，4—上、下压环；
3—冲头；5—插销；
6—模芯；7—料粉

任务二　立式液压机结构及工作原理解析

常用的立式液压机有四柱式万能液压机和框架式液压机。

1. 四柱式万能液压机

四柱式万能液压机是立式液压机最常见的典型结构形式之一。常用的公称压力为 0.63，1.0，2.0，3.15，5 MN。

图 8 - 4 - 4 所示是 2.0 MN 液压机。从图中可见，工作缸 2 布置在上横梁中心，在工作台 3 的中心布置了顶出缸，活动横梁与主缸活塞刚性连接并由主缸活塞驱动，由四柱导向完成压制和回程动作。上滑块行程限位装置可调整活动横梁上限、减速和下限位装置。另有动力机构（包括电动机、泵阀元件等）和操纵控制机构。

四柱式结构最显著的特点是工作空间宽敞、便于四面观察和接近模具，整机结构简单，工艺性较好，但立柱需要大圆钢或锻件。

四柱式液压机最大的缺点是承受偏心载荷能力较差，最大载荷下偏心距一般为跨度（即左右方主柱的中心距）的 3% 左右。由于立柱刚度较差，在偏载下活动横梁与工作台之间易产生倾斜和水平位移，同时立柱导向面磨损后不能调整和补偿，这些缺点在一定程度上限制了它的应用范围。部分四柱式液压机技术参数见表 8 - 4 - 1。

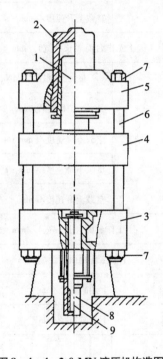

图 8 - 4 - 4　2.0 MN 液压机构造图
1—工作柱塞；2—工作缸；
3—工作台；4—活动横梁；
5—上横梁；6—立柱；7—螺母；
8—顶出缸；9—顶出柱塞

四柱式万能液压机

表 8-4-1 部分四柱式液压机技术参数

型号		Y32K-100	Y32-315	Y32-500	800 t 压机
总吨位公称压力/MN		1.0	3.15	5.0	8.0
最大工作液压力/MPa		25	25	25	20
上油缸	最大压制压力/MN	1.0	3.15	5.0	8.0
	回程力/MN	0.27	0.6	1.0	
	工作行程/mm	600	800	900	
	空载下降速度/(mm·s^{-1})	21	80	150	
	负载下降速度/(mm·s^{-1})	6.3	8	12	
	空载上升速度/(mm·s^{-1})	60	42	90	
上工作台面（长×宽）/mm		630×630	1160×1260	1400×1400	
下油缸	最大压制压力/MN	0.25	0.35	1.0	8.0
	工作行程/mm	200	250	350	700
	空载下降速度/(mm·s^{-1})	64		40	10
	负载下降速度/(mm·s^{-1})	106		90	10
	空载上升速度/(mm·s^{-1})	64		40	2
下工作台面（长×宽）/mm		630×630	1160×1260	1400×1400	1059×950
上下工作台面间距离/mm		900	1250	1500	1410
上油缸直径/mm		230	400	500	720
下油缸直径/mm		110	135	160	720
油泵	名称与型号	25YCY-113 （柱塞泵）		100YCY14-1A （柱塞泵）	3A-7B$_2$ （卧式柱塞泵）
	最高输出压力/MPa	32	32	32	32
	空载流量/(L·min^{-1})	40			45
	负载流量/(L·min^{-1})	25			

2. 框架式液压机

常用的框架式粉末制品液压机的公称压力为 0.63，1.25，1.60，2.50 MN 等。粉末制品液压机有全自动和半自动的，也可手动，如图 8 - 4 - 5 所示为 1.25 MN 粉末制品液压机，其技术参数见表 8 - 4 - 2。

框架式粉末制品液压机的框架机身由上横梁、工作台和左右支柱组成，框架可以是整体焊接框架，也可以是整体铸钢框架，一般为空心箱形结构，抗弯性能较好，支柱部分做成矩形截面，便于安装平面可调导向装置，也可做成"Ⅱ"字形，以便在两侧空间安装电气控制元件和液压元件（见图 8 - 4 - 5）。一般情况下，图 8 - 4 - 5 所示液压机上横梁布置主缸和侧缸，工作台上固定模具，左右立柱内侧作为导轨的安装定位基准。上活塞下安装上冲头，下工作台下正中安下油缸，油缸内的下活塞上安装下冲头。另外，给料装置、泵及油箱等安装在机后。

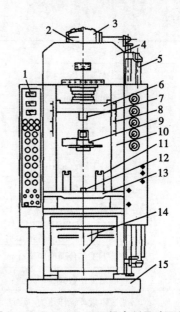

图 8 - 4 - 5　1.25 MN 粉末制品液压机

1—操纵控制箱；2—主柱塞；3—主缸；4—上横梁；
5—油管；6—活动横梁；7—上冲头；8—导轨；
9—加料装置；10—机身支架；11—模具支架；
12—下冲头；13—下工作台；14—下油缸；15—机座

框架式液压机

表 8 - 4 - 2　YA - 125 型粉末制品全自动液压机的主要技术参数

项目			数值
上油缸	最大工作液压力/MPa		31
	高压压制压力（所用泵压 31 MPa）/MPa		0.16 ~ 1.25
	低压压制压力（所用泵压 12 MPa）/MPa		0.05 ~ 0.16
	回程力（所用泵压 3.5 MPa 或 24 MPa）/MPa		0.65
	工作行程/mm		400
	下降速度	空载下降（高压）/(mm·s^{-1})	100
		空载下降（低压）/(mm·s^{-1})	100
		负载下降/(mm·s^{-1})	28 ~ 8
	动载上升/(mm·s^{-1})		80
	上工作台面（长×宽）/mm		650 × 420

表 8 – 4 – 2（续）

项目			数值
下油缸	最大顶出压力/MN		1.25
	工作行程/mm		200
	上升速度	空载上升/(mm·s⁻¹)	55
		负载上升/(mm·s⁻¹)	28 ~ 8
	空载下降/(mm·s⁻¹)		80
送料器	模具安装螺杆/mm		M80×2（左）
	送料器尺寸/mm		100×100
	行程/mm		250
	上下工作台面间距离/mm		950
	固定工作台面（长×宽）/mm		650×650
油泵	液体最高工作压力/MPa		31
	空载流量/(L·min⁻¹)		140
	负载流量/(L·min⁻¹)		25.7
齿轮泵卸载压力/MPa			1.0
电动机		型号（功率/kW）	JO_3 – 140M – σ（7.5）
外形尺寸：长度×宽度×高度/mm			1750×350×260

　　液压机是根据帕斯卡定律制成的，是一种利用液体压力能来传递能量的机器。水压机以泵站为动力源，油压机用泵直接向液压机各执行与控制机构供给高压工作油。操纵系统（属于控制机构）通过控制工作液体的流向来使各执行机构按照工艺要求完成应有的动作。本体为液压机的执行机构，当高压液体进入工作缸后，对主柱塞（上活塞）产生很大的压力，推动主柱塞（上活塞）、活动横梁（上工作台）和上冲头运动，使上冲头对模内物料进行压制。保压完成后，主缸高压液进入蓄液罐或油箱，高压液进入回程缸，使主柱塞（上活塞）退回到原处，同时向顶出缸通入高压液体，推动下活塞并带动下冲头将模内的制品顶出。然后下活塞退回原处，给料装置给模内送料，送料后主缸又进高压液，如此往复，压机连续工作。

任务三　模压裂纹废品产生的原因分析

　　模压生产最常见的废品是脱模以后呈现层状裂纹，产生的原因主要有：（1）压粉塑性差，黏结剂用量太少，下料温度过高或过低，金属粉末退火不够且表面氧化，石墨含量过多，细颗粒含量太多等；（2）粉料过细，易形成微细裂纹；（3）压力过大，导致较大的弹性后效；（4）压模结构不合理或存在缺陷，压模内壁不平滑；（5）压制速率快和保压时间短；（6）室温太低，压粉纯度低以及含较多水分。

项目五　等静压成型

任务一　等静压成型类型分析

装入模具内的炭糊或压粉在高压容器中直接受压而形成生坯的成型即为等静压成型，等静压成型可生产各向同性产品和异形产品，其制品的结构均匀，密度与强度特别高。一般用于生产特种石墨，特别是生产大规格特种石墨制品。等静压法主要设备为等静压成型机。原上海炭素厂的等静压成型机公称压力为 150 MN，缸体尺寸为 $\Phi 800$ mm × 2000 mm。现在使用等静压成型机的炭素电炭厂已很多，其已成为细组织结构炭石墨材料（制品）的主要成型设备。

等静压成型分两种类型，即以液体为传递压力介质的液等静压成型和以气体为传递压力介质的气等静压成型。气等静压成型一般在加热状态下进行（主要在粉末冶金行业中使用），生产炭素制品主要用液等静压成型。

20 世纪 80 年代初，等静压成型技术被引入炭素制品生产，先后研制、生产过细颗粒结构的电火花加工用高密石墨块、连续铸钢用结晶器石墨块及更多的高密度特种石墨制品。到 20 世纪末，中国炭素厂已经拥有多台不同规格的以液体为压力介质的冷等静压成型设备。

任务二　液等静压成型原理及特点分析

液等静压成型的基本原理遵循流体力学中的帕斯卡定律，即在一充满液体的封闭容器中，施加于流体中任一点的压力，必以相同的数值传递到容器中的任一部位。等静压成型工艺是将所需压制的粉状材料，装入橡胶或塑料制成的弹性模具中，并将模具口扎紧置于高压容器中，再将高压容器入口严封。用超高压泵向高压容器注入加压介质（一般采用变压器油）对模具进行均匀加压，容器内压力可升至 100 ~ 600 MPa，保持一定时间后，逐渐降低压力、排出介质，在常压下打开容器入口，卸出模具，从模具中取得所成型的生坯，再进一步热处理（焙烧、石墨化）及机械加工得到所需的成品。等静压成型设备主要有高压容器和高压泵两部分。

液等静压成型有以下特点：（1）压出的生坯密度分布比较均匀，内部结构缺陷较少，这是其他成型工艺无法比拟的。（2）可以生产体积密度受控制的生坯，只要调节液等静压高压容器内的压力，液等静压的压力和生坯的密度成正比。（3）由于高压容器内的压力比一般挤压成型或模压成型高得多，因而可以制备体积密度较高的生坯，甚至可以进行石油焦粉末的无黏结剂成型。（4）可以生产形状比较复杂的产品，如可直接压制球状或管状的生坯。等静压成型的操作比较烦琐，生产效率较低，因而生产成本高。（5）生坯没有结构上的各向异性，可生产各向同性产品。（6）生坯形状和外形尺寸不易得到保证，必须在焙烧或石墨化后进行机械加工，因此成型时设计的模具尺寸要留出生坯热处理时的收缩余量和加工余量。等静压成型工艺的缺点是，工艺效率较低，设备昂贵。

炭和石墨制品液等静压成型具有的规律：（1）在其他条件相同的情况下，加压压力与生坯密度成正比，压力越高，生坯体积密度越大（在一定限度内）。（2）升压过程中，模具内气体排出的多少与生坯体积密度关系很大。如果模具内气体排出不良，不仅生坯密度难提高，而且在减压和取出生坯后常发生生坯开裂，这是因为保留在制品微孔中的气体具有很高的压力，从而使产品胀裂。可采用真空泵帮助排气，真空泵的真空度一般应达到96 kPa。（3）为了获得结构致密的生坯，可在成型的同时进行加热，使粉料在塑性软化状态下受压；如将粉料先在低压下预压成型，再置于烘箱内加热到一定温度（如70~80 ℃），然后迅速将盛有毛坯的模具放入高压容器内进行加压。（4）在高压下保持适当长的时间，这有助于提高生坯的密度。

任务三　液等静压成型方法和设备分析

根据制品形状、大小、生产量等因素，等静压法采用的模具有活动模和固定模两种。因模具不同，成型分为湿袋法和干袋法两种。压机的结构也有所不同。湿袋法又称活动模法，模具可以自由移动。模具内装料在压力容器外进行，装料后封住模具，再装入压力容器内。这个方法的优点是变换制品种类容易，只要用不同的模具即可。不同形状的制品可同时装入压力容器内加压成型。干袋法又称固定模法，弹性模具固定在压机上，向模内装料，制品脱模都有固定的机构进行。与一般压机颇为相似。这种方法易于实现操作自动化，生产率很高，适用于压制大批量、几何形状比较简单的小型制品。

液等静压成型设备主要由弹性模具、高压容器、框架和液压系统组成。弹性模具一般用橡胶或树脂合成材料制作，物料颗粒大小和形状对弹性模具寿命有较大影响，模具设计是等静压成型的关键技术问题，弹性模具与制品的尺寸和均质有密切关系。高压容器多数是用高强度合金钢直接铸造后经机床加工而成的厚壁金属筒体，足以抵抗强大的液体压力，筒体结构也有多数形式，如双层组合筒体、预应力钢丝缠绕加固筒体等。液压系统由低压泵、高压泵和增压器及各种阀门组成，开始由流量较大的低压泵供油，达到一定压力后由高压泵供油，并由增压器进一步增加高压容器内的液体压力。液等静压成型设备又分两种类型，即湿袋法冷等静压机和干袋法冷等静压机，图8-5-1为两种冷等静压机的构造原理图。

（1）湿袋法冷等静压机［见图8-5-1（a）］。此法将模具悬挂在高压容器内，高压容器根据产品尺寸大小可装入若干个模具，适用于批量小、尺寸不大、外形较复杂的产品。生产炭素制品主要用湿袋法冷等静压机。

（2）干袋法冷等静压机［见图8-5-1（b）］。此法适用于尺寸较大且生产量大的制品，此时冷等静压机设备也与湿袋法所用冷等静压机有区别。增加了压力冲头、限位器和顶料器，此法将弹性模具固定在高压容器内，用限位器定位，因此又称为固定模法。生产时用压力冲头将料粉装入模具内并封闭上口。加压时，液体介质注入容器内和弹性模具的外表面，对模具加压。脱模时不必取出模具，用顶料机构顶出成型后的生坯，批量生产特种耐火材料多用这种等静压设备。

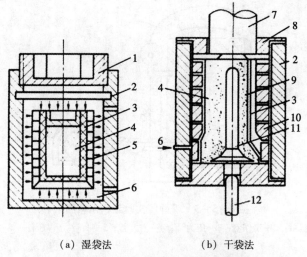

(a) 湿袋法　　　　　(b) 干袋法

图 8 – 5 – 1　液等静压机构造原理图

1—顶盖；2—高压容器；3—弹性模具；4—粉料；5—框架；6—油液；

7—压力冲头；8—螺母；9—已成型好的生坯；10—限位器；11—芯棒；12—顶砖器

图 8 – 5 – 2 所示为液等静压成型设备示意图，用于生产特种炭素制品。

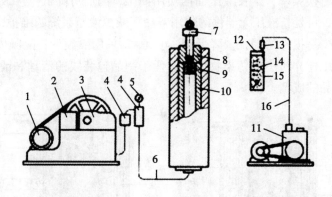

(a) 高压泵　　　(b) 高压容器　　　(c) 真空泵和弹性模具

图 8 – 5 – 2　液等静压成型设备示意图

1—电动机；2—邮箱；3—泵体；4—单向阀；5—压力表；6—高压管路；

7—放压阀；8—螺栓；9—塞头；10—容器本体；11—泵体；12—橡胶塞；

13—注射针头；14—加入原料；15—橡胶袋；16—真空管路

　　等静压成型机可分为冷等静压机和热等静压机两种，冷等静压机又分为单介质型和双介质型，单介质型是压力液体直接作用于制品模具。双介质型包括工作介质和传压介质两种，工作介质和传压介质通过隔膜分开，工作介质一般为乳化液（软化自来水加 2% ~3% 的切削脂，搅拌成均匀的乳白色的悬浮液），工作介质直接作用于制品模具；传压介质（一般为液压油）的压力通过隔膜传递给工作介质。

　　等静压成型机由机架、缸体和介质传动部分组成，如图 8 – 5 – 3 所示。缸体是圆筒形，为缠绕有钢丝层的多层钢体，上、下有端盖。

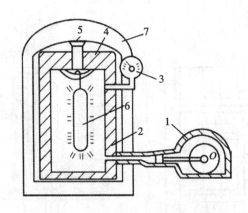

图 8 − 5 − 3　等静压实验结构示意图

1—高压泵；2—工作室；3—压力计；4—密封盖；5—阀门；6—压件；7—机架

冷等静压机的缸体结构如图 8 − 5 − 4 所示。图 8 − 5 − 4（a）为单介质型结构，图 8 − 5 − 4（b）为双介质型结构。双介质型在工作缸内设置有隔膜，把压力介质分为工作介质和传动介质，隔膜内为工作介质，隔膜外为传压介质。其优点是：（1）工作介质和传压介质分开，能使液压系统清洁。（2）由于传压介质（液压油）污染降低，可大大减少液压油的更换频率，延长液压油的使用期限，因而可降低生产成本。（3）由于传压介质污染少，可延长液压元器件的使用寿命，减少液压系统的维护，因而可提高生产率，同时可减少易损件的消耗，降低成本。（4）采用隔膜后，隔膜内使用的是乳化液，便于对混入工作介质中的污染物沉淀，便于制品包装膜的清理和清洗。（5）特别适合怕油污染制品的成型。

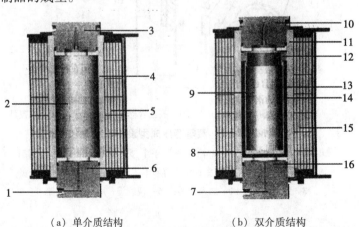

（a）单介质结构　　　　　（b）双介质结构

图 8 − 5 − 4　冷等静压缸体结构示意图

1，7—高压油路；2—液体介质；3，10—上端盖；4，11—芯筒；5，15—缠绕钢丝层；

6，16—下端盖；8—传压介质；9—工作介质；12—隔离筒；13—隔离套；14—保护筒

热等静压成型机缸体结构如图 8 − 5 − 5 所示，将工件放入加热炉内，通过气体压缩机导入高压气体，并通过加热炉对工件进行加热，炉内温度可自动控制和调整。在高温高压作用下，工件均匀收缩，并烧结成制品，这就是压型、焙烧一体化。炉内高温区与

缸体通过隔热材料层隔开，缸体保持低温状态，以保护缸体。

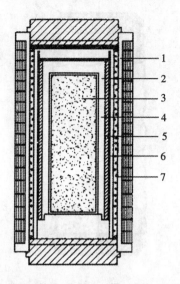

图 8 - 5 - 5　热等静压机缸体结构示意图

1—压力容器；2—气体介质；3—粉末材料；4—包套；5—加热炉；6—隔热层；7—冷却液

任务四　液等静压成型操作

等静压成型工艺操作包括：模具准备、装料、升压和降压。

液等静压生产炭素制品的操作程序包括以下几方面：

（1）模具准备。模具应选择耐油耐热的材料，如用天然橡胶制成的模具浸在变压器油内只能使用 1~2 次，因此以变压器油为压力介质时一般选用耐油性较好的氯丁橡胶，也可以选用聚氯乙烯塑料薄膜制成模具。

（2）装料。装入模具的原料有多种，如未煅烧过的生石油焦粉末（可不用黏结剂）；煅烧过的石油焦粉与沥青混捏成的糊料磨粉后使用；煅烧过的石油焦等磨成粉再与粉状沥青混合后使用。不同的原料及配比可以获得不同的成型效果及不同的物理机械性能。装料时应同时振动，使粉状原料在模具内初步密实。装完料后用手工对模具适当整形，然后将模具另一端按上橡胶塞或塑料塞，并用铁丝扎紧，防止液体介质侵入模具。为了使粉料中的气体能在受压时充分排出，预先在粉料中插入排气管，并外接真空泵抽气。生产某些球形产品时，则应先将粉料用模压法预压成球体、再置入相应尺寸的等静压成型的模具内，压制圆柱形制品时的模具结构如图 8 - 5 - 6 所示。最后把装好粉料的模具置于高压容器中，密封高压容器入口后进行加压。

（3）升压及降压。启动高压泵，将液体介质注入高压容器，并密切注意升压及排气情况。加压一般采取分阶段逐步进行。例如，先将压力升至 5 MPa，保持一段时间，使模具内气体部分排出。此时，因粉料受压而体积收缩，因此高压容器内压力略有下降。以后再次升压至 20 MPa 左右，排出部分气体后粉料体积再次收缩。然后再次升高压力至所需的工作压力，并在选定的高压下保持 20~60 min 后再降压。待压力降至常

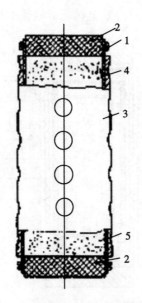

图8－5－6　压制圆柱形产品时模具结构示意图
1—铁丝箱；2—橡胶塞；3—钻有孔的金属；4—塑料模具；5—粉状原料

压时，打开高压容器入口后取出模具。还可以采用对高压容器加热的办法升压。因液体受热体积膨胀，加热后自己就把压力升高，但这种压力自动升高有一定限度。

利用等静压成型，按加压时的工作温度不同，可分为高温热压法和常温冷压法两种。某些材料在较高温度下成型时，可提高其致密度。故对于一些技术要求很高的特种陶瓷、特种炭石墨材料、碳化钨、铝、铍、氧化铟等制品，采用热压法成型，其工作温度在1500 ℃以上，工作压力在200 MPa以上。用此法合成人造金刚石，工作温度为2000 ℃，压力高达7000 MPa。传压介质采用惰性气体（氩气和氦气）。坯料在常温下压制成型，称为常温冷压法，适用于一般高密度炭素材料和普通电瓷坯料。

项目六　压片成型机实操技能训练

1. 实训目的
（1）使学生掌握压片成型机工作原理、操作过程及注意事项；
（2）能够进行压片成型机操作，能够分析两种压片方法的区别；
（3）使学生养成勤于思考、认真做事的良好作风，具有良好的沟通能力及团队协作精神，具有良好的分析问题和解决问题能力。
2. 实训内容
（1）压片成型机结构和各种零部件认知；
（2）压片成型机使用操作规程；
（3）压片操作中注意事项。

表 8 – 6 – 1　压片成型机操作技能训练任务单

【看一看】	设备型号	
	技术参数	
【想一想】	设备用途	
	准备工作	
【做一做】	启动步骤	
	使用注意事项和维修	
【说一说】	发生的故障及排除方法	
	安全操作要求	
【问一问】	思考题	有哪些因素影响压制效果？是怎么影响的？
试验结论		
试验成员		日期

【课后进阶阅读】

卧式振动成型机配重坠落事故

山西某炭素厂在阴极炭块生产中，使用卧式振动成型，是内部加压式成型机。设备于 2007 年 9 月投产，年生产坯 15000 块，使用维护正常。2008 年 7 月某日早班生产前做设备空载试车，打开安全夹下放配重（重锤带压头）时，在东侧油缸没有动作的情况下，西侧油缸伸出，两个油缸伸出不一致，配重略有倾斜。突然东侧油缸连接的提杆从根部断裂，重锤下滑；西侧油缸被拉出后，提杆也被拉断。配重带模具压头，倾斜压在模具中箱上。西侧油缸缸杆弯曲变形。经查，是西侧油缸下腔液压油管连接锁母松动，液压油渗漏，下腔压力不足造成油缸下滑。

改进措施：（1）改变提杆连接结构；（2）增加导向轮；（3）改进模具调整方式；（4）改进液压系统。

通过以上改进，减小提杆和油缸所受的弯矩，改善了配重的对中性，提高了成型机使用中的安全性能，在实际使用中效果良好。在设备使用过程中，一定要增强防范意识和安全意识。

复习思考题

1. 炭素糊料成型的方法有哪些? 它们与炭素制品的各向异性程度有何关系? 它们分别适用于制备哪些制品?

2. 四柱式液压机的特点有哪些?

3. 电极挤压机的分类有哪些? 区别是什么?

4. 3500 t 油压机的故障有哪些? 怎么处理?

5. 振动成型机的原理是什么? 糊料颗粒呈现振动状态后, 其物理性质会发生哪些变化?

6. 振动成型与等静压成型的特点分别是什么?

7. 试说明三工位振动成型机的操作过程及特点。

8. 试分析四种成型方法的优缺点及适用范围。

模块九
浸渍设备

【学习目标】

（1）掌握浸渍方法、影响浸渍效果的因素，掌握浸渍罐的类型、结构及工作原理。

（2）能够看到浸渍设备实物指认设备结构，并说出具体结构及作用。能够熟悉浸渍设备的点检要点、要求及安全操作规程。熟悉沥青浸渍系统故障类型及处理方法，能够对设备进行简单的维护。

（3）养成安全环保意识，具有分析问题和解决问题能力，树立一丝不苟的设备点检和防护意识。具有团队协作精神和精益求精的工匠精神。

炭石墨材料是一种多孔性材料，通常会采用不同形式的炭质物质、金属、合金或其他非金属物质填充气孔，使制品获得较高的密度、强度、电导率、热导率、耐腐蚀性和耐磨性等。一般会用到浸渍罐和涂层设备。

项目一　浸渍基本理论

任务一　浸渍和浸渍方法认知

浸渍是将被浸制品置于浸渍罐（高压釜）内，在一定的温度和压力下使某些呈液体状态的物质渗透到制品的气孔中，提高制品的密度、强度、导电性、热导率、耐腐蚀性、耐磨性以及降低摩擦系数等的工艺过程。

生产高密度、高强度制品时，有时需要反复进行多次浸渍，但是为了避免引入杂质，浸渍的次数不是越多越好。

用于填充气孔的物质，统称为浸渍剂。可作为炭素制品浸渍剂的有：煤沥青、煤焦油、干性油（桐油或亚麻油）、合成树脂以及各种低熔点金属或金属合金等。

一般在炭素生产中，混捏和浸渍所用的黏结剂和浸渍剂主要是液态沥青。

浸渍的操作过程是先将被浸渍的产品进行预热并装入釜内后抽真空，再放入浸渍剂到淹没产品，然后向液面施加压力使浸渍剂渗透到产品的气孔中。用于不同目的的产品其浸渍方法也不相同。

需要进行浸渍处理的炭材料包括：（1）石墨电极的接头焙烧坯料；（2）高功率和超高功率石墨电极的焙烧本体；（3）化工石墨设备用不透性石墨的石墨坯料；（4）某

些特殊用途电炭制品的坯料。

煤沥青具有残炭率高、浸渍效果好等特点，因而得到广泛应用。以煤沥青作为浸渍剂的浸渍方法常用的有煤沥青间歇浸渍和高压连续浸渍法等。

1. 煤沥青间歇浸渍法

目前，国内的炭素厂沥青浸渍大多采用间歇式浸渍工艺路线（如图 9-1-1 所示）。该工艺流程是：先对待浸渍制品的表面进行清理，再将它装入铁框中送入 240~300 ℃的预热炉中预热（达 4 h 左右）。预热后的制品连同铁框一起迅速装入预先加热到 100 ℃ 以上的浸渍罐内，密闭罐盖，开始抽真空（真空度不低于 80 kPa）并维持 30~60 min，停止抽真空后，向浸渍罐内放入已加热到 160~180 ℃ 的煤沥青（有时煤沥青中加入少量的煤焦油或蒽油进行稀释处理以降低煤沥青的软化点和黏度，增大其流动性）。沥青在罐内的液面应比制品顶面高出 100 mm 以上，然后用压缩空气对沥青表面加压。加压时间视产品直径大小或厚薄而定，一般应在 0.4~0.5 MPa 压力下保持 1.5~4 h，同时浸渍罐内温度应保持在 150~180 ℃。加压结束后，将沥青压回贮罐。在沥青全部压回后再往浸渍罐内放入冷却水冷却产品并吸收烟气，冷却水放干后，再打开罐盖取出产品。

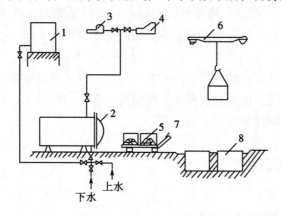

图 9-1-1 间歇浸渍流程图

1—浸渍剂贮罐；2—浸渍罐；3—真空泵；4—空压机；
5—制品；6—吊车；7—装罐平车；8—预热炉

沥青浸渍剂可多次重复使用，并适时补充。在浸渍过程中，由于用空气加压，沥青有不同程度的氧化以及其中炭粒等杂质含量的增加，会影响浸渍效果，因而应视浸渍次数定期更换。

2. 煤沥青高压连续浸渍法

为解决上述间歇浸渍工艺劳动强度大、生产效率低、能源消耗高等问题，目前多采用高压连续浸渍装置，该装置主要由浸渍罐、预热炉、沥青熔化系统、冷却系统、除烟净化系统等组成。

图 9-1-2 所示为双回路浸渍流程。该流程是将待浸渍品 4 用吊车 5 装到一个 U 形托架上，利用滚道式运输机 1 运送载有待浸渍品的托架 6 到加热炉 7 中，在这里加热到规定的温度。待浸渍品从加热炉卸出后，通过滚道式运输机 1 运到自动换托架装置 3 处，在此处将托架 6 中的待浸渍品转装到托架 8 中，不接触浸渍剂的托架 6 在加热回路

中循环使用，而载有待浸渍品的托架8则被运送到浸渍罐9中，经高真空－高压浸渍处理后，进入冷却室10中迅速冷却到常温。托架中的浸渍品由滚道运输机2运到堆放场地附近，利用吊车卸下浸渍品。托架8循环使用于浸渍－冷却回路中。

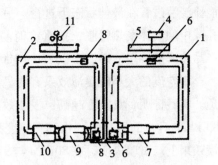

图9－1－2　双回路浸渍流程图

1，2—滚道式运输机；3—换托架装置；
4—待浸渍品；5—吊车；6，8—托架；
7—加热炉；9—浸渍罐；10—冷却室；
11—已浸渍品

3. 超声波浸渍法

超声波浸渍可以使处在制品与沥青之间界面处的沥青不断更新，起到强化浸渍的作用，因而在普通的压力下也能渗透。

4. 中温高压浸渍法

该法将沥青与制品密闭在钢包套内，再放进热等静压机的工作室中，在中温（500～600 ℃）和高压（7～10 MPa）条件下使液态沥青浸入制品的微孔中，从而获得高密度石墨材料。采用这种方法制得的石墨材料，晶粒细而均匀，强度很高，气孔率很低，是制造重返大气层火箭喷管的优质材料。该方法工艺简单，价格低廉，因此，受到世界各国的重视和开发生产。

上述煤沥青浸渍方法均为对浸渍剂表面加压，近年来又发展了新的浸渍方法，利用浸渍剂本身直接加压，即"液体加压浸渍法"。该方法工艺简单，价格低廉，安全性能好，受到世界各国的广泛重视。

任务二　浸渍效果影响因素剖析

影响浸渍效果的主要因素有两个：浸渍剂的物理性质和浸渍工艺条件。

1. 浸渍剂的物理性质

一般是指密度、黏度、表面张力、浸渍剂对产品表面的接触角、浸渍剂中悬浮物的形状和大小、热处理后浸渍剂本身性质的变化和结焦残炭率。其中主要的是密度、黏度和结焦残炭率三个指标。浸渍效果通常用孔度的减少或体积密度的提高两项指标来表示，因而浸渍剂的结焦残炭率越高越好，提高结焦残炭率往往受到黏度的影响。为了使黏结剂有较好的流动性，通常在煤沥青中加入少量的煤焦油或蒽油来降低黏度，增加流动性，浸渍效果大大提高，但结焦残炭率有所减少。

2. 浸渍工艺条件

影响浸渍效果的工艺条件有加热温度、浸渍时的真空度、浸渍压力和浸渍时间。不论是待浸渍品的预热温度还是浸渍时罐内温度，都会影响浸渍剂对制品的渗透作用，但也不是温度越高越好，而是要适宜。当制品装入浸渍罐后，抽真空的真空度大小对浸渍效果有较大的影响，这是因为在制品的孔隙中的气体阻碍浸渍剂的渗透，适当提高真空度，有利于浸渍后产品的增重，对黏结剂表面加压，有利于浸渍剂的渗透，因而罐内压力的大小，对浸渍效果也有一定的影响。

加热温度（包括预热温度、浸渍罐温度）主要应该保证浸渍剂的流动性处于最佳状态，同时在该温度下浸渍剂既不大量挥发出气态产物，也不发生热聚合反应，这样才能使浸渍过程在最佳状态下进行。另外，被浸产品受热后易于与浸渍剂结合且可使产品孔隙中的气体受热膨胀，抽真空时易于排出。因而制品预热温度以 240～300 ℃为宜；产品装罐前，浸渍罐温度以 150～180 ℃为宜；浸渍温度以 160～180 ℃为宜。

真空度的大小对浸渍效果有明显的影响，残留在制品气孔中的气体会影响沥青的渗透。实践证明，真空度越高，浸渍效果越好。我国浸渍工艺制度一般规定真空度不低于 80 kPa。日本的"日空"推荐真空度为 93.7～98.6 kPa。这两种真空度的差别表现在浸渍效果上。试验表明，在 80 kPa 与 97.3 kPa 条件下浸渍制品的增重相差 4.5% 以上，其浸渍效果 80 kPa 条件下只为 97.3 kPa 条件下的 2/3 左右。可见真空度对浸渍效果的影响是较大的。

在浸渍产品中，对浸渍罐施加压力的大小及维持压力的时间长短直接影响浸渍效果。浸渍时浸渍剂在制品开口孔隙中发生各种物理过程，如渗透、毛细作用等。实践表明，当浸渍压力达到一定值时，即使压力再增加也没有明显的浸渍效果，因而，浸渍压力要综合设备、生产工艺条件选择一个最佳值。浸渍压力规定为 1.0～1.18 MPa。

浸渍时间一般指加压时间。浸渍时间与加压压力大小、浸渍前抽真空时真空度的大小及制品规格等因素有关，应根据试验来确定。

项目二　浸渍罐

浸渍罐又叫高压釜。它是一种薄壁受内压容器，是用钢板卷焊而成的圆筒体。一头为圆形（或椭圆形）底，另一头为圆形（椭圆形或蝶形）可开启的罐盖，圆筒体外围有加热夹套。

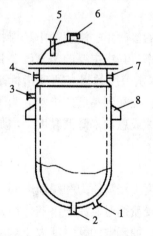

图 9-2-1　立式浸渍罐结构图
1—浸渍剂进出口；2—冷凝水进出口；
3—蒸汽出口；4—连接真空泵及空气压缩机；
5—压力计口；6—吊钩；
7—冷却水出口；8—支座

根据浸渍制品的尺寸、加热方式和浸渍剂种类的不同，浸渍罐有多种规格，从型式而言，有立式和卧式两种。

立式浸渍罐适用于浸渍小制品，卧式浸渍罐主要用于浸渍较大的制品。立式罐与卧式罐相比各有其优点。立式罐的有效容积较大，但浸渍质量不均匀，且装出罐要用起重设备，卧式浸渍罐可大型化和生产自动化，还能实现大规模连续生产，对大型制品容易实施装出罐操作。浸渍罐加热方式有：蒸汽加热、电加热、有机介质加热、燃料燃烧加热和废烟气加热。

任务一　立式浸渍罐认知

图 9-2-1 为立式浸渍罐结构图。罐体是圆筒形，罐底与盖均为半球形，罐底是椭圆形封头，与筒体焊接。筒体周围有加热夹套，一般采用蒸汽加热，

也有用电热器插入罐内进行加热的。罐体的内圆筒与外圆筒组成夹套以便通蒸汽或导热油进行加热。立式罐的装出制品一般采用吊装法。

任务二　卧式浸渍罐及副罐认知

1. 卧式浸渍罐结构

图9－2－2为卧式浸渍罐结构图。为了适应大制品的装出，在罐内设有轨道，罐外有轨道相连接，制品装在小车上的铁框内，老式浸渍罐小车沿轨道推入罐内。将铁框搁在罐中，然后拖出小车，关闭罐盖，罐盖通常用错齿固定。目前设计的新型耐高压卧式浸渍罐，其罐一端或两端设有罐盖，罐盖与罐体之间用卡紧装置固定，采用罐内与罐门压力差来密封罐门。

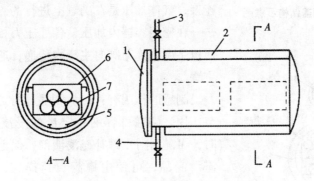

图9－2－2　卧式浸渍罐结构图

1—罐盖；2—加热夹套；3—接抽真空或压缩空气管道；
4—接至浸渍剂贮罐；5—罐底小铁道；6—产品框；7—待浸渍产品

卧式浸渍罐由内筒体、外筒体、罐盖及其他一些附件组成。它属于夹套式压力容器。卧式浸渍罐的加热方式一般采用蒸汽加热、废烟气加热、电加热或有机载体加热。

目前我国炭素厂使用的浸渍罐规格主要有 Φ1500 mm×3000 mm，Φ1600 mm×4300 mm，Φ2200 mm×8300 mm；用桐油和树脂做浸渍剂的浸渍罐规格主要有 Φ1500 mm×2000 mm，Φ1900 mm×2000 mm 及 Φ1200 mm×2200 mm 等。在炭素工业中应用最广泛的浸渍罐有两种规格：Φ1500 mm×3000 mm 和 Φ2200 mm×8300 mm。后者是一种新型浸渍罐，主要用于真空高压浸渍。

为了确保浸渍罐安全运行，在浸渍罐（和副罐）上设有安全阀，当罐内压力超压时，安全阀自动泄压，保证罐内在额定压力下工作。

内筒体是一个承受压力的圆筒形壳体，筒体由一个圆形的筒体、椭圆形封头和端盖所组成，筒体的直径已标准化。

凡是与筒体焊接连接而不可拆的称为封头，凡与筒体以法兰（或其他型式）连接而可拆的称为端盖。浸渍罐内筒体的一端采用椭圆形封头，另一端为端盖（或称为罐盖）。

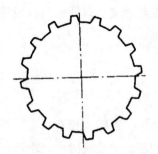

图9-2-3 罐盖结构示意图

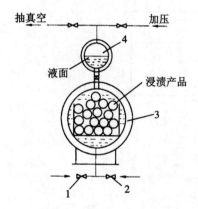

图9-2-4 副罐作用原理图

1—冷却水阀门；2—沥青阀门；
3—主罐；4—副罐

浸渍罐罐盖是浸渍罐的重要组成部分，罐盖属于运动部件，同时它在浸渍罐运行时承受罐内压力。罐盖开关、旋转均采用液压控制。浸渍罐罐体端部采用组合式筒体端部，罐盖采用锯齿形结构，与浸渍罐端部相"配合"，罐盖结构如图9-2-3所示。

此外还有浸渍罐法兰连接结构、密封圈及安全阀等。

2. 副罐结构

副罐由内筒体、外筒体、封头及接口管、人孔等组成。副罐通过管道、阀门与浸渍罐和其他系统（沥青输送系统、真空系统、加压系统和放散系统等）相连接，气体加压是在副罐上进行的。根据帕斯卡定律——在密闭容器内加压，各处压力相等的原理，压力通过主副罐连通阀向主罐内传递，通过操纵副罐控制主罐。

副罐的作用有：（1）对主罐补充浸渍剂的缓冲调节作用。副罐可容纳一定量的浸渍剂，在浸渍加压时，可随时对主罐补充浸渍剂，保证主罐内浸渍剂能淹没制品，可使主罐满负荷操作，提高生产效率。（2）稳定与平衡的作用。往主罐内加沥青时，由于副罐容积缓冲调节作用，不必停真空泵即可保证足够的真空度，提高了产品质量和罐内上下层产品质量的均匀性。同时由于副罐的调节缓冲，可避免将沥青抽至真空泵内。副罐作用原理如图9-2-4所示。

3. 浸渍罐、副罐技术性能

浸渍罐、副罐技术性能见表9-2-1。

表9-2-1 浸渍罐、副罐技术参数

技术性能	主罐		副罐		旧罐（无副罐）
	1	2.3	1	2.3	
内筒内径/mm	$\Phi2200$	$\Phi2200$	$\Phi900$	$\Phi900$	$\Phi1500$
外筒外径/mm	$\Phi2568$	$\Phi2660$	$\Phi1154$	$\Phi1300$	
质材（内筒）	16Mn	16MnR	A3	16MnR	A3
有效长度/mm	约7400	9595	4500	6500	3300
容积/m³	26	35	2.8	6	5.8
每罐产量/t	12	15	—	—	—
工作压力/MPa	1.2	1.2	1.2	1.2	0.7~1.2
工作温度/℃	≤300	≤300	≤300	≤300	≤300
真空度/kPa	86	86	86	86	86

加热方法常用的有蒸汽加热、电热、燃料燃烧直接加热、废烟气加热和有机载体加热。我国炭素 – 电炭厂常用的部分浸渍罐规格和性能见表9 – 2 – 2。

表9 – 2 – 2　部分浸渍罐规格和技术性能

型式	规格/ mm	工作压力/MPa	试验压力/MPa	真空度/MPa	工作温度 /℃	产量
立式	$\Phi 400 \times 800$	>0.6	>0.9	>75	>200	
立式	$\Phi 1000 \times 2000$	>0.6	>0.9	>75	>200	
立式	$\Phi 1000 \times 2500$	>0.6	>0.9	>75	>200	1040 t/年
立式	$\Phi 1100 \times 1700$	>0.6	>0.9	>75	>200	(2.2 t/日)[①],
立式	$\Phi 1200 \times 2200$	>0.6	>0.9	>75	>200	1055 t/年
立式	$\Phi 1600 \times 3700$	>0.6	>0.9	>75	>200	(4.5 t/罐)[①],
卧式	$\Phi 1500 \times 3000$	>0.6	>0.9	>75	>200	4.5 ~ 5 罐/日,
卧式	$\Phi 1600 \times 3000$	>0.6	>0.9	>75	>200	5 t/日[①]
卧式	$\Phi 1700 \times 4100$	>0.6	>0.9	>75	>200	
卧式	$\Phi 2200 \times 8300$	>1.2	>1.8	>75, 70 ~ 75	>200	

① 实际产量。

任务三　浸渍罐主要参数分析

1. 浸渍罐的生产能力

浸渍罐的生产能力不但与浸渍罐的大小有关，而且与待浸制品的大小、浸渍周期的长短和浸渍操作等工艺因素有关，一般每次每罐浸渍制品的数量 Q（t/罐）为

$$Q = 0.785D^2 H \rho \varphi \qquad (9 - 2 - 1)$$

式中，D——浸渍罐内径，m；

　　　H——浸渍罐筒体高度，m；

　　　ρ——制品松装密度，t/m³；

　　　φ——填充系数，随制品的大小而变，立式 $\varphi = 0.35 \sim 0.55$，卧式 $\varphi = 0.3 \sim 0.5$。

2. 浸渍周期 T

浸渍周期就是浸渍一罐制品所需要的时间：

$$T = t_{预} + t_{装} + t_{出} + t_{抽} + t_{入} + t_{压} + t_{回} + t_{冷} \qquad (9 - 2 - 2)$$

式中，$t_{装}$，$t_{出}$——装、出制品的时间；

　　　$t_{预}$——预热浸渍罐的时间；

　　　$t_{抽}$——抽真空的时间，一般为 $1 \sim 1.5$ h；

　　$t_{入}$，$t_{回}$——浸渍剂流入、压回贮罐的时间；

　　　$t_{压}$——用压缩空气（或 N_2）加压的时间，一般小制品为 $2.5 \sim 3.0$ h、大制品为 $4 \sim 5$ h。

3. 浸渍剂用量

浸渍剂用量一般为待浸制品质量的 15% ~ 18%，一般在生产操作上是通过浸渍剂液面高出制品顶端的高度（h）来保证浸渍剂用量，浸渍加压完毕时浸渍剂液面应不低

于制品顶端，h（m）为

$$h = \frac{Q\delta}{0.785D^2\rho_{浸}}$$ （9-2-3）

式中，Q——待浸制品装罐量，t；

　　D——浸渍罐内径，m；

　　δ——浸渍增重率，%，浸渍沥青一般增重率应大于 10% ~ 15%；

　　$\rho_{浸}$——浸渍剂密度，t/m³。

4. 浸渍压力

炭素厂以前一般浸渍压力为 0.6 ~ 0.7 MPa，现已采用 1.2 ~ 1.8 MPa 的高压浸渍。国外已采用高压浸渍。

任务四　浸渍罐故障处理

1. 浸渍罐温度偏低

（1）加热介质系统故障，加热介质没有进入加热夹套。应全面检查加热介质控制系统。

（2）检查加热介质进出口闸门是否失灵，若失灵，应维修或更换阀门。

（3）加热介质在夹套中流动不畅或堵塞，应检查罐夹层是否堵塞，可割开夹层检查。

（4）罐入口加热介质温度低，应提高温度（蒸汽或导热油压力）。

2. 浸渍罐温度过高

（1）管道阀门开启太大，应关小阀门，减少进入浸渍罐的介质量。

（2）加热介质温度过高，应降低介质温度或关小进气阀门。

3. 浸渍罐封门泄压

在浸渍罐封门过程中，封门压始终达不到规定值，封门气体进入罐内或罐外。

（1）密封橡胶圈质量不好，表面有裂痕，橡胶圈截面尺寸不均匀，在更换橡胶圈前，仔细检查橡胶圈的表面质量，橡胶圈截面尺寸要均匀一致。

（2）浸渍罐门偏移，压不住橡胶圈，应调整罐门（上下左右）。

（3）罐门和罐体封头合牙后间隙大，橡胶圈从罐中出来太多，应减少罐门和罐体的间隙，可加垫片。

（4）封门表或阀门漏气，或压力表失灵，应检查封门压力表，看是否需要更换。

（5）浸渍时罐内温度过高，或长时间使用导致橡胶圈老化，应定期更换橡胶圈。

（6）罐门沥青清理不干净，将胶圈压入钢圈内。浸渍罐使用前应将罐门表面沥青清理干净。

（7）罐门或罐盖黏结沥青，没清理干净，罐门关不到位。

4. 浸渍罐注入沥青困难

（1）沥青管路蒸汽压力低，管道温度低，应提高沥青管道温度。

（2）沥青贮罐温度低，沥青黏度大，应提高沥青贮罐的温度。

（3）沥青管道阀门调节不对或阀杆断裂，应检查沥青管道阀门开关是否正确。

（4）沥青管道堵塞，应检查沥青管道是否堵塞。

（5）浸渍罐内压力太大，应打开放散管或边抽真空边放油。

5. 加压压力达不到规定值或保压时压力下降

（1）浸渍罐或副罐有泄气处，真空管道及阀门、放散管及阀门或副罐人孔法兰处泄气。应仔细检查各管道及阀门是否泄气，及时处理。

（2）与浸渍罐、副罐连接的各管道阀门未关严，应检查各阀门是否关闭。

（3）加压管、阀门有漏气处，应检查加压管和阀门是否漏气，并判断是否堵塞。

（4）加压管堵塞（安全阀有轻微漏气处），应检查安全阀是否泄气。

（5）主、副通管，循环水管裂纹或焊口有开裂处，应检查各处是否开裂并处理。

6. 浸渍罐门漏油

（1）罐门封门压力小于浸渍罐加压的压力。当罐内沥青从罐内溢出时，应立即打开放散阀将罐的压力放散掉，或提高封门压力。

（2）封门用橡胶圈老化或橡胶圈密封面开裂（伤痕）致使橡胶圈密封失效，应更换密封圈。

（3）封门压力表失灵，未真正显示出封门压力，应更换压力表。

（4）没有封门就向罐内加压或放油，需用较小的压力将罐中沥青返回到沥青贮罐中。

7. "崩"罐门

（1）带压打开罐门，应在罐内压力降为零时打开罐门。

（2）封门压力未放散，应在封门压力为零时打开罐盖。

项目三 沥青浸渍系统及操作

任务一 浸渍系统特点分析

浸渍系统是用来对焙烧后的炭素制品（如石墨电极及接头毛坯等），用液态浸渍剂（如煤沥青等）进行浸渗处理并使其冷凝固化的浸渍生产工序所使用的设备系统。除核心设备浸渍罐外，一般还包括：制品预热、浸渍剂制备与贮供、抽真空排气、浸渍液的注入、加压浸渗、剩余浸渍剂的排送、制品冷却等所采用的主体设备系统；制品移载运输、供热、环境保护用的辅助设备系统；检测控制用的仪器仪表等检测控制系统。

焙烧后的炭素制品是多孔材料。为了改善或改变制品的某些理化性能，而将其置于可密闭容器浸渍罐内，通过抽真空排气，在一定的温度和压力下，使注入的液态浸渍剂浸渗到制品开口气孔中，并在随后的冷却过程中被固化，以达到减少产品孔度并改善气孔结构，进而改善或改变制品物理和机械性能之目的。

浸渍系统的特点如下。

（1）浸渍工序所采用的浸渍罐、沥青贮罐、沥青泵、真空泵、预热炉、冷却室等主要单体设备，需与管道、阀门、风机、仪表以及其他必要的构件等相配套。组成浸渍生产工艺中各个相对独立而又互有联系的单元操作系统，如制品预热系统、浸渍剂制备与贮供系统、浸渍罐系统、产品冷却系统等。

（2）炭素制品浸渍煤沥青的作业，必须在一定温度下进行。除需对待浸制品进行充分而均匀的预热外，沥青熔化、浸渍剂的贮供、浸渍罐中的浸渗作业等，都必须在保有一定温度下进行。因此，在浸渍设备系统的设计中，需设置加热设备并选择好供热方式。

（3）抽真空和加压浸渗，是浸渍工序的重要工艺环节。抽真空系统的设计、加压方式的选择和加压设备的配备等，均是浸渍设备系统设计的重要内容。它也是判断浸渍设备先进与否的重要依据之一。

（4）用于沥青烟气治理等的环保设备，是浸渍设备系统必不可少的组成部分。

任务二　浸渍系统分类选别

分类浸渍设备系统都是围绕着其核心设备浸渍罐来选配并配置其他设备的。

正是由于浸渍罐结构形式和工艺作用的不同，形成了不同的浸渍生产工艺流程和不同的系统组成以及不同的总体设备配置，从而也就构成了多种多样的浸渍设备类型。

1. 浸渍罐按安装形式分类

按浸渍罐的安装形式分为立式和卧式两种。

（1）立式浸渍装置。以立式安装的浸渍罐为主体所构成的浸渍生产设备系统（如图9-3-1所示）。

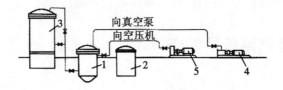

图9-3-1　立式沥青浸渍装置示意图

1—浸渍罐；2—制品加热炉；3—沥青容器；4—真空泵；5—空压机

立式浸渍装置的主要特点是浸渍罐系一顶端设密封罐盖的立式结构，具有此结构的又称"浸渍釜"。立式浸渍罐浸渍工艺流程图如图9-3-2所示。

与浸渍罐的立式结构相对应，装料用的料筐及制品预热用的预热炉也都按立式结构设计。立式浸渍系统虽然具有占地面积较少等优点，但用于电极制品的浸渍生产过程中，电极制品装出立式料筐以及载料筐装出浸渍釜均操作不便，工人劳动强度大，且在装卸作业时还易产生破损、折断等操作废品。因不便实现系统连续自动化，一般均按间歇方式进行浸渍生产，自动化程度低、效率差。采用立式浸渍罐，不便于实现罐体大型化。所以立式浸渍罐系统一般年处理能力较小。沥青烟气治理难度大，环境状况差。因此，在电极产品的浸渍生产中，立式浸渍装置应用渐少，一般只在处理小规格小批量产

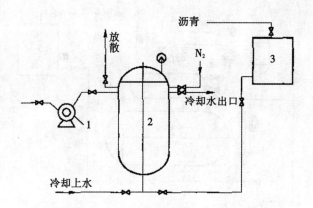

图9-3-2 立式浸渍罐浸渍工艺流程图

1—真空泵；2—浸渍罐；3—沥青贮罐

品且受场地条件限制时，考虑选用立式浸渍罐系统。

（2）卧式浸渍装置。浸渍罐为水平（即卧式）安装的浸渍设备系统（见图9-3-3）。

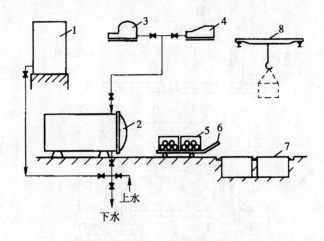

图9-3-3 浸渍系统简图

1—浸渍剂贮罐；2—浸渍罐；3—真空泵；

4—空气压缩机；5—料箱；6—小车；7—预热炉；8—吊车

卧式浸渍罐又有单开门和双开门的区别。

卧式浸渍装置与立式浸渍设备比较，具有较多优点，因而在电极浸渍生产中被广泛采用。在普通卧式浸渍设备的基础上，经过对各个工艺设备环节的改进，更不断开发出了以下各种新型的浸渍设备系统。

图9-3-4为卧式浸渍罐工艺流程，图9-3-5为日本"日空"卧式浸渍罐系统。该系统的流程是：装罐——关罐门——抽真空——加浸渍剂——加压——排浸渍剂——开罐门——出罐。浸渍罐是该系统的主要设备，浸渍作业是在此罐中完成的。因而，它是整个浸渍装置的核心设备。浸渍罐采用卧式的两端都有密封门的结构，并实现了浸渍品装罐、浸渍、卸出的自动连续操作。

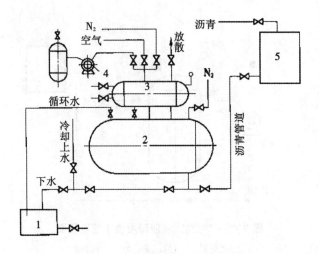

图9-3-4 卧式浸渍罐工艺流程图

1—沉淀池；2—浸渍罐；3—副罐；4—真空泵；5—沥青贮罐

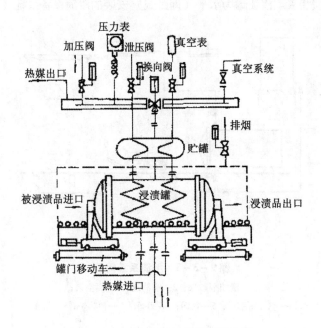

图9-3-5 浸渍罐工艺流程示意图

在浸渍罐两端安装有运罐门车，车上设有可移动的动力传送滚道，因此，该运罐门车还起到连续传送带和罐内辊道的作用［见图9-3-6（b）］，以便于把已预热到预定温度的被浸渍品装入浸渍罐。每罐装入两托架被浸渍品，再反方向移动罐门小车，把罐门移到罐口［见图9-3-6（c）］，然后由油缸推进罐门移动小车［见图9-3-6（d）］，把罐门推向罐口，嵌入压力密封锁圈的齿隙之中；再由罐体上的油缸推动罐口的压力密封锁圈回转一定的角度，把罐门和罐口压紧，装罐操作结束。

除上述设备外，还有称量设备、浸渍筐、装料小车、电动葫芦或卷扬机及蒽油罐等。

常用的仪表有温度计、压力表、负压表、真空压力表等。通常使用的真空压力表、压力表、负压表多数属于弹性压力表。温度计即电子电位计与热电偶配套使用，显示温度。

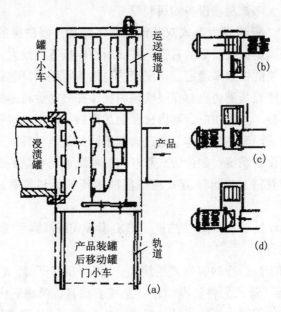

图9－3－6　罐门动作示意图

2. 浸渍罐按工艺作用分类

按浸渍罐工艺作用的不同分为热进－冷出型、热进－热出型和冷进－冷出型3种。

（1）热进－冷出型。

对浸渍罐而言，待浸制品先在罐外（指专设预热炉中）预热后，"热态"装入浸渍罐，称为"热进"，在罐内完成浸渗并冷却后，再以"冷态"出罐，称为"冷出"。亦即制品之预热在单设的预热炉内完成；而浸渍生产中的抽真空、注入浸渍剂并加压浸渗等作业，以及浸后制品的冷却过程都在浸渍罐内完成。因而被形象化地称为"热进－冷出型"。

（2）热进－热出型。

核心设备是卧式双开门型浸渍罐。待浸制品在罐外（预热炉中）预热后，"热态"入罐；在罐内完成浸渗作业后，产品"热态"出罐；后在罐外（用一专设的冷却室）完成制品冷却。在此类浸渍生产设备系统中，双开门的浸渍罐仅用作浸渗作业，制品既是热态入罐又是热态出罐的，因而可称为"热进－热出型"。

（3）冷进－冷出型。

浸渍罐的卧式单开门带加热夹套型。制品以常温"冷态"入罐（即冷进）；在浸渍罐内先后完成包括"制品预热——浸渗——冷却"在内的浸渍生产全过程后，产品以"冷态"出罐（即冷出）。亦即浸渍生产的各工序均在浸渍罐内完成，制品按"冷进－冷出"方式进行浸渍作业。

3. 浸渍罐按装料方式分类

按浸渍罐中装料方式的不同分为料筐式、无料筐式浸渍罐系统两类。

（1）料筐式。待浸制品需用料筐装载入罐。不同尺寸的产品允许混装。浸渍罐直径一般在 2 m 以上。大多数浸渍设备均属料筐式。

（2）无料筐管式。浸渍罐为卧式双开门长管形结构。浸渍罐的直径和长度均需按拟浸渍电极的尺寸来确定：浸渍罐的直径只需比所浸电极直径稍大；而长度则按所浸电极长度及所需同时浸渍的根数来确定。待浸渍的电极不需用料筐装载，而被逐根依次推入浸渍罐内，直至浸渍罐装满为止。在浸渍罐内浸渗并冷却后再逐根推出。即再次从罐入口端逐根推入新电极，与此相应，罐内已浸制品即被从罐出口端依次顶出。

以卧式双开门管式浸渍罐为主体，通过选配不同的其他设备，还可构成几种不同形式的无料筐管式浸渍设备系统。如：管式双开门浸渍罐可与单设的制品预热炉以及冷却室相配套，组成按"热进－热出"方式组织浸渍生产的无料筐管式"热进－热出型"浸渍生产设备系统。

由德国 Feist-Incon 公司提供的"热进－热出型管式浸渍罐系统"已于 1993 年在波兰石墨厂投入生产运行。

既用于浸渗又用于制品冷却的管式浸渍罐，也可与双开门卧式长管形预热罐配套，组成"热进－冷出型"管式无料筐浸渍设备系统。而且，考虑到多规格电极产品按此种方式进行浸渍生产的需要，可按直径分段来配备多种尺寸的管式预热和浸渗用罐，组成多规格管式（无料筐）"热进－冷出型"浸渍生产设备系统。

管式无料筐浸渍设备系统更适合那些专门生产某些规格电极产品的炭素工厂选用。因为其所使用的管式预热和浸渗用罐等，均可按所生产的电极和所需用的接头料的尺寸进行对应设计，这不仅使管式罐体的容积得到充分利用，还可按最佳工艺规范对浸渍生产过程作最优调控，实现对电极制品的最优化浸渍生产。

管式无料筐浸渍设备存在的最主要的缺点是：对产品尺寸变化的适应性极差，不便于用于多规格电极制品的浸渍生产。

为了满足生产多种规格电极制品的电极工厂的需要，可相应增加管式预热和浸渗用罐的数量。虽然德国 Feist-Incon 公司已开发设计出了如图 9－3－7 所示的"多规格管式（无料筐）热进－冷出型浸渍系统"，但也存在着占地面积大和总投资大，生产组织难度较大等问题。

先将焙烧炭坯装入钢筐中，再用吊车将装有炭坯的筐放到有起落架的移载车上。移载车行驶至预热炉前，推入预热炉，将筐搁置在炉内，然后退出移载车，关上炉门。打开烟气闸门，将煤气燃烧后的高温烟气送进预热炉，炭坯经数小时预热后温度至 300 ℃左右（炭坯表面温度）。再用相反操作程序，将经过预热的炭坯筐用同一台移载车取出来，行驶至浸渍罐前，用液压装置打开罐门，装入已预热的炭坯筐，推出移载车，关闭罐门。

启动真空系统，通过副罐使主罐内真空度逐渐达到 8.6 kPa，真空排气时间不少于 45 min。然后打开通向浸渍罐的沥青阀门，注入沥青液体，当沥青充满主罐并上升到副罐 1/3 的高度时，停止真空排气，关闭真空阀门和沥青阀门。转为用高压氮气对副罐内

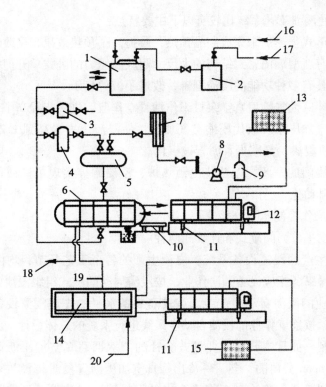

图 9 - 3 - 7 高真空度、高压浸渍工艺流程图

1—沥青搅拌罐；2—蒽油罐；3—压力罐；4—氮气贮罐；5—副罐；6—高压浸渍主罐；

7—真空三层管；8—水环 - 大气喷射泵；9—气水分离器；10—罐门接轨车；11—横动台车；

12—装料车；13—浸后产品；14—预热炉；15—待浸产品；16—原料沥青；

17—原料蒽油；18—废气去烟囱；19—余热去浸渍；20—二次焙烧余热

的沥青液面加压，加压压力一般保持在 1.2 MPa，加压时间因炭坯规格而异。加压结束后放出沥青，再用水冷却浸渍品，冷却后放掉冷却水，按相反程序用移载车从浸渍罐内取出浸渍产品。完成一次浸渍循环需 5~6 h。

4. 浸渍罐按加压方式和浸渍压力高低分类

按加压方式和浸渍压力的高低分为普通浸渍系统和高压浸渍系统两种。

（1）普通浸渍系统。早期使用的浸渍罐系统，其浸渍压力按 0.6 MPa 设计；加压方式多为用压缩空气加压，称为普通（或低压）浸渍系统。

（2）高压浸渍系统。泛指浸渍压力按 1.2~1.5 MPa 设计，加压方式采用氮气加压或沥青泵加压的浸渍系统。

针对普通浸渍设备系统存在的种种问题，如真空度不足，浸渍压力小，浸渍效果不理想，大规格电极制品不易浸透，压缩空气加压不安全且易使沥青氧化而品质变坏，产能小，劳动强度大，生产效率低，工作差等诸多问题，经不断改进而新开发研制了高真空高压力浸渍设备系统。为了区别于早期的低压力浸渍系统，而将其称为高压浸渍系统。

针对原有普通浸渍设备系统所存在的各种问题进行了改进设计，改进后的该浸渍设备系统与旧式普通浸渍工艺系统比较有以下主要特点：

（1）采用隧道式预热炉来完成制品预热，既提高了预热效果，又改善了作业条件。

（2）采用了有新型罐门密封结构的大尺寸耐较高压力的卧式单开门浸渍罐。

（3）增设了具有多种功能的浸渍副罐，改进了液位显示。

（4）选用水环－大气喷射真空泵机组作抽真空作业，进一步提高了真空度。

（5）采用氮气加压系统取代压缩空气加压，使浸渍压力提高到 1.2～1.5 MPa，既安全地实现了高压浸渗，又减少了沥青被氧化。

（6）侧旋式罐门的开闭，以及装出预热炉、浸渍罐等实现了机械化作业，操作控制系统实现了半自动化。

5. 浸渍罐按操作控制水平分类

按操作控制水平分为间歇式和连续式两种。

（1）间歇式生产的浸渍设备系统。浸渍生产的各个工艺环节，均由工人按所制订的浸渍工艺规程操纵各相应设备顺序作业，按浸渍周期间歇式组织浸渍生产。

（2）连续作业的浸渍自动生产线。有较高装备水平的先进浸渍设备，多以卧式浸渍罐为核心设备，按连续作业的浸渍自动生产线进行系统的总体设计，其主要生产环节均实现了自动控制。如日本日空工业株式会社的"双回路真空加压沥青浸渍自动生产线"，德国 Feist-Incon 公司的"热进－冷出型真空加压沥青浸渍装置"，德国 Feist-Incon 公司开发设计的"冷进－冷出型多规格管式（无料筐）浸渍设备系统"等，均属连续作业的浸渍自动生产线，或称为浸渍自动生产设备系统。

浸渍罐工作前需要检查浸渍罐、真空管路、空压管路及阀门有无漏气等情况；定期更换和清理过滤罐内沉积物；检查真空表压力表及加热部分是否正常；严格检查安全阀是否完好；禁止任意调高卸压安全压力；操作时应细心谨慎不能开错阀门；罐盖紧闭螺栓力求平均紧固；禁止敲打罐壁和松动罐盖螺栓，浸渍完毕，放完压缩空气，排出浸渍液，然后才能打开罐盖，取出浸渍物。操作完后，切断电源，关闭所有阀门，清除罐体上的污物及清扫工作场地。

【课外进阶阅读】

警钟长鸣，规范反应釜操作

2021 年 3 月 31 日，中国科学院化学研究所发生一起实验室安全事故。截至 2021 年 4 月 2 日，该事故造成 1 人死亡。此次事故的原因是反应釜高温高压爆炸。做实验的同学没有经过冷却就打开反应釜，违规操作，最终导致了反应釜爆炸。

引发爆炸事故的原因主要有：违反操作规程，引燃易燃物品，进而导致爆炸；设备老化，存在故障或缺陷，造成易燃易爆物品泄漏，遇火花而引起爆炸。这类事故多发生在有易燃易爆物品和压力容器的实验室。

我们一定要遵守实验室安全规范，在每一次实验中做到防患于未然，严格按照设备使用要求规范操作。

复习思考题

1. 什么是浸渍？浸渍的目的是什么？影响浸渍效果的因素有哪些？
2. 从形式而言，浸渍罐可分为哪两种？区别是什么？
3. 副罐的作用是什么？
4. 浸渍沥青的方法有哪些？
5. 浸渍罐操作时出现的异常情况有哪些？
6. 沥青浸渍系统主要有哪几种类型？

模 块 十

炭素制品机械加工设备

【学习目标】

(1) 掌握炭石墨制品机械加工方法，熟悉炭石墨制品机械加工设备结构。

(2) 能够操作炭石墨制品机械加工设备。

(3) 养成安全环保意识，具有团队协作精神。

　　一般炭素制品在生产中需要经过机械加工，主要是为了使产品达到合乎规定的尺寸、形状和表面粗糙度的要求。

项目一　机械加工理论

任务一　机械加工方法认知

　　炭石墨制品的机械加工方法主要有：车（常用代号 C 表示）、铣（常用代号 X 表示）、刨（常用代号 B 表示）、钻（常用代号 Z 表示）、磨（常用代号 M 表示）、锯及其他。

　　(1) 车。主要是加工圆形表面，如车内外圆，还有车螺纹、平端面和镗孔及切断。常用的机床是车床。

　　(2) 刨和铣。主要是加工平面，常用机床有刨床和铣床。

　　(3) 钻和镗。主要是加工孔，采用钻床和镗床。

　　(4) 磨。主要是加工外圆，采用磨床。

　　(5) 锯。主要用于切断，采用锯床。

任务二　不同炭材料机械加工工序分析

　　不同品种炭材料，其加工方法是不同的。

　　(1) 石墨电极加工。电极的加工可分为 3 道工序：镗孔与粗平端面、车外圆与精平端面、铣螺纹。

　　(2) 圆锥形接头加工。可分为 6 道工序：切断、平端面、车锥面、铣螺纹、钻孔安栓和开槽。

　　(3) 圆柱形接头加工。可分为 3 道工序：切断、平端面和铣螺纹。

　　(4) 炭块加工。主要是平六个面。

（5）异形炭材料加工。根据用户的需要，进行切割、车削、磨削、镗孔、开槽和刨削等。对有特殊要求的制品，在正常加工后还需要进行精密的处理。

项目二 炭材料机械加工设备类型及用途分析

炭材料机械加工设备主要有普通车床、钻床、磨床、铣床、刨床、数控机床、砂轮切割机等专用机械设备。

任务一 普通金属加工车床认知

石墨电极及接头类产品的机械加工设备中，较简单的是采用普通金属加工车床改制的机床，国产 C620，C630，C650 普通车床是炭材料常用的加工设备。C620 车床适用于加工直径 200 mm 及以下的制品；C630 车床适用于加工 250～500 mm、长度 2 m 左右的制品；对于直径 500 mm 以上的大规格制品，可选用 C650 或 C640 车床。如图 10－2－1 所示为普通车床结构。普通车床性能及主要参数见表 10－2－1。

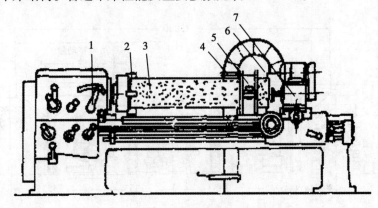

图 10－2－1 普通车床加工电极示意图
1—床头箱；2—卡盘；3—电极；4—可移动通风管；5—中心架；6—风罩；7—刀架

表 10－2－1 普通车床的基本参数

机床型号	顶尖距离/mm	中心高/mm	加工最大直径/mm			刀架最大行程/mm			尾架莫氏锥度号数	主轴转速/(r·min⁻¹)	主电机功率/kW
			在床面以上	在横刀架以上	在溜板以上	纵向	横向	小刀架			
C620	1000 1500	200	410	210		1400	250 280	100	4	11.5～600	4.5
C620－1	1000 1500	200	400	210		900 1400	280	100	4	12～1200	7.5
C630	1500 3000	300	615	345		1310 2810	390	200	5	14～750	10
C640	2800	400	800	450		2800	620	240	5		
C650	3000	500	1020	645	730	2410	>10	横200 纵500	6	正：3～15 反：5～400	22

采用普通车床加工石墨电极时，电极本体加工一般由 3 台车床组成一条流水作业线，它们分别承担 5 道工序中的车外圆、镗孔和铣螺纹 3 道主要工序的加工作业。第一台车床承担外圆加工，第二台车床承担加工端面及镗接头孔，第三台车床则专门加工接头孔内的母螺纹。它们之间的联系靠摇臂起重机和平行架。

接头加工一般由另外两台车床完成：第一台车床承担外圆加工及在表面铣出公螺纹，再按照规定长度切一深槽（不断开）；第二台车床加工断开后接头的两个端面及半扣。接头加工时的车外圆及铣公螺纹与电机本体加工基本相同。

使用普通车床加工电极的主要缺陷是加工精度偏差较大。

任务二 数控机床认知

比普通车床加工精度稍好一些的设备是数控单机车床。大型炭素厂则采用先进的数控组合机床，一般加工石墨电极规格为直径 250～700 mm，加工长度为 1500～3000 mm。如图 10-2-2 所示。

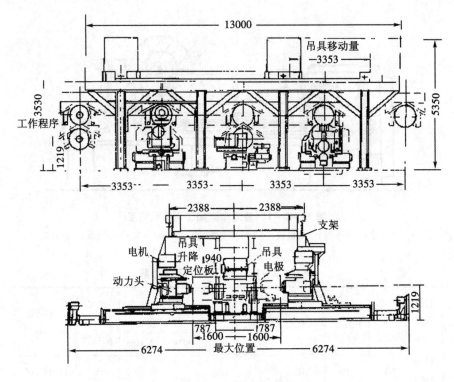

图 10-2-2 三机组石墨电极加工自动线

美国英格索尔铣床公司制造的三机组数控石墨电极加工自动线由三台专用机床组成：第一台机床对毛坯两个端面进行粗加工及镗孔；第二台机床加工毛坯外圆及对两个端面进行精加工；第三台机床在螺孔内铣出母螺纹，铣螺纹采用硬质合金或高速钢制造的梳形铣刀。在整个机组上方有悬挂式夹持运输系统，夹具在支承钢架的轨道上行走，4 组夹具可以同时从 3 台机床的床面上及前后台架上提升或下放电极。全部操作由微机控制，也可单机手动控制。在组合机床前部配置有毛坯传送辊道，后部辊道上安装有称量机构、电阻率测定装置及在电极两端适当位置涂刷警戒线的工位。每小时产量为36根。

接头加工同样可以由高效率的组合机床完成。如图10-2-3所示为一条圆锥形接头自动加工线的配置图。该自动加工线由4台专用机床及相应的运输和提升装置组成，4台专用机床分别承担毛坯锯断、确定毛坯中心位置及加工端面、外圆加工、铣螺纹等4道加工内容。该自动线每加工一个接头，平均需要2~25 min。

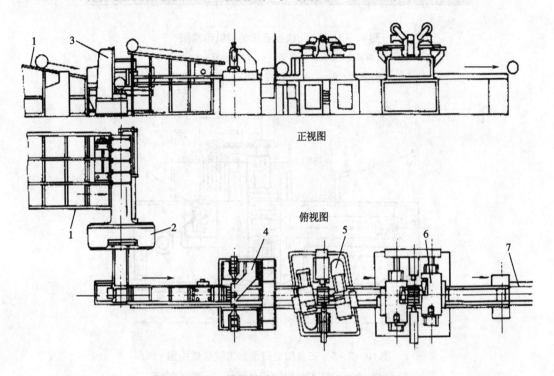

正视图

俯视图

图10-2-3　锥形接头加工组合机床布置示意图

1—毛坯料台；2—锯床；3—提升装置；4—中心孔加工机床；
5—外圆加工机床；6—螺纹机床；7—成品接头台

任务三　石墨阳极加工设备认知

各种方形或矩形截面的石墨阳极六面加工，一般采用平面刨床或平面铣床加工。切平石墨阳极两端一般采用锯床来完成。如图10-2-4和图10-2-5所示。

任务四　炭块加工设备认知

加工各种炭块一般采用龙门刨床、组合铣床或双端面铣床。龙门刨床除加工炭块平面外，还可以切割炭块并在炭块上开槽等。而铣床却不能完成这些作业，但龙门刨床的加工效率比端面铣床低很多，因此，大批量的炭块加工通常采用铣床加工平面。

双端面铣床主要由一个床身、一个工作台、两个床头箱和一个夹料装置组成，如图10-2-6所示。

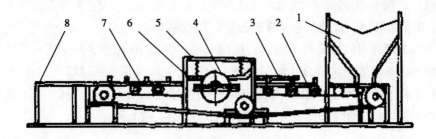

图 10 - 2 - 4　阳极板连续切割机示意图

1—上料机构；2—送料皮带；3—对中装置；4—圆锯；

5—密闭罩；6—防尘装置；7—机架；8—下料装置

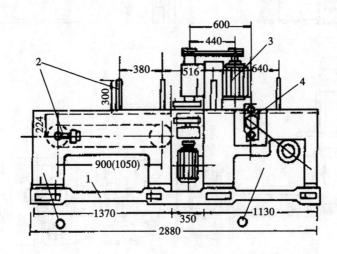

图 10 - 2 - 5　石墨阳极四面加工铣床结构图

1—机座；2—送料装置；3—立铣刀装置；4—侧铣刀装置

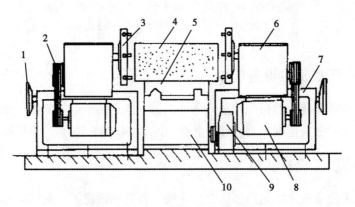

图 10 - 2 - 6　双端面加工铣床结构图

1—手轮；2—皮带轮；3—铣刀盘；4—炭块；5—工作床面；

6—铣头箱；7—铣头箱座；8—电机；9—减速机；10—主床身

炭块卧式组合铣床主要用于成套供应的电炉或高炉炭块、铝电解槽侧炭块和阴极的加工，应用机床上的垫铁、靠模、气动夹具可加工炭块斜角及梯形平面。炭块的截面尺寸一般是 400 mm×400 mm，因此双端面铣床的铣刀盘直径应大于 400 mm。双端面铣床有两个铣头，可以同时加工两个平面，加工梯形炭块的梯形平面及炭块的燕尾槽时只能用单个铣头或单面铣床加工。异形截面的炭块可用单臂刨床加工。

目前，铝电解槽阴极长为 3.5 m，因此加工的组合铣床的工作台很长，工作台行程为 4~5 m，全自动控制，国外采用微机控制。

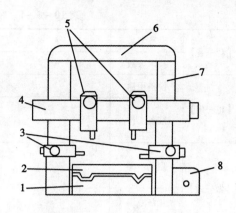

图 10 - 2 - 7　龙门刨床结构图
1—床身；2—工作台；3—侧刀架；4—横梁；
5—立刀架；6—顶梁；7—立柱；8—传动减速器

如图 10 - 2 - 7 所示，龙门刨床主要由床身、工作台、立柱、顶梁、横梁、侧面架、立刀架、侧刀架、进给箱和传动系统组成。

在加工炭块平面时，双端面铣床的工作效率比龙门刨床高，但龙门刨床除可刨平面外，还可用于切割炭块，铣床却不能切割炭块。由于高炉炭块有的长达 3 m，所以，选用龙门刨床时，行程应与加工规格相适应。

任务五　异型炭材料机械加工设备认知

除了上述几种机床外，还采用特制的设备、刀具和专用量具来进行异型炭材料加工。这里不再一一阐述。

项目三　普通车床实操技能训练

1. 实训目的
（1）使学生掌握车床工作原理、操作过程及注意事项；
（2）能够进行车床操作，能够用车床进行石墨电极切削加工；
（3）使学生养成勤于思考、认真做事的良好作风，具有良好的沟通能力及团队协作精神，具有良好的分析问题和解决问题能力。

2. 实训内容
（1）车床结构和各种零部件认知；
（2）车床使用操作规程；
（3）切削操作注意事项。

表 10 – 3 – 1　车床操作技能训练任务单

【看一看】	设备型号	
	技术参数	
【想一想】	设备用途	
	准备工作	
【做一做】	启动步骤	
	使用注意事项和维修	
【说一说】	发生的故障及排除方法	
	安全操作要求	
【比一比】	切削完的作品图示展示	
试验结论		
试验成员		日期

【课后进阶阅读】

旋转作业戴手套，违反规定手指掉

2002 年 4 月 23 日，陕西某煤机厂职工小吴正在摇臂钻床上进行钻孔作业。小吴测量零件时，没有关停钻床，只是把摇臂推到一边，就用戴手套的手去搬动工件。这时，飞速旋转的钻头猛地绞住了小吴的手套，强大的力量拽着小吴的手臂往钻头上缠绕。小吴一边喊叫，一边拼命挣扎。待其他工友听到喊声后关掉钻床时，小吴的手套、工作服已被撕烂，右手小手指也被绞断。

事故分析：劳保用品也不能随便使用。在旋转机械附近，操作者身上的衣服等一定要收拾利索，例如要扣紧袖口、不戴围巾等。在操作旋转机械时，一定要做到工作服"三紧"——袖口紧、下摆紧、裤脚紧；不要戴手套和围巾；女工的发辫更要盘在工作帽内，不得露出帽外。

复习思考题

炭素制品机械加工方法有哪些？机械加工设备主要包括哪些？

模　块　十　一

炭素厂设备使用安全与管理

【学习目标】

（1）掌握炭素厂机械伤害的类型及原因、机械设备安全操作要求，掌握机械设备预防伤害措施，掌握炭素厂机械设备安全管理要求、考核标准和预防措施。

（2）能够根据炭素厂设备的特点选择合适的预防管理方法。能够熟悉炭素厂机械设备的点检要点、要求及安全操作规程。严格按照要求进行机械设备的管理和维护。

（3）具有规则意识，养成安全环保意识，具有分析问题、解决问题的能力和一丝不苟的设备点检和防护意识。

本模块将介绍炭素厂设备使用安全知识、设备管理的主要任务、炭素厂设备的特点、考核设备管理的主要指标、炭素厂设备管理工作中的有效措施等内容。

项目一　炭素厂设备使用安全

任务一　炭素厂机械伤害类型及原因分析

炭素生产机械伤害的类型主要有以下几种：

（1）绞伤。外露的皮带轮、齿轮、丝杠直接将衣服、衣袖、裤脚、手套、围裙、长发绞入机器中，造成的人身伤害。

（2）物体打击。旋转的机器零部件、卡不牢的零件、击打操作中飞出的工件造成的人身伤害。

（3）压伤。冲床、压力机、剪床、锻锤造成的伤害。

（4）砸伤。高处的零部件、吊运的物体掉落造成的伤害。

（5）挤伤。将人体或人体的某一部位挤住造成的伤害。

（6）烫伤。高温物体对人体造成的伤害。如铁屑、焊渣、溶液等高温物体对人体的伤害。

（7）刺割伤。锋利物体、尖端物体对人体的伤害。

发生炭素生产机械伤害的原因主要有以下几个方面：

（1）机械的不安全状态。

防护、保险、信号装置缺乏或有缺陷，设备、工具、附件有缺陷，个人防护用品、用具缺少或有缺陷，场地环境问题。

（2）操作者的不安全行为。

① 忽视安全、操作错误；

② 用手代替工具操作；

③ 使用无安全装置的设备或工具；

④ 违章操作；

⑤ 不按规定穿戴个人防护用品、使用工具；

⑥ 进入危险区域、部位。

（3）管理上的因素。

设计、制造、安装或维修上的缺陷或错误，领导对安全工作不重视，在组织管理方面存在缺陷，教育培训不够，操作者业务素质差，缺乏安全知识和自我保护能力。

任务二　炭素厂设备一般安全规定和操作要求分析

安全规定是通过多年的总结和血的教训得出的，在生产过程中，只要遵守这些安全规定，就能及时消除隐患，避免事故的发生。

（1）布局要求。

机械设备的布局要合理，应便于操作人员装卸工件、清除杂物，同时也应便于维修人员的检修和维修。

（2）强度、刚度的要求。

机械设备的零、部件的强度、刚度应符合安全要求，安装应牢固，不得经常发生故障。

（3）安装必要的安全装置。

机械设备必须装设合理、可靠、不影响操作的安全装置。

① 对于做旋转运动的零、部件应装设防护罩或防护挡板、防护栏杆等安全防护装置，以防发生绞伤。

② 对于超压、超载、超温、超时间、超行程等能发生危险事故的部件，应装设保险装置，如超负荷限制器、行程限制器、安全阀、温度限制器、时间断电器等，防止事故的发生。

③ 对于某些动作需要对人们进行警告或提醒注意时，应安设信号装置或警告标志等。

④ 对于某些动作顺序不能颠倒的零、部件应装设联锁装置。

（4）炭素生产机械设备的电气装置的安全要求。

炭素生产机械设备的电气装置的安全要求主要包括以下几个方面：

① 供电的导线必须正确安装，不得有任何破损的地方；

② 电机绝缘应良好，接线板应有盖板防护；

③ 开关、按钮应完好无损，其带电部分不得裸露在外；

④ 应有良好的接地或接零装置，导线连接牢固，不得有断开的地方；

⑤ 局部照明灯应使用 36 V 电压，禁用 220 V 电压。

（5）操作手柄及脚踏开关的要求。

重要的手柄应有可靠的定位及锁定装置，同轴手柄应有明显的长短差别。脚踏开关应有防护罩藏入床身的凹入部分，以防一面掉下的零、部件落到开关上，启动机械设备而伤人。

（6）环境要求和操作要求。

机械设备的作业现场要有良好的环境，即照度要适宜，噪声和振动要小，零件、工夹具等要摆放整齐。每台机械设备应根据其性能、操作顺序等制定出安全操作规程及检查、润滑、维护等制度，以便操作者遵守。

机械设备操作安全要求主要包括：

① 要保证机械设备不发生事故，不仅机械设备本身要符合安全要求，而且更重要的是要求操作者严格遵守安全操作规程。安全操作规程因设备不同而异，但基本安全守则大同小异。

② 必须正确穿戴好个人防护用品和用具。

③ 操作前要对机械设备进行安全检查，要空车运转确认正常后，方可投入使用。

④ 机械设备严禁带故障运行，千万不能凑合使用，以防出事故。

⑤ 机械设备的安全装置必须按规定正确使用，不准将其拆掉使用。

⑥ 机械设备使用的刀具、工夹具以及加工的零件等一定要安装牢固，不得松动。

⑦ 机械设备在运转时，严禁用手调整，也不得用手测量零件，或进行润滑、清扫杂物等。

⑧ 机械设备在运转时，操作者不得离开岗位，以防发生问题无人处置。

⑨ 工作结束后，应切断电源，把刀具和工件从工作位置退出，并整理好工作场地，将零件、夹具等摆放整齐，打扫好机械设备的卫生。

任务三　典型机械设备的危险及防护措施解析

典型机械设备的危险及防护措施主要有以下几个方面：

1. 压力机械危险和防护

（1）主要危险。

① 误操作；

② 动作失调；

③ 多人配合不好；

④ 设备故障。

（2）安全防护措施。

① 开始操作前，必须认真检查防护装置是否完好、离合器制动装置是否灵活和安全可靠。应把工作台上的一切不必要的物件清理干净，以防工作时震落到脚踏开关上，造成冲床突然启动而发生事故。

② 冲小工件时，应有专用工具，不能用手固定，最好安装自动送料装置。

③ 操作者对脚踏开关的控制必须小心谨慎，装卸工件时，脚应离开开关，严禁无关人员在脚踏开关的周围停留。

④ 如果工件卡在模子里，应用专用工具取出，不准用手拿，并应将脚从脚踏板上移开。

⑤ 多人操作时，必须相互协调配合好，并确定专人负责指挥。

2. 剪板机危险和防护

（1）主要危险。

剪板机是将金属板料按生产需要剪切成不同规格块料的机械。剪板机有上下刀口，一般将下刀口装在工作台上，上刀口做往复运动以剪切。某一特定剪板机所能剪切坯料的最大厚度和宽度以及坯料的强度极限值均有限制，超过限定值使用便可能毁坏机器。剪板机的刀口非常锋利，而工作中操作的手指又非常接近刀口，所以操作不当就会发生剪切手指等严重事故。

（2）安全防护措施。

① 工作前要认真检查剪板机各部分是否正常、电气设备是否完好、安全防护装置是否可靠、润滑系统是否畅通，然后加润滑油，试车，试切完好，方可使用。两人以上协同操作时，必须确定一个人统一指挥，检查台面及周围无障碍时，方可开动机床切料。

② 剪板机不准同时剪切两种不同规格、不同材质的板料。禁止无料剪切，剪切的板料要求表面平整，不准剪切无法压紧的较窄板料。

③ 操作剪板机时要精神集中，送料时手指应离开刀口 200 mm 外，并且要离开压紧装置。送料、取料要防止钢板划伤，防止剪落钢板伤人。脚踏开关应装坚固的防护盖板，防止重物掉下落在脚踏开关上或误踏。开车时不准加油或调整机床。

④ 各种剪板机要根据规定的剪板厚度适当调整刀口间隙，防止使用不当而发生事故。

⑤ 剪板机的制动器应经常检查，保证可靠，防止因制动器松动，上刀口突然落下伤人。

⑥ 板料和剪切后的条料边缘锋利，有时还有毛刺，应防止刮伤。

⑦ 在操作过程中，采用安全的手用工具完成送料、定位、取件及清理边角料等操作，可防止手指被模具轧伤。

3. 车削加工危险和防护

（1）车削加工危险。

① 车削加工最主要的不安全因素是切屑的飞溅，以及车床的附带工件造成的伤害。

② 切削过程中形成的切屑卷曲、边缘锋利，特别是连续而且呈螺旋状的切屑，易缠绕操作者的手或身体造成伤害。

③ 崩碎屑飞向操作者易造成伤害。

④ 车削加工时暴露在外的旋转部分，钩住操作者的衣服或将手卷入转动部分造成的伤害事故。长棒料、异形工件加工更危险。

⑤ 车床运转中用手清除切屑、测量工件或用砂布打磨工件毛刺，易造成手与运动部件相撞。

⑥ 工件及装夹附件没有夹紧就开机工作，易使工件等飞出伤人。工件、半成品及

手用工具、夹具、量具放置不当，造成扳手飞落、工件弹落伤人事故。

⑦ 机床局部照明不足或灯光刺眼，不利于操作者观察切削过程，而产生错误操作，导致伤害事故。

⑧ 车床周围布局不合理、卫生条件不好、切屑堆放不当，也易造成事故。

⑨ 车床技术状态不好、缺乏定期检修、保险装置失灵等，也会造成伤害事故。

（2）车削加工安全防护措施。

① 采取断屑措施，如断屑器、断屑槽等。

② 在车床上安装活动式透明挡板。用气流或乳化液对切屑进行冲洗，改变切屑的射出方向。

③ 使用防护罩式安全装置将其危险部分罩住。如安全鸡心夹、安全拨盘等。

④ 对于切削下来的带状切屑，应用钩子进行清除，切勿用手拉。

⑤ 除车床上装有自动测量的量具外，均应停车测量工件，并将刀架到安全位置。

⑥ 用砂布打磨工件表面时，要把刀具移到安全位置，并注意不要让手和衣服接触到工件表面。

⑦ 磨内孔时，不可用手指支持砂布，应用木棍代替，同时车速不宜过快。

⑧ 禁止把工具、夹具或工件放在车床床身上和主轴变速箱上。

4. 铣削加工危险和防护

（1）铣削加工危险。

高速旋转的铣刀及铣削中产生的振动和飞屑是主要的不安全因素。

（2）铣削加工安全防护措施。

① 为防止铣刀伤手事故，可在旋转的铣刀上安装防护罩。

② 铣床要有减震措施。

③ 在切屑飞出的方向安装合适的防护网或防护板。操作者工作时要戴防护眼镜，铣铸铁零件时要戴口罩。

④ 在开始铣削时，铣刀必须缓慢地向工件进给，切不可有冲击现象，以免影响机床精度或损坏刀具刃口。

⑤ 加工工件要垫平、卡牢，以免工作过程中发生松脱造成事故。

⑥ 调整速度和方向以及校正工件、工具时均需停车后进行。

⑦ 工作时不应戴手套。

⑧ 随时用毛刷清除床面上的切屑，清除铣刀上的切屑时要停车进行。

⑨ 铣刀用钝后，应停车磨刀或换刀。停车前先退刀，当刀具未全部离开工件时，切勿停车。

5. 钻削加工危险和防护

（1）钻削加工危险。

① 在钻床上加工工件时，主要危险来自旋转的主轴、钻头、钻夹和随钻头一起旋转的长螺旋形切屑。

② 旋转的钻头、钻夹及切屑易卷住操作者的衣服、手套和长发。

③ 工件装夹不牢或根本没有夹具而用手握住进行钻削，在切削力的作用下，工件

松动。

④ 切削中用手清除切屑，用手制动钻头、主轴而造成伤害事故。

⑤ 使用修磨不当的钻头、切削量过大等易使钻头折断而造成伤害事故。

⑥ 卸下钻头时，用力过大，钻头落下砸伤脚。

⑦ 机床照明不足或有刺眼光线、制动装置失灵等都是造成伤害事故的原因。

（2）钻削加工安全防护措施。

① 在旋转的主轴、钻头四周设置圆形可伸缩式防护网。采用带把手楔铁，可防止卸钻头时钻头落地伤人。

② 各运动部件应设置性能可靠的锁紧装置，台钻的中间工作台、立钻的回转工作台、摇臂钻的摇臂及主轴箱等，钻孔前都应锁紧。

③ 需要紧固才能保证加工质量和安全的工件，必须牢固地夹紧在工作台上，尤其是轻型工件更需夹紧牢固，切削中发现松动，严禁用手扶持或运转中紧固。安装钻头及其他工具前，应认真检查刃口是否完好，与钻套配合表面是否有磕伤或拉痕，刀具上是否粘附着切屑等。更换刀具应停机后进行。

④ 工作时不准戴手套。

⑤ 不要把工件、工具及附件放置在工作台或运行部件上，以防落下伤人。

⑥ 使用摇臂钻床时，在横臂回转范围内不准站人，不准堆放障碍物。钻孔前横臂必须紧固。

⑦ 钻薄铁板时，下面要垫平整的木板。较小的薄板必须卡牢，快要钻透时要慢进。

⑧ 钻孔时要经常抬起钻头排屑，以防钻头被切屑挤死而折断。

⑨ 工作结束时，应将横臂降到最低位置，主轴箱靠近立柱可伸缩式防护网。

6. 刨削加工危险和防护

（1）刨削加工危险。

直线往复运动部件发生飞车，或将操作者压向固定物，工件"走动"甚至滑出，飞溅的切屑等是主要的不安全因素。

（2）刨削加工安全防护措施。

① 对高速切削的刨床，为防止工作台飞出伤人，应设置限位开关、液压缓冲器或刀具切削缓冲器。工件、刀具及夹具装夹要牢固，以防切削中产生工件"走动"甚至滑出以及刀具损坏或折断，而造成设备和人身伤害事故。

② 工作台、横梁位置要调好，以防开车后工件与滑枕或横梁相撞。

③ 机床运转中，不要装卸工件、调整刀具、测量和检查工件，以防刀具、滑枕撞击。

④ 机床开动后，不能站在工作台上，以防机床失灵造成伤害事故。

7. 磨削加工危险和防护

（1）磨削加工危险。

旋转砂轮的破碎及磁力吸盘事故是主要的不安全因素。

（2）磨削加工安全防护措施。

① 开车前必须检查工件的装置是否正确，紧固是否可靠，磁力吸盘是否正常，否

则不允许开车。

② 开车时应用手调方式使砂轮和工件之间留有适当的间隙，开始进刀量要小，以防砂轮崩裂。

③ 测量工件或调整机床及清洁工作都应停车后进行。

④ 为防止砂轮破损时碎片伤人，磨床必须装有防护罩，禁止使用没有防护罩的砂轮进行磨削。

8. 电焊加工危险与防护

（1）电焊加工危险。

电击伤、烫伤、电弧"晃眼"，"电焊工尘肺""锰中毒""金属热"等职业疾病。

（2）电焊加工安全防护措施。

① 工作前应检查焊机电源线、引出线及各接线点是否良好，若线路横越车行道则应架空或加保护盖；焊机二次线路及外壳必须有良好接地；电焊钳把绝缘必须良好；焊接回路线接头不宜超过三个。

② 电焊车间应通风，固定电焊场所要安装除尘设备，以防"电焊工尘肺""锰中毒""金属热"等疾病。

③ 电焊工操作时要穿绝缘鞋，电焊机要接零线保护，以防电击伤。要戴电焊手套，穿长衣裤，用电焊面罩，防止红外线、强可见光、紫外线辐射，防止皮肤被灼伤，防止电弧"晃眼"造成视力下降。

④ 在焊接铜合金、铝合金（有色）金属及喷焊、切割中会产生氮氧化物，必须在排风畅通的环境中进行，必要时要戴防毒面具。

⑤ 焊接操作工万一防护不当，出现上述伤害时，要及时去医院治疗。

⑥ 对长期从事电焊作业人员，要建立职业健康档案，定期进行身体健康检查，对体检出现因工种伤害造成疾病的，要调离原工作岗位，以防加重伤害。

⑦ 电焊工应掌握一般电气知识，遵守焊工一般安全规程；还应熟悉灭火技术、触电急救及人工呼吸方法。

⑧ 焊机启动后，焊工的手和身体不应随便接触二次回路导体，如焊钳或焊枪的带电部位、工作台、所焊工件等。

⑨ 换焊条时应戴好手套，身体不要靠在铁板或其他导电物件上。敲渣子时应戴上防护眼镜。

任务四　机械伤害预防措施分析

机械伤害预防铁律"十二条"："四必有"，即有轴必有套、有轮必有罩、有台必有栏、有洞必有盖；"四不修"，即带电不修、带压不修、高温过冷不修、无专用工具不修；"四停用"，即无联锁防护停用、无接地漏电保护停用、无岗前培训停用、无安全操作规程停用。

（1）"四必有"。

① 有轴必有套。有转动的滚轴要有防护套，防止员工头发、衣领、袖口等被卷入造成伤害，如车间流水线线头的滚轴、车床的传动轴等。

② 有轮必有罩。有皮带轮、齿轮、链条的传动危险部位，就必须有固定式的防护罩，如钻床的皮带轮、自行车的链条部位等。

③ 有台必有栏。有台沿、临边的设备及辅助工具，沿边上必须有护栏。设备平台高度超过1.2（含）m的，要设置防护栏；高度在2m以下的护栏不低于0.9m，高度在2m及以上的护栏不低于1.05m，如大型的注塑机加料平台等。

④ 有洞必有盖。设备上有孔、洞的位置必须有盖子。

（2）"四不修"。

① 带电不修。在检修带电设备，或需要进入设备内部维护清理时，必须先切断电源，并悬挂"正在检修、禁止合闸"的警示牌，防止运动部位启动或引发触电事故。

② 带压不修。在设备检修时，除了断电外，有压力作为驱动或拆除带压力容器时，必须先泄压后才能操作。

③ 高温过冷不修。设备上有高温或过冷区域时，必须先恢复常温后方可维修，防止烫伤或冻伤。

④ 无专用工具不修。在检修拆装时，必须使用设备配套原装的专用工具，防止损坏设备或工具受力飞出造成伤害。如拆除注塑机射嘴时，须使用自带工具，严禁在工具上加装套筒或借助行车拆除。

（3）"四停用"。

① 无联锁防护停用。在危险性较大的设备上，未安装两种及以上安全保护装置的设备必须停用！这些装置保障我们的肢体部位不会接触设备的危险部位，所以安装必须规范，严禁私自拆除、屏蔽！

② 无接地漏电保护停用。外壳未接地或未安装符合要求的漏电保护开关的，用电设备要停止使用！如生产使用的用电设备涂层烘干箱外壳要接地，并安装漏电保护开关。

③ 无岗前培训停用。操作危险性较大的设备（如冲床、注塑机、压铸机等）的员工、技术人员、管理人员，上岗前未进行安全培训或考核合格的，要停止使用。

④ 无安全操作规程停用。设备如果没有上岗前、作业过程中及作业后的相关安全操作规程，停止使用。注意：作业前应佩戴相应的个人防护用品、检查安全装置有效性，作业过程中发生故障必须停机断电请专业人员检修等；安全操作规程不是作业流程，表述要通俗易懂。

项目二　炭材料生产机械设备管理

炭材料生产过程中用到了很多通用设备和炭材料生产专用设备。生产设备是生产力的重要组成部分和基本要素之一，是企业从事生产经营的重要工具和手段，是企业生存与发展的重要物质财富，也是社会生产力发展水平的物质标志。生产设备无论从企业资产占有率上，还是从管理工作内容上，以及企业市场竞争能力体现上，都占有相当大的比重和十分重要的位置。管好用好生产设备、提高设备管理水平，对于促进企业进步与发展有着十分重要的意义。在企业生产经营活动中，设备管理的主要任务是为企业提供优良而又经济的技术装备，使企业的生产经营活动建立在最佳的物质技术基础之上，保证生产经营顺利进行，以确保企业提高产品质量，提高生产效率，增加花色品种，降低生产成本，进行安全文明生产，从而使企业获得最高经济效益。企业根据市场需求和市场预测，决定进行产品的生产经营活动。在产品设计、试制、加工、销售和售后服务等全过程的生产经营活动中，无不体现出设备管理的重要性。为赢得和占领市场，降低生产成本，节约资源，生产出满足用户需求、为企业创造最大经济效益的高质量的产品，设备管理是保证。设备管理水平是企业管理水平、生产发展水平和市场竞争能力的重要标志之一。

设备管理是工厂管理的重要内容之一，现代设备管理应当包括设备使用过程中的全部管理工作。

任务一　设备管理的主要任务分析

设备的正常运转对任何企业都是重要的，而对于生产工序多、生产周期长、生产连续性强的炭制品生产企业更为重要。炭素厂的产量和质量、消耗和成本、企业最终经济效益都与设备能否正常运转密切相关。如果设备管理工作落后于需要，即使一个新厂（设备都是新的）也不可能实现顺利投产，投产后设备问题频繁出现，更谈不上正常生产。

不能把设备管理简单看成只是对设备的维护检修，设备管理应该从"调查、规划、设计、制造或采购、安装到使用、维修和改造，一直到该设备的报废"为止。具体来说，要根据工厂生产经营不断变化的需要，在工厂技术改造或正常生产中对设备的全面规划、选型（或设计）采购订货、安装使用、检修维护、提供备品配件、更新改造、更换或报废等各个环节做到合理配置、择优选购、精确安装、正确使用、精心维护、按时检修、适时更新改造，使设备一直处于完好状态（保证性能和效率、安全运转），充分发挥各类设备的效能，从而使工厂生产得以正常进行，并取得良好的经济效益。

设备管理是以设备为研究对象，追求设备综合效率，应用一系列理论、方法，通过一系列技术、经济、组织措施，对设备的物质运动和价值运动进行全过程（从规划、设计、选型、购置、安装、验收、使用、保养、维修、改造、更新直至报废）的科学管理。设备管理是合理运用设备技术经济方法，综合设备管理、工程技术和财务经营等手段，使设备寿命周期内的费用－效益比（即费效比）达到最佳的程度，即设备资产综合效益最大化。设备管理是对设备寿命周期全过程的管理，包括选择设备、正确使用设备、维护修理设备以及更新改造设备全过程的管理工作。

设备运动过程从物质、资本两个基本面来看，可分为两种基本运动形态，即设备的物质运动形态和资本运动形态。设备的物质运动形态，是从设备的物质形态的基本面来看，指设备从研究、设计、制造或从选购进厂验收投入生产领域开始，经使用、维护、修理、更新、改造直至报废退出生产领域的全过程，这个层面过程的管理称为设备的技术管理；设备的资本运动形态，是从设备资本价值形态来看，包括设备的最初投资、运行费用、维护费用、折旧、收益以及更新改造的措施和运行费用等，这个层面过程的管理称为设备的经济管理。设备管理既包括设备的技术管理，又包括设备的经济管理，是两方面管理的综合和统一，偏重于任何一个层面的管理都不是现代设备管理的最终要求。

1. 设备前期管理

新厂投产前（或老厂技术改造完成前）即应建立健全设备验收交接（空转试车或带负荷试车）手续、图纸及设备档案管理相应制度，特别是隐蔽工程地下管网的有关资料要收集齐全。设备管理人员有条件时要参加设备安装调试。一方面是熟悉情况，另一方面也是对今后设备维护检修的练兵。老厂在更新设备时要做好调查研究，择优选购，做到技术上先进、价格上合理、生产上适用，备品配件供应有可靠渠道，符合节能和环境保护要求，大型设备采购应在充分调查研究的基础上进行技术经济论证（或可行性研究），进口设备更应在调查考察过程中"货比三家"、慎重决策。自制设备要把好设计质量关及制造质量关。设备到厂后应组织验收，资料齐全、验收合格后才能交付安装。安装结束后要组织空试和带负荷试运转，一切正常后才能移交生产使用。

2. 设备使用和维护

必须及时编制和建立健全设备的操作维护检修规章制度（特别是岗位责任制）。操作工和维修工都必须经过专业培训，做到"四懂"和"三会"。"四懂"，即懂性能、懂原理、懂结构、懂用途。"三会"，即会操作、会保养、会排除一般故障。经过考试合格方可上岗。对某些有特殊要求的工种（如锅炉、起重运输、电力系统操作工），要经政府有关部门考核发证后才能进入岗位。操作工应严格按规程要求精心操作，不违章，不能超负荷运行，同时做好日常润滑及密封管理，使所用设备经常保持清洁、整齐、无泄漏及润滑良好状态。各项设备运行的原始记录及检修记录应由专人认真填写、专人检查。

3. 设备检修

根据设备种类及台数编制大、中小修计划。一般情况下，小修或小设备的中修由车间组织实施，主要设备的大修或中修由厂部设备管理部门组织进行或委托外单位进行。设备定期检修必须符合检修规程要求，严格执行检修标准。确保检修质量，尽量缩短检修工期和降低检修成本。检修完成后应分级组织验收，主要设备要经过带负荷运转以检验是否达到使用要求。

对起重设备、高压容器、地下电缆、动力管线、测试仪器、计量装置等应定期检查、定期检修或定期校验。

4. 设备更新和改造

工厂的折旧基金主要用于设备更新改造。设备部门应与使用单位及时沟通情况，对老设备有计划地进行更新改造，特别是结合大修时进行改造，或选用高效、节能设备代替老设备。对需要报废的设备应组织技术人员按规定内容进行鉴定，办理报废手续。

5. 备品配件管理

包括五项工作：准备好备品配件的图纸资料，编制经济合理的备品配件储备定额，备品配件加工、订购，备品配件的存保管，旧备品配件修复利用。

设备管理的主要任务：① 提高工厂技术设备素质；② 充分发挥设备效能；③ 保障工厂设备完好；④ 取得良好设备投资效益。

任务二　设备管理注意事项解析

设备管理注意事项主要包括以下几个方面：

（1）在设备选择上要注意"三个原则"。

企业在选择设备时要根据企业生产技术的实际需要和未来发展的要求，按照技术上先进、经济上合理、生产上适用的原则来选择设备，充分考虑设备的质保性、低耗性、安全性、耐用性、维修性、成套性、灵活性、环保性和经济性等，才能确保设备投入生产后的经济运行，为企业带来较好的回报。

（2）在设备管理机构上要构建"三级网络"。

企业要结合自身实际，建立起以法人为核心的企业、车间、班组三级企业设备管理网络，健全设备管理机构，明确职责、理顺关系。

（3）在设备管理方式上要实行"三全管理"。

现代的设备管理不同于传统的设备管理，它是综合性的，可以概括为设备的全面管理、全员管理和全程管理，有效保证设备的技术性能和正常工作，提高其使用寿命和利用率。

（4）在设备检修维护上要实行"三严"。

一是严格执行检修计划和检修规程，有计划、有准备地进行设备的检查和维护。二是严格把好备品备件质量关。力求既保证质量，又经济节约。三是严格抓好检修质量和技改检修完工验收关。对设备检修和技改检修实行定人、定时、定点、定质、定量，纳入经济责任制考核，确保检修质量和技改质量。

（5）在设备安全运行上要力求"三个坚持"。

一是坚持干部值班跟班制度。做好交接班记录，及时发现问题及时处理，不把设备隐患移交下一班，最大限度地减少和杜绝人为操作和设备事故发生。二是坚持持证上岗制度。要加大教育培训力度，使操作者熟悉和掌握所有设备的性能、结构以及操作维护保养技术，达到"三好"（用好、管好、保养好设备）、"四会"（会使用、会保养、会检查、会排除故障）。对于精密、复杂和关键设备要指定专人掌握、实行持证上岗。三是坚持抓好"三纪"。安全、工艺、劳动纪律与设备安全运行管理紧密相联。因此，必须坚持以狠抓"三纪"（安全、工艺、劳动纪律）和节能降耗、文明卫生等现场管理为主要环节，做到沟见底（排污、排水沟）、现场地面无杂物、设备见本色，并持之以恒，形成制度、形成习惯、形成一种风尚，使设备现场管理工作更加扎实。

（6）在设备保养上要实行"三级保养"。

三级保养是指设备的日常维护保养（日保）、一级保养（月保）和二级保养（年保）。日常维护保养是操作工人每天的例行保养，主要内容包括班前后操作工人认真检查、擦拭设备各个部位和注油保养，使设备经常保持润滑清洁，班中设备发生故障，及时给予排除，并认真做好交接班记录。一级保养是以操作工人为主、维修工人为辅，对设备进行局部解体和检查，一般可每月进行一次。二级保养是以维修工人为主、操作工人参加，对设备进行部分解体检查修理，一般每年进行一次。各企业在搞好三级保养的同时，还要积极做好预防维修保养工作。

（7）在设备事故处理上要做到"三不放过"。

企业要逐步健全各种设备管理制度，做到从制度实施、检查到考核日清月结，把执行制度的好坏作为奖惩的重要条件。坚持对一般设备事故按"三不放过"的原则处理，即事故原因未查清不放过、责任者未受到教育不放过、没有采取防范措施不放过。

（8）在设备改造和更新上要注意"三个问题"。

设备更新改造是设备管理中不可缺少的重要环节。在设备更新改造中，一是要注意从关键和薄弱环节入手量力而行。对设备更新改造应从企业的实际出发进行统筹规划、分清轻重缓急，从关键和薄弱环节入手才能取得显著的成效。二是注意设备更新与设备改造相结合。虽然随着科技的不断进步，新生产的设备同过去的同类设备相比在技术上更加先进合理，但对现有设备进行改造具有投资小、时间短、收效快、对生产的针对性和适应性强等独特优点，因此，必须把设备更新与设备改造结合起来，才能加快技术进步的步伐、取得较好的经济效益。三是注意设备改造与设备修理相结合。在设备修理特别是大修理时，往往要对设备进行拆卸，如果能在设备进行修理的同时，根据设备在使用过程中暴露出来的问题和生产实际对设备做必要的改进，即进行改善性修理，则不仅可以恢复设备的性能和精度等，而且可以提高设备现代化水平，大大节省工作量，收到事半功倍的效果。因此，在对设备进行改造时，应坚持科学的态度，尽可能地把设备修理与改造结合起来进行。

点检是在使用前后或每日工作前后对设备仪器按照一定准则进行检查，确认有无故障和异常的方法。

生产设备管理需要注重特种设备、大型设备的安全生产管理。它用于建立设备档案卡，详细记录型号、购买时间、产地、维修记录、定检时间、报废日期等内容。设计安排设备安全检查表，记录并保存检查明细，便于查询。根据设备相关属性提醒定期进行设备保养、维护与检测，促使企业设备管理更符合国家和行业安全管理要求。

管理的流程内容主要包括：① 建立设备档案卡，详细记录设备详细信息；② 建立设备操作规程，规范设备操作使用安全；③ 定期提醒进行设备保养、维护与检测；④ 安全设备分类管理，随时查看管理状况；⑤ 详细登记特种设备、重点设备的日常维护保养与定期检定信息；⑥ 保存历史维护、检修信息。

通过设备信息化管理方式，可以达到以下效果：① 提高管理效率，降低管理成本；② 设备管理流程标准化、规范化；③ 在线工单处理，提升设备的维修效率；④ 完善预防性维护流程与规则，降低故障率；⑤ 实现备件采购－库存－消耗联动，降低库存成本；⑥ 利用移动端 App，提高数据传达效率及准确性。

任务三　炭素厂设备特点分析

炭素厂有自己的许多特点，所用的生产设备有一定的特殊性。主要体现以下特点。

（1）高温窑炉设备多。

例如进行原料热处理的煅烧炉、使压型生制品中黏结剂炭化的焙烧炉、使炭制品转化为石墨制品的石墨化炉。这三种高温炉是炭素厂的关键设备，而且建造价值都比较高。虽然也有一些产量不大、结构比较简单的煅烧炉及焙烧炉可在小型炭素厂使用，但

图 11－2－1　设备全生命周期管理

这些"土法窑炉"能耗高，产品质量也不高，而且操作劳动条件恶劣，有条件时应进行改造。

（2）特殊机械设备多。

例如挤压成型的油压机（或水压机）、带加热的糊料搅拌机（混捏机）、中高压浸渍罐（带真空排气及加压装置）、加工产品的专用机床（如组合机床）等。这些机械设备都有独特的设计，不同于一般的通用机械设备。由于制造数量比较少，所以价格比一般通用设备高得多。

（3）动力设备比较多。

一座石墨电极工厂需要大量的电力、煤气、蒸汽、压缩空气及水的不间断供应，因此炭素厂一般都有中央变电所、车间变电站等供电设施，以及煤气发生炉、蒸汽锅炉、空气压缩机站、新水泵站或循环水泵站等动力设备。

（4）原料、辅助材料、半成品的运输机械多。

炭素厂内原料及辅助材料运输主要使用皮带运输机，半成品装、出炉及堆放大量采用各类吊车（桥式吊车、龙门吊车）作业，车间之间半成品运输大多靠汽车、叉车或电动台车。大型炭素厂有自己的铁路专用线，所以还有铁路机车等设备。

（5）环保设备多。

目前炭制品生产不可避免地会产生一定数量的粉尘和烟气，污染环境及影响职工身体健康，同时也会造成原料或能源浪费。所以原料的运输、破碎、配料和成品加工等设备上都必须安装通风收尘设备，焙烧及浸渍作业产生的沥青烟气需要专门的环保设备回收其中的焦油、控制有害物质排放。

（6）炭制品生产过程使用的控制仪表很多。

炭素厂都应有计量、测试仪表的检修、校验机构或专责人员。

（7）炭素厂机械设备的磨损较快，所以备品配件需用量大，因此大厂一般设有机修车间及电修车间或相对固定的外协作单位，负责加工制作备品配件和设备大修及中修。中小厂除依靠社会协作外，也应有应急的机修或电修设施。

（8）炭素厂各种工业窑炉较多，虽然工业窑炉不是天天要检修，但小修工作量比较大，中修或大修工期都较长，大型炭素厂设有自己的窑炉检修队伍或相对固定的厂外协作检修队伍。

工厂厂房虽然不是设备，但也是设备管理部门日常管理内容之一，对厂房也要有人负责，定期检查，消除建筑上的隐患，制止任意损坏建筑物或超重、超负荷使用建筑物的错误做法。

任务四　设备管理主要考核指标

设备管理是工厂的重要工作之一，目前考核工厂设备状况的指标有下列七项：

（1）设备固定资产创净产值率（％）。

这项指标与产量及产值有关，产量大、产值高时，设备固定资产创净产值率当然也高。计算公式为：

$$设备固定资产创净产值率 = \frac{全年净产值总和}{全年设备平均原值} \times 100\%$$

式中，全年设备平均原值 ＝（年初设备原值 ＋ 年末设备原值）÷2。

（2）主要生产设备有效利用率（％）。一般应在90％以上。计算公式如下：

$$主要生产设备有效利用率 = \frac{制度工作台时 - 设备修理停用台时}{制度工作台时} \times 100\%$$

（3）主要生产设备完好率（％）。一般应在95％以上。计算公式如下：

$$主要生产设备完好率 = \frac{主要生产设备完好台数}{主要生产设备总台数} \times 100\%$$

（4）主要设备大修完成率（％）。一般应达到100％。计算公式如下：

$$主要设备大修完成率 = \frac{当年完成大修设备台数}{当年计划大修设备台数} \times 100\%$$

（5）净产值与设备修理费用比例（％）。新厂与老厂有区别。新厂新设备，因而所需修理费用低。老厂旧设备，修理费用相对来说要高得多。计算公式如下：

$$\frac{净产值与设备}{维修费用比例} = \frac{全年设备维修费用 + 全年大修费用}{全年净产值总和} \times 100\%$$

（6）设备故障停机率（％）。一般应在2％以下。计算公式如下：

$$设备故障停机率 = \frac{设备故障停机时间}{设备实际开动时间 + 设备故障停机时间} \times 100\%$$

（7）设备新度系数（％）。计算公式如下：

$$设备新度系数 = \frac{年末设备固定资产净值}{年末设备固定资产原值} \times 100\%$$

任务五　炭素设备管理的有效措施剖析

炭素设备管理的有效措施主要有：

（1）明确设备管理主要任务和制定设备管理制度。

结合客观需要和工厂实际情况，制定各项设备管理制度，如设备固定资产管理及备品配件管理制度，设备运行和计划检修制度，设备密封或润滑管理制度，在工厂技术改造中设备管理部门和技术改造部门的工作协调和竣工验收制度，设备运行的统计报表制度，设备事故统计、分析处理制度等。同时制定各类设备的技术标准和检修定额，提出每年设备管理升级目标（制定考核指标）及实现升级目标的措施。

（2）健全设备管理机构，配备设备管理及维修队伍。

加强设备管理是工厂及基层领导的重要任务之一，从思想上解决好重生产轻设备、轻维修甚至拼设备的不正常行为。把设备管理纳入工厂及车间的议事日程，对设备管理中的重要问题及时作出决策。建立高效精干的管理机构和配备一支素质好、相对稳定的维修队伍是加强设备管理的必要手段，从厂部到基层建立健全各类人员的设备责任制（使用、保管、维护、检修），有计划地组织设备管理人员和检修人员知识更新和技术水平不断提高。

（3）开展设备升级赛活动，不断提高设备完好水平。

为了保证不因设备问题而影响生产，必须使所有设备经常处于完好状态。做到这一点很不容易。炭素厂的设备一般来说比较容易出故障，由于维护、检修工作跟不上需要，或因操作不当（如违反规程）而导致设备事故的不在少数。开展设备升级赛是一种使设备的技术状态和维护水平不断提高、消除设备隐患的重要组织措施，从实际情况出发制定对全厂和车间的设备完好率和完好标准开展设备升级赛活动的检查评定方法。一般每个季度进行一次，最少也应半年进行一次。为了使主要生产设备达到更高的标准，可以在完好标准基础上再制定更严格的"优秀设备"标准。有了检查及评比标准，就可以动员职工开展设备升级竞赛，并和物质奖励结合起来，工厂的设备状态和使用效果就能不断提高。

（4）坚持预防为主，定期进行设备检查，及时发现隐患及消除隐患。

设备发生故障不仅直接影响产量，也会影响产品质量和成本，因此设备不出或少出故障，保持设备应有的性能（如挤压机的挤出压力、石墨化供电机组的最大输出功率等）是工厂高产、优质、低消耗的可靠保证。设备使用一段时间后总会出现老化、部件磨损或逐渐失去精度，需要及时修理或更换部件。设备维护检修的重点应该是以预防检查为主，预防检查应以生产操作工或专职维修工为主，每天（或数天一次）的定点定时检查（按规定项目及标准进行）结合专责管理人员的循环检查或重点抽查车间每月检查，厂部每季检查。如果设备检查坚持经常、发现缺陷及时处理，大约可以预防80％以上的事故发生。认真执行设备使用交接班制度十分重要，很多设备隐患是在交接班中发现的，因此应事先对设备交接班规定详细内容和主要设备隐患检查方法，并认真贯彻执行。

（5）针对炭素生产和设备特点，开展设备无"跑冒滴漏"活动。

炭制品工厂的特点是灰尘多、烟雾大、污染源广，因此操作岗位一般卫生条件较差，对职工身体健康有一定影响。不少职工因此不安心在炭素厂工作。设备漏灰、冒烟、跑油在一定程度上又是原料能源浪费的原因所在，因而泄漏会导致生产成本增加。但只要工厂领导有决心，下大力气，泄漏是可以堵塞的，环境卫生条件是可以改善的，国内外都有生产现场卫生情况较好、污染物排放很少的炭素厂。设备无泄漏活动的概念不仅是设备本身无泄漏，也包括各种动力管线、工艺管网等做到不漏灰、不漏料、不漏油、不漏电、不漏水、不漏蒸汽、不漏煤气和压缩空气，因此是实现文明生产、消除设备隐患、全面提高设备状态和性能的重要组织措施。首先是普查泄漏点，在查清泄漏点的基础上研究堵漏措施，编制治理规划，对各类泄漏点广泛采用密封胶、密封黏合剂、柔性石墨、聚四氟乙烯等密封材料，并在密封方法上进行革新，部分设备整体封闭（如敞开的给料机、皮带运输机），已经达到不泄漏的地方，还要将平时保持不泄漏的责任分到每个操作工、维修工等负责人身上。

（6）把"望闻问切"应用于设备运行管理中，采用"望、闻、问、切"巡检四法。

设备和人一样，在运行中会通过声音、温度、气味、振动等反映出运行状态。掌握设备结构和工作原理，通过耳听、鼻闻、手摸、眼看，观察和掌握其运行规律。当设备运行时出现某种和你平常观察掌握的信息不一样的情况，设备就可能出现某种故障。设备发生故障时其声音、温度、气味、振动就会发生变化，借鉴中医的"望闻问切"的方法来辨证诊断设备故障，这样就能随时随地发现设备运行中出现的问题，及时消除故障，保证设备正常运行，延长其使用寿命。

"望"——建立走动巡查及设备维护责任人制度，建立设备动态检修维护台账，定期对设备进行巡视点检。通过先观察设备外观情况，掌握设备运转状态，及时发现可能存在的故障点，找出设备潜在的各种缺陷，如磨损、松动、泄漏、振动等影响设备正常运行的缺陷，并本着先简单后复杂、先外部后内部的原则进行处理，做到"小感冒"早就医。望，要做到眼勤。在巡检设备时，巡检人员要眼观六路，充分利用自己的眼睛，从设备的外观发现跑、冒、漏，通过设备甚至零部件位置、颜色变化，发现设备是否处在正常状态。防止事故苗头在你眼皮底下跑掉。

"闻"——通过一听声音、二闻气味了解设备运行、使用状况，辨别设备健康状态，如有问题及时维修，不让设备带"病"作业。听电气设备发出的声音是检查电气故障最重要的手段之一。凡是有线圈的铁芯，一通电就会发出声音。如果发出轻微的、均匀柔和的"嗡嗡"声，就是正常的工作声。如果声音突然变得强烈急躁，或大或小，时快时慢，就说明电流急剧变化，是电气故障，或者是机械问题。闻，要做到耳、鼻勤。巡检人员要耳听八方，充分利用自己的鼻子和耳朵，发现设备的气味变化、声音异常，从而找出异常状态下的设备，进行针对性的处理。

"问"——严格现场交接班程序，下班人员通过认真询问上班使用者设备运转、运行状态，存在故障与问题，判别设备是否处于正常状态。电气设备不会说话，但人可以代为说话，追问操作者、使用者等有关人员，如从操作工那里得知设备的声音、气味、转速、液压、气压情况，是机械传动装置，还是继电保护设备、开关、线路等问题。这样交代清楚问题，就会有的放矢，缩短排除故障的时间。问，要做到嘴勤。巡检人员要多问，一是多问自己几个为什么，问也是一个用脑的过程，不用脑就会视而不见；二是在交接班过程中，对前班工作和未能完成的工作要问清楚，要进行详细的了解，做到心中有数。交班人员要交代清楚每个细节，防止事故出现在交接班的间隔中。

"切"——通过对设备故障发生频率以及设备新旧状态进行研究，找准设备维护保养、使用规律，切准设备故障原因，及时制定设备维护保养措施，实施设备健康管理，不让设备"带病上岗"。切，要做到手勤。巡检人员对设备只要能用手或通过专门的巡检工具接触的，就应通过手或专用工具来感觉设备运行中的温度变化、震动情况等，在操作设备前，要空手模拟操作动作与程序。手勤的同时切忌乱摸乱碰，以防引起误操作。

"望、闻、问、切"巡检四法，是通过巡检人员的眼、鼻、耳、嘴、手的功能，对运行设备的形状、位置、颜色、气味、声音、温度、震动等一系列方面进行全方位监控，从上述各方面的变化，发现异常现象并做出正确判断。"望、闻、问、切"四法是一个系统判断的方法，不应相互隔断，而应时常综合使用。巡检人员只有充分做到"五勤"，调动人的感观功能，合理利用"望、闻、问、切"巡检四法，就可以发现事故前的设备量变，及时处理，保证设备的安全运行。

（7）大中修时不断对设备进行改造，提高设备性能及效率。

设备的大中修是对应修设备已损坏、已磨损部分进行更换和修理，使之恢复原有性能，满足正常生产要求，还应该针对不足之处（包括有关安全方面的问题）通过一定手段加以改造，使设备的技术性能、生产能力和安全性在原有基础上进一步提高。这一点对于建成多年的老厂特别重要，由于资金或其他原因，设备更新往往跟不上需要，因此尽可能地对老设备进行改造，提高这些老设备的技术性能，延长其使用寿命，具有十分现实的意义。对老设备进行改造，首先应找准问题，研究对策（或吸收其他单位的成熟经验），作出设计，准备好备品配件，再确定施工方案，一次改造成功。如球磨机筒体轴承原设计用油杯润滑，操作工需定时加油，稍有马虎就会造成钨金瓦过热熔化，必须停产检修。若在大修时改为齿轮泵（加油箱）注油，并增加自动报警装置，一旦轴承缺油，就会立即自动发出警报。这种改造花费不多，收效却很诱人。

（8）在检修工作中应用新技术、新材料，延长备品配件使用寿命，节约检修费用。

检修费用在工厂成本中占有一定比例，节约检修费用就可以降低生产成本。因此在检修工作中尽量采用新技术、新材料，以节约检修费用。如水压机的主柱塞重 18 t，采购价值达数十万元，使用周期一般只有 4～6 a，报废的原因主要是腐蚀，其次是磨损。若采用热喷镀工艺在旧主柱塞表面喷镀不锈钢，然后进行磨削加工，如此修复可以延长寿命一倍而费用不多。球磨机使用锰钢衬板，寿命一般只有 1 年左右。若改用高铬铸铁衬板寿命可延长到 30 个月，经济效益十分明显。过去手工操作的设备改为半自动、自动化操作或微机控制后（如配料系统）不仅可以节约劳力，减轻劳动强度，也有利于操作稳定和产品质量提高。目前各炭素厂经过近几年的革新，工厂环境和设备使用效率有了很明显的提升。

（9）炭素厂设备现场 8S 管理。

"8S"就是指整理（seiri）、整顿（seiton）、清扫（seiso）、清洁（seiketsu）、素养（shitsuke）、安全（safety）、节约（save）、学习（study）八个项目，因其罗马发音均以"S"开头，故简称为 8S。8S 管理法的目的是使企业在现场管理基础上，通过创建学习型组织不断提升企业文化素养，消除安全隐患，节约成本和时间，使企业在激烈的竞争中永远立于不败之地。

① 整理（要与不要，一留一弃）。

定义：区分要用的和不要用的，不要用的一律清除掉。

目的：腾出空间，空间活用，防止误用，塑造清爽的工作场所。

② 整顿（科学布局，取用快捷）。

定义：要用的东西应依规定定位、尽量摆放整齐，明确标示。

目的：不用浪费时间找东西。

③ 清扫（清除垃圾，美化环境）。

定义：清除工作场所内的脏污，并防止污染的发生。

目的：清除脏污，保持工作场所干干净净、通透明亮。

④ 清洁（清洁环境，贯彻到底）。

定义：将上面3S（整理、整顿、清扫）实施的做法制度化、规范化，并维持成果。

目的：通过制度化来维持成果，并显现"异常"之所在。

⑤ 素养（形成制度，养成习惯）。

定义：人人依规定行事，从心理上养成好习惯。

目的：改变"人质"，养成工作讲究认真的习惯。

⑥ 安全（安全操作，以人为本）。

定义：管理上制定正确的作业流程，配置适当的工作人员监督指示功能；对不符合安全规定的因素及时举报消除；加强作业人员安全意识教育；签订安全责任书。

目的：预知危险，防患于未然。

⑦ 节约（成本管控，全员参与）。

定义：减少企业的人力、成本、空间、时间、库存、物料消耗等。

目的：养成降低成本习惯，加强作业人员节约意识教育。

⑧ 学习（终身学习，持续完善）。

定义：深入学习各项专业技术知识，从实践和书本中获取知识，同时不断地向同事及上级主管学习长处，从而达到完善自我、提升自己综合素质之目的。

目的：使企业得到持续改善，建立学习型组织。

运用8S管理的意义：

① 运用8S管理，推进标准化车间建设。

以班组、岗位为重点，严格责任落实，将班组长定为现场管理第一责任人，岗位长定为每台设备修理现场第一监督人，通过对现场、标准、员工行为的规范，奠定了管理向标准化迈进的基础。

一是制定基准整理现场。对地面上的各种搬运工具、成品、半成品、材料、个人物品、图纸资料等进行全面检查并做好详细记录，然后通过讨论，制订出判别基准，判断出每个人、每个生产现场哪些东西是有用的，哪些是没用的。对于不能确定去留的物品，运用挂红牌方法，调查物品的使用频度。按照基准，对工位上个人用品、损坏的工具、废弃的零配件进行彻底清除。

二是实施定置管理。机械修理设备多，物品门类繁多，现场管理难度大，实行现场定置定位管理，将现场划分为成品区、修理区（工作区）、待修区、废料区，并用标志线区分各区域，对现场物品的放置位置按照 100% 设定的原则，根据产品形态决定物品的放置方法。实行"三定"管理，即：定点——放在哪里合适，定容——用什么道具，定量——规定合适的数量。对大到进厂设备、成品设备，小到拆卸零配件、手工具摆放，都规定了标准的放置位置。按照车间工作区域平面图，建立清扫责任区，标识各责任区及其负责人，将各责任区细化成各自的定制图，做到从厂区到车间、从场地到每一台设备、从每一个工位到每一个工具箱都细化到人头，规定例行清扫的内容，严格清扫。通过定置管理，设备零配件专位存放，修理现场清洁规范，过去修理过程中经常出现的零配件丢失、安装清洁度得不到保证等顽疾得到了根治。

三是规范管理落实标准和准时。标准、准时要素主要是针对机修质量及机修保障问题提出的；将设备解体检验记录、组装检验记录统一为"设备检验卡片"和"设备修理关键点控制卡片"；将所有制度、操作规程、技术标准等整合规范为统一的基础管理标准，分类编制成册，下发到班组；对班组会议记录本、考勤记录本等各项资料设定统一格式，并对填写进行了统一规范。为了便于操作，将岗位责任制、操作规程、管理制度、企业管理和安全、质量管理的理念及警示语制作成标志牌，放置、悬挂在工作场所适宜位置，使职工操作时便于对照和检查。

四是规范行为提升素养。编写了《员工日常行为规范手册》，人手一册，相互监督遵守。对以往比较零乱的起吊绳套焊制专用支架，分规格、型号、起吊吨位进行了明确标识和定位，逐步纠正职工过去"随用随放、随用随扔"的不良习惯，提高了规章制度、工艺标准的执行力。对各岗位、场所及所有物品的管理，全部细化分解到每个具体责任人和巡查人，做到"四到现场""四个做到"：心里想着现场、眼睛盯着现场、脚步走在现场、功夫下在现场；熟知每一个工艺流程、准确掌握每一个工序、正确启停每一台设备、果断排除每一项故障。每天根据作业内容不同，采用操作人员自己识别、班组长帮助分析、车间管理干部现场监控、安全员加大巡查力度等一系列措施，对 8S 执行情况进行反思，从一点一滴做起，培养职工"只有规定动作、没有自选动作"的良好习惯和扎实作风。

② 实施 8S 管理，产生良好管理效应。

一是提高了员工素质。许多技术骨干在改善修理环境、改进工艺管理、提升修理质量的过程中，改造、创新多项工艺、工序、工装设施，解决了现场管理、质量检测等诸多问题。

二是增强了员工的安全意识。员工普遍熟知安全生产的方针政策、规章制度、岗位应知应会，清楚并能正确预防、削减岗位作业中的隐患和风险，实现了无大小人身事故、设备事故。

三是提高了现场管理水平和工作效率。车间管理人员每日坚持多次到相应的岗位、场所进行巡视检查，现场解决实际问题；对解体、清洗、修理、装配、试车等工序中易出现的质量问题，建立质量管理点，设立"设备修理检验卡片""设备修理质量控制点卡片"，实行专人看板管理，推进了质量管理工序化、严格化。同时，现场管理出现了"五大变化"：办公室、公房墙面干净，窗明地洁；场地清洁，区域清晰，布局合理，通道畅通，分类摆放，整齐文明；更衣室、休息室统一标准，统一管理，干净利索，无臭味、无杂物、无乱摆乱放现象；工具箱规格统一，干净无油污，工具定置定位管理，无多余工件、工具和杂物；自用设备无油泥、无滴漏，"四不漏"、见本色。

【课后进阶阅读】

危险作业不当心，用手操作招厄运

一些机械作业的危险性很大，但一些使用这些机械的人员对此并不重视，尤其是工作时间长了，更不把危险当回事，把操作规程和要求抛在脑后，想怎么干就怎么干，结果造成了不可挽回的恶果。例如下面的案例，就是不把危险当回事，用手代替工具完成工作，从而导致不幸的事件。

某年，浙江一注塑厂职工江某正在进行废料粉碎。塑料粉碎机的入料口是非常危险的部位。按规定，在作业中必须使用木棒将原料塞进入料口，严禁用手直接填塞原料；但江某在用了一会儿木棒后，嫌麻烦，就用手去塞料。以前他也多次用手操作，没出什么事儿，所以他觉得用不用木棒无所谓。但这次，厄运降临到他的头上。他的右手突然被卷入粉碎机的入料口，手指被削掉了。

手是人体很重要的一部分，很多安全生产操作的条文，都是用曾经流过血的手写成的。千万不要再冒失地用手的危险去验证它的正确性。爱护自己的双手就是爱护自己的生命。

不同的工种有不同的操作规程。在生产工作场所，操作机器设备时，必须严格遵守操作规程。忽视操作规程，从某种意义上讲，也就是忽视自己的生命安全。

复习思考题

1. 机械伤害有哪几类？
2. 炭素厂设备管理应注意哪些方面的要求？
3. 炭素生产设备管理有效措施有哪些？

参考文献

[1]　李其祥.炭素材料机械设备[M].北京:冶金工业出版社,1993.

[2]　蒋文忠.炭素机械设备[M].北京:冶金工业出版社,2010.

[3]　童芳森,许斌.炭素材料生产问答[M].北京:冶金工业出版社,1991.

[4]　许斌,王金铎.炭材料生产技术600问[M].北京:冶金工业出版社,2006.

[5]　谢有赞.炭石墨材料工艺[M].北京:冶金工业出版社,1988.

[6]　唐谟堂.火法冶金设备[M].长沙:中南大学出版社,2003.

[7]　蒋文忠.炭素工艺学[M].北京:冶金工业出版社,2009.

[8]　钱湛芬.炭素工艺学[M].北京:冶金工业出版社,2008.

[9]　李圣华.石墨电极生产[M].北京:冶金工业出版社,1998.

[10]　中国冶金百科全书:炭素材料篇[M].北京:冶金工业出版社,1992.

[11]　张可毅,李玉杰.浅析转台式成型机振动工位由橡胶减振改为气囊减振[J].民营科技,2011(12):43.

[12]　潘三红,米寿杰,丁立伟.振动成型生产特大规格铝用阴极炭块[J].炭素技术,2012(1):48-51.

[13]　关新民.KHD振动成型机改造生产大规格阳极炭块[J].铝镁通讯,2011(3):53-55.

[14]　冯小兰.转台式成型机振动台形式的发展与应用[J].中国有色冶金,2008(5):90-91.

[15]　秦福建,姜利华.两种炭阳极振动成型机的性能对比[J].甘肃冶金,2009(3):95-97.

[16]　刘风琴.铝用炭素生产技术[M].长沙:中南大学出版社,2010.

[17]　王平甫,宫振,贾鲁宁,等.铝电解炭阳极生产与应用[M].北京:冶金工业出版社,2005.

[18]　张红安.Eirich混捏机的性能特点及其应用[J].炭素技术,2007(2):39-41.

[19]　向军,文克.EIRICH冷却机在生阳极糊料生产线上的应用[J].轻金属,2006(6):50-52.

[20]　袁仁春.连续混捏机的混捏机理研究及其对生产维修的指导[J].轻金属,2007(1):37-42.

[21]　刘小平,王平,薛强,等.新型连续混捏机及其在炭素生产中的应用[J].轻金属,2004(8):43-46.

[22]　金鹏.双轴强力冷却混捏机混捏原理分析及设计[D].沈阳:东北大学,2007.

[23]　陈宏伟,李晓峰.强力混捏冷却系统在阴极生产中的应用[J].冶金设备,2011(S1):141-143.